岩质工程高边坡稳定性及其控制

李天斌　王兰生 著

科学出版社

北京

内 容 简 介

　　本书以金沙江溪洛渡水电站拱肩槽和厂房进水口工程高边坡为主要研究对象，结合国内外其他工程边坡的对比研究，从高边坡岩体的工程地质基础、稳定性分析与评价以及稳定性控制三大方面，对岩质工程高边坡的基础理论、技术方法和工程问题进行了系统深入研究。

　　本书可供从事边坡工程、地质工程和岩土工程的工程技术人员、科研工作者以及高等院校相关专业师生参考。

图书在版编目（CIP）数据

岩质工程高边坡稳定性及其控制 /李天斌，王兰生著 . —北京：科学出版社，2008
　ISBN 978-7-03-020136-2

　Ⅰ. 岩…　Ⅱ. ①李…　②王…　Ⅲ. 岩土工程-边坡稳定性-研究　Ⅳ. TU457

　中国版本图书馆 CIP 数据核字（2008）第 030913 号

责任编辑：胡晓春　朱海燕　王新玉 / 责任校对：陈玉凤
责任印制：钱玉芬 / 封面设计：耕者设计工作室

科 学 出 版 社 出版
北京东黄城根北街16号
邮政编码：100717
http://www.sciencep.com
中国科学院印刷厂 印刷
科学出版社发行　各地新华书店经销

*

2008年6月第　一　版　　　开本：787×1092　1/16
2008年6月第一次印刷　　　印张：16 1/2
印数：1—1 500　　　　　　字数：394 000

定价：60.00元
（如有印装质量问题，我社负责调换〈科印〉）

前　　言

　　边坡是人类生存的重要环境，甚至是工程建筑的重要组成部分。人类在从事生产和建设的过程中，不可避免地要对岩石圈表层进行改造，其中，水电建设、露天采矿和道路修筑等人类工程活动对岩体的挖掘，往往形成众多的岩质工程边坡。随着我国经济建设的迅速发展，特别是西部大开发战略的实施，在资源开发和基础设施的建设中，出现了大量的岩质工程边坡。由于工程规模的不断增大和地形地质条件的限制，岩质工程边坡的高度越来越大，稳定性问题日益突出。工程建设中不断发生的岩质边坡失稳事件，导致了人们生命和财产的严重损失，由此引起工期延误而带来的间接损失更是不可估量。可见，岩质工程边坡的稳定问题事关工程建设和运行期间的安全和经济效益，对其稳定性进行综合评价和控制具有非常重要的工程实践意义和经济价值，同时，众多典型实例研究的实践也会推动岩质工程边坡稳定性研究理论和方法的进展。

　　本书以金沙江溪洛渡水电站拱肩槽和厂房进水口工程高边坡为主要研究对象，结合国内外其他工程边坡的对比研究，在系统科学方法论的指导下，采用现代工程地质、岩土工程和岩体力学的先进理论和方法，并引用现代数学理论、非线性科学理论和现代监测技术、信息技术，从工程地质基础、稳定性分析与评价以及稳定性控制三大方面，对岩质工程高边坡进行系统深入地研究。试图通过典型工程高边坡稳定性的研究，既解决研究对象的工程实际问题，又在岩质工程高边坡研究的基础理论和方法方面取得一些进展，并初步建立岩质工程高边坡稳定性及其控制研究的基本框架和技术方法体系。

　　本书共分 11 章，由五个部分组成。第一部分（第 1 章）为绪论，在阐明本书的选题依据和研究意义的基础上，重点对边坡稳定性研究的历史和国内外的研究现状进行分析和论证，并由此提出工程边坡稳定性研究中存在的问题，确定主要研究内容和解决问题的技术方法体系。第二部分为高边坡岩体的工程地质基础（第一篇），由第 2~4 章组成。运用地质过程演化分析和机制分析的学术思想，对高边坡岩体的宏观地质基础和稳定条件进行详细研究。追溯高边坡岩体的地质建造、构造改造和浅表生改造过程，强调地质过程分析在工程高边坡稳定性研究中的重要意义和作用；揭示研究区岩体浅表生改造的特征和模式，并阐明它们与岸坡变形破坏的关系，提出边坡岩体按照变形破坏程度的等级划分方案以及研究区边坡变形破坏的机制模式；结合国内外的地质对比研究，系统总结岩体浅表生改造的一般规律；逐项分析和论述研究区工程高边坡的稳定条件（工程地质条件），为稳定分析、评价和控制打下坚实的基础。第三部分为工程高边坡稳定性分析与评价（第二篇），由第 5~7 章组成。第 5 章将岩体质量分级与边坡宏观稳定性相结合，采用定性判断和定量评价的方法，对工程高边坡岩体质量进行综合分级，提出边坡稳定性岩体质量分级的模糊综合评判法和修正的 CSMR（China slope mass rating）法。第 6 章采用地质分析判断与二维、三维有限元仿真模拟相结合的方法，对工程高边坡的开挖卸荷效应和整体稳定性进行多方面的分析与论证。第 7 章针对工程边坡的局部稳定性问题，采用层次性分析原理和复杂块体理论，建立非规则边坡块体稳定性分析和评价的技术思路与方法体系，并对拱肩槽和进水口工程边坡的局部稳定问题进行多种工况下的计算与评价。第四部分为工程高边坡稳定性控制（第三篇），由第 8～10 章组成。主要阐述边坡稳定性控制的概念和内容以及工程边坡稳定性控制的基本学术观点，确立工程边坡坡比选择的综合集成方法；提出从坡面控制、锚固控制和爆破控制三方面对拱肩槽和进水口边坡进行工程控制的技术方案；阐明研究区工程高边坡稳定性信息化监测的内容和采用的方法，提出监测系统的具体布置方案；探索与边坡失稳预报密切相关的几个基本问题；引用非线性科学理论，初步探讨边坡变形过程中的分维特征，建立边坡失稳中长期预报的动态分维跟踪预报判据和短临预报的 Verhulst 反函数预报模型；提出边坡失稳时间预报的"变形机制分析——实时跟踪预报"这一学术思想，并建立相应的技术方法体系；基于本书的研究成果和前人的成果，开发和研制边坡失稳实时跟踪预报软件系统（SIPS）。第五部分为主要认识与结论（第 11 章），从基础理论和方法方面的进展以及工程问题的结论两方面，概括和总结全书的研究成果。

　　本书是在作者主持的"溪洛渡水电站拱肩槽和进水口工程高边坡稳定性研究"（重大工程建设科技项目）、"边坡失稳实时预报系统"（国家攻关项目）以及"山区近地表岩体卸荷变形破裂体系及其工程地质意义"（国家自然科学基金项目，编号 49602040）三个科研项目的基础上，通过（本书第一作者）博士学位论文阶段（2002 年）的进一步研究、总结和提炼撰写而成的。这项成果已获得 2006 年度四川省科技进步三等奖。在相关项目的研究过程中，得到国家自然科学基金委员会、科技部和中国水电顾问集团成都勘测设计研究院等单位的资助；课题组赵其华教授、董孝璧教授、沈军辉教授、陈明东教授、徐进教授、杨立铮教授，研究生李胜伟、王睿、王芳其、王卫等，为相关项目的研究做出了重要贡献；本项研究也得到刘克远勘察大师、黄润秋教授、李文纲副总工程师、聂德新教授、杨建宏副总工程师和许强教授等的支持和帮助。在此，作者谨向上述单位、专家和研究生们表示诚挚的谢意！

　　希望本书能为促进岩质工程高边坡稳定性研究做出微薄的贡献，为从事这方面研究的同行们提供借鉴。受水平和经验的限制，书中一定存在不少缺陷和不足，恳请同行们不吝赐教。

目　　录

第一篇　岩质工程高边坡的工程地质基础

第二篇　岩质工程高边坡稳定性分析与评价

STABILITY OF HIGH SLOPES AND ITS CONTROL IN ROCK ENGINEERING

Contents

第1章 绪 论

1.1 研究意义

　　人类赖以生存的地球表层是一个由岩石圈表层、大气圈、水圈、生物圈组成的四圈层复杂动态系统。这些圈层相互作用、相互渗透、相互联系、相互依存，共同构成了人类生存与发展的总体环境。其中，生物圈的作用，尤其是人类的作用对环境的影响已经引起世界各国政府和科学家的高度重视。人类工程活动已成为地球表层特别活跃的因素和力量，人类作用已成为与自然作用并驾齐驱的营力，在某些方面已经超过自然地质作用的速度和强度。例如，人类工程活动对岩石圈表层的开挖作用，其速度已远远大于自然营力对岩石圈表层的侵蚀速度；在工程活动范围内，其强度也大于自然营力的作用。据统计，人类活动的地下开挖深度已超过 1000m，最高人工边坡已达 600m。可见，人类工程活动已成为影响环境的重要力量。这种影响如果不进行协调和规范，往往会导致工程地质灾害的频繁发生和人类创造的财富的极大损失。据有关部门报道，发展中国家每年由地质环境恶化和地质灾害所造成的经济损失达到国民生产总值的 5％以上。我国的滑坡、崩塌和泥石流等边坡地质灾害正随着工程建设和资源能源的开发而加剧，每年由此造成的损失近 300 亿元（周维垣等，2001）。近十年来，全国 400 多个市、县受到边坡地质灾害的侵害，有近万人死亡，其中 50％以上的地质灾害是人为因素造成的（周维垣等，2001）。因此，规范人类的工程活动、协调人-地关系，已成为地质工程和环境地质学科非常重要的研究课题。

　　我国是世界上最大的发展中国家，已经成为目前世界上具有最大规模资源开发工程和土木建设工程的国家。随着西部大开发战略的实施，资源开发和基础设施的建设正以前所未有的速度发展。我们正在实施西电东送、西气东输、南水北调等重大工程；正在快速修建国家主干高速公路网和完善铁路运输系统；正在开展城市基础设施建设和促进都市化的进程；正在大规模开采矿产资源。然而，我国地形地质条件复杂，三分之二的国土为山地，特别是西部地区受青藏高原隆升的影响，地形变化大，地质构造复杂。因此，在这一地区开展大规模的水电工程、公路工程、铁路工程、矿山工程等建设活动，不可避免地需要经常开挖岩土体，形成大量工程边坡。随着工程规模的增大，工程边坡的高度也越来越高。如，三峡水电工程船闸高边坡高达 170m，黄河小浪底水电工程进水口边坡高 120m，澜沧江小湾水电站泄水建筑物边坡高达 239m，清江隔河岩水利枢纽出水口边坡最高达 150m，在建的溪洛渡水电站拱肩槽边坡高达 250m，抚顺西露天矿高边坡开挖深度已超过 300m。这些工程边坡的稳定性状况，事关工程建设的成败与安全，对整个工程的可行性、安全性及经济性等起着重要的控制作用，并在很大程度上影响着工程建设的投资及使用效益。如果处理不当，往往导致边坡失稳，形成滑坡和崩塌，其后果不堪设想。如，云南澜沧江漫湾水电站左岸缆机平台边坡失稳的治理工程耗资1.2亿元，延误工期一年，损失超过10亿元（周维垣等，2001）；龙羊峡水电站的虎山边坡治理工程耗资近3亿元；天生桥二级水电站进口右岸挡墙基坑开挖导致滑坡，使48人丧生（赵长海等，2001）；清江隔河岩水电站右岸导流洞出口边坡失稳，近20万 m³岩体解体，延误工期3个月（赵长海等，2001）；黄河小浪底水电工程进场公路开挖时，发生30万 m³滑坡，造成公路改道、增开交通隧道及桥梁工程的大量投资（赵长海等，2001）；四川省九寨沟环线公路边坡处理工程费用拟投资2亿元；2002年3月15日峨眉山水泥厂露采边坡失稳掩埋8人。我国工程边坡失稳频繁发生的主要原因有：①政府管理决策部门和工程建设业主对工程边坡的认识不足，往往认为边坡不是工程建设的主体，不愿意事前花经费对工程边坡进行勘察、论证和治理；②受我国传统分工体系的影响，工程边坡的设计多由结构设计人员完成，而他们往往对边坡的工程地质条件缺乏足够的了解，工程地质人员又对边坡治理结构不甚熟悉，这就导致了认识边坡和改造边坡人员之间的脱节；③工程边坡的地质条件的多样性和复杂性；④工程边坡设计仍然为非标准设计，特别是坡比设计多为经验设计；⑤人们对滑坡的研究多，而对工程边坡的研究相对较少，尤其是对岩质工程边坡的研究还未形成一套完善的技术方法体系。

基于上述认识，结合多年来在边坡稳定性研究方面的科研实践和积累，本书以金沙江溪洛渡水电站拱肩槽和厂房进水口工程高边坡稳定性为典型研究素材，在系统科学方法论的指导下，采用现场调研、室内测试、统计分析、地质分析与判断、力学计算、计算机模拟相结合的综合研究途径和方法，对岩质工程高边坡分别从工程地质基础、稳定性分析与评价以及稳定性控制三大方面进行系统深入的研究，试图通过对典型研究对象的研究，既解决研究对象的工程实际问题，又在岩质工程高边坡研究的基础理论和方法方面取得一些进展，并初步建立岩质工程高边坡稳定性及其控制研究的基本框架和技术方法体系。

金沙江溪洛渡水电站位于四川省雷波县与云南省永善县交界处的金沙江溪洛渡峡谷，是金沙江干流攀枝花至宜宾河段梯级开发规划中的第三个梯级水电站。水电站以发电为主，兼有防洪、拦沙和改善下游航运等综合利用效益。大坝为双曲拱坝坝型（图1.1），坝高278m，正常蓄水位600m，库容115.7亿 m³，控制流域面积45.55km²，约占金沙江总流域面积的96%。两岸全地下式厂房，总装机容量1260万 kW，水库库容大，淹没损失小，发电效益高，控沙能力强，地形地质条件优越，是继三峡工程之后又一巨型规模的水力发电枢纽工程。

溪洛渡水电站坝区河谷狭窄，岸坡陡峻，拟采用全地下式厂房方案，分左右两岸布置。左右岸进水口边坡位于 X线上游250～500m（图1.1），谷坡陡峻，进水口底板高程516m。左岸进水口边坡开挖高度120～145m，顺江长约290m；右岸进水口边坡开挖高度120～160m，从上游到下游逐渐降低。大坝拱肩槽部位谷坡高陡，谷肩高程均在800m以上。拱肩开挖后形成上、下游边坡和坝顶边坡。两岸上游开挖边坡高度大于下游边坡，左岸最大开挖坡高可达250m，右岸最大开挖边坡高度227m，坝顶边坡坡高90～20m。如此高的工程边坡其整体稳定性和局部稳定性如何？哪些不利结构面可能构成局部的不稳定块体？工程边坡可能的变形破坏机制、失稳方式和规模、边坡的开挖坡比和开挖卸荷效应以及工程边坡稳定性控制等问题，是该工程可行性论证必须回答的关键技术问题。因此，工程高边坡稳定问题已成为该工程的重大工程地质问题之一，深入系统地开展地下厂房进水口和拱肩槽这两个重要工程部位的高边坡稳定性研究，具有非常重大的工程实践意义。研究成果不仅可以直接服务于工程建设，而且对我国岩质工程高边坡稳定性研究也会起到推动作用。

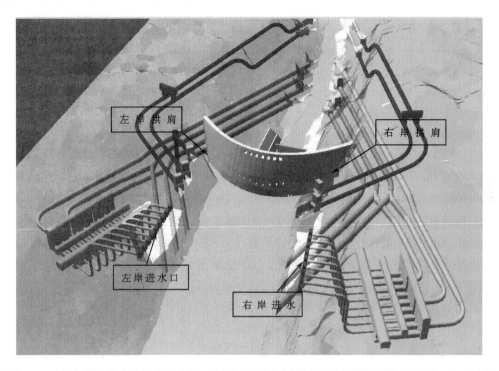

图 1.1　金沙江溪洛渡水电站水工布置三维图（中国水电顾问集团成都勘测设计研究院，2002 年）

1.2　国内外研究历史及现状

随着人类工程活动的发展，对边坡问题的研究也在不断深入，归纳前人对边坡问题的研究大致可分为以下几个阶段：

人们对边坡稳定性的关注和研究最早是从滑坡现象开始的（张倬元等，2001）。19世纪末和 20 世纪初期，伴随着欧美资本主义国家的工业化而兴起的大规模土木工程建设（如修筑铁路、公路，露天采矿，天然建材开采等），出现了较多的人工边坡，诱发了大量滑坡和崩塌，造成了很大的损失。这时，人们才开始重视边坡失稳给人类造成的危害，并开始借用一般材料分析中的工程力学理论对滑坡进行半经验、半理论的研究。早期对边坡稳定性的研究主要从两个方面进行：一是借用土力学中极限平衡的概念，由静力平衡条件计算边坡极限状态下的稳定性（加拿大矿物和能源技术中心，1984；Hoek and Bray，1983；Fellenius，1927，1936；Taylor，1937，1948；Janbu，1954；Bishop，1955）；二是从边坡所处的地质条件、影响因素和失稳现象上进行对比分析。

20 世纪 50 年代，我国学者引进苏联工程地质的体系，继承和发展了"地质历史分析"法，并将其应用于滑坡的分析和研究中，对边坡稳定性研究起到了推动作用（张倬元等，1994）。该阶段学者们着重边坡地质条件的描述和边坡类型的划分，采用工程地质类比法评价边坡稳定性。

20 世纪 60 年代，世界上几起灾难性的边坡失稳事件的发生（如意大利的瓦依昂滑坡造成近 3000 人死亡和巨大的经济损失）（张倬元等，1994），使人们逐渐认识到了结构面对边坡稳定性的控制作用以及边坡失稳的时效特征，初步形成了岩体结构的观点（孙玉科、李建国，1965；谷德振等，1979），并在应用赤平极射投影的基础上，提出了实体比例投影方法，用以进行边坡块体破坏的计算，定性判断边坡的稳定性（谷德振等，1979；孙玉科、古迅，1980；王思敬，1976）。同时，我国学者结合露天矿边坡稳定性研究，在陈宗基教授的指导下，进行了比较系统的岩体力学性质的试验研究，包括大型现场试验及室内岩块试验，常规力学试验及流变力学试验，岩块力学试验及结构面力学试验，动力学试验及静力学试验等（孙玉科等，1998）。这些工作推动了岩质边坡稳定性研究的发展。

20 世纪 70 年代，边坡研究者从大量的工程实践和斜坡失稳事件中，逐渐认识到边坡稳定性研究必须重视其变形破坏过程和机制的研究，提出了累进性破坏的观点以及边坡变形破坏的机制模式（王兰生、张倬元等，1970[①]），使边坡稳定问题的研究工作步入了地质分析和岩石力学分析相结合的时代。这期间，成都理工大学的王兰生、张倬元等通过国内外大量的现场调研，深入研究了斜坡变形破坏演化机制的一般规律，提出了斜坡变形的 6 种主要模式，即蠕滑-拉裂、滑移-压致拉裂、滑移-拉裂、弯曲-拉裂、塑流-拉裂和滑移-弯曲，以及斜坡失稳的 3 种基本破坏方式，即崩落（塌）、滑落（坡）、（侧向）扩离（张倬元等，1994）。这些变形破坏模式不但得到了普遍承认，而且被广泛地推广和应用，为推进边坡稳定性研究做出了重要贡献。中国科学院地质研究所以金川露天矿为典型工程实例，对边坡的稳定性进行了长期、全面、系统的研究，将工程地质学与岩体力学密切结合，强调地质是基础及地质构造的控制作用，初步形成了岩体结构控制论的观点。国外的 R. E. Goodman 也非常重视岩体结构特性的研究，出版了《非连续岩体地质工程方法》一书（Goodman，1976）。

20 世纪 80 年代，边坡稳定性研究进入了一个新的阶段。1986 年，在举行国际地质会议期间，国际工程地质协会（IAEG）成立，同时成立了"滑坡及其他块体运动委员会"，它是国际上第一个专门研究滑坡及其防治的国际组织。国际岩石力学与工程学会（ISRM）、国际岩土力学与基础工程学会（ISSMFE）、国际大坝委员会（ICOLD）等均将边坡工程作为重要的专题进行学术交流和探讨。这些国际组织在促进边坡工程研究方面起到了重要作用。同时，我国改革开放政策的实施，使大批从事边坡工程研究的学者焕发了强大的活力，在水电、矿山、铁路、地矿等部门专门对滑坡和边坡稳定性设专题进行攻关研究。如 1981~1986 年，地质矿产部将"中国西南、西北崩滑灾害与斜坡稳定性研究"列为专题进行重点攻关；1986~1990 年三峡工程将库岸稳定性列为专题进

① 王兰生、张倬元等，1970，斜坡变形破坏的地质力学模式。

行研究。这期间，在系统科学方法论的指导下，对边坡岩体的赋存环境、坡体结构、内部应力状态、变形破坏机制、影响稳定性的因素等进行系统研究，形成了较为系统的边坡稳定性研究思路；边坡变形破坏的地质模式得到了进一步的补充和完善（王兰生等，1982；孙玉科、姚宝魁，1983；王兰生，1989），针对不同的地质模式提出了一些相应的稳定性计算方法（黄润秋，1988）；数值和物理模拟手段被引入边坡研究中，人们借助有限元法、离散元法、地质力学模型试验等再现边坡变形破坏的全过程，从整体上、内部作用机理等方面对边坡进行全面的认识和评价；利用统计热力学理论、灰色系统理论、数量化理论、概率论与数理统计等，探索了边坡稳定性的预测预报方法。可以说，这一阶段是边坡科学发展的高峰期。

20 世纪 90 年代以来，人类工程活动在发展中国家迅速增长，人工边坡的规模和高度不断增大，边坡稳定问题越来越突出。我国黄河小浪底水电工程、长江三峡工程、金沙江溪洛渡水电站和雅砻江锦屏电站等重大工程的建设或论证遇到了前所未有的高边坡稳定性问题。因此，人们对工程边坡的勘察、设计、评价、监测和加固越来越重视。"八五"和"九五"期间，国家专门立项开展了工程边坡稳定性及其加固配套技术的研究。如水利电力部的"岩质高边坡稳定及处理技术"被列为国家重点攻关项目；国家自然科学基金委员会和中国长江三峡工程开发总公司专门将"三峡船闸高边坡的变形与稳定"列为重大项目进行资助研究。同时，非线性科学理论、非连续介质理论、可靠性分析理论以及计算机技术的发展，为边坡稳定性问题的研究提供了新的途径和方法，多学科、多专业的交叉渗透研究已成为边坡研究的发展方向。可靠性分析理论、模糊数学、块体理论、灰色系统理论、神经网络理论、分形理论、突变理论、自组织理论以及各种复杂的数值计算方法广泛地应用于边坡研究中。边坡稳定性研究步入了定性与定量相结合、概念模型与仿真模拟相结合、监测与反馈分析相结合的新阶段，取得了大量有意义的成果。概括起来，主要有以下 8 个方面。

1. 边坡岩体结构的研究被赋予了新的内容

岩质边坡结构复杂，其稳定性与在边坡岩体中发育的各类结构面特征密切相关。在孙广忠教授提出的"岩体结构控制论"的基础上（孙广忠，1988），人们进一步认识到，不仅要查清边坡岩体结构面的地质力学成因、分布规律、结构面的充填物质、几何特征等，而且要追溯边坡岩体结构建造、构造改造和浅表生改造的全过程（王兰生等，1994），并通过精细的量测技术和数理统计方法获得表征岩体结构的一系列定量参数（如连通率、迹长、间距、密度、起伏度、粗糙度等）。在此基础上建立岩体结构模型和定量化模式，为边坡稳定性评价和模拟研究打下坚实的基础。在岩体结构的基础研究中，提出了"浅生时效构造理论"（王兰生等，1994），并将其应用于边坡工程研究中，为一些重大工程边坡稳定问题的解决做出了贡献。

2. 对边坡变形破坏现象的认识进一步深化

通过大量的工程实践和现场观察，人们逐渐认识到了斜坡岩体的浅表生改造是斜坡演化的一个重要阶段，浅表生改造迹象不同于重力作用下边坡的变形破坏迹象，正确区分和识别这两种现象，对边坡稳定性评价具有非常重要的意义。基于这样的认识，边坡稳定性研究中出现了一些新的概念，如卸荷-破裂岩体、卸荷松动岩体等。这些概念的提出推动了边坡科学的发展。

3. 边坡变形破坏地质力学模式的不断深化、补充和完善

边坡的变形破坏机制和地质力学模式是其内部作用过程和本质的体现，也是反映影响边坡稳定性状态的各种地质因素的综合体现。因此，在工程实践中可以根据边坡的变形破坏机制与模式，评价和预测边坡的变形发展趋势和可能的破坏形式，并选择可靠的加固措施。20 世纪 90 年代以来，边坡工作者通过大量的调查、观察和研究，对边坡变形破坏的地质力学模式进行了深化、补充和完善；探讨了已有地质力学模式量化评价的方法；推动了边坡变形破坏机制分析在边坡稳定性评价、预测预报以及治理措施中的应用。王兰生等提出了边坡变形的旋转滑移-拉裂模式（Wang et al.，1992）；孙广忠（1993）将边坡的变形破坏形式分为：楔形体滑坡、圆弧滑面滑坡、顺层面滑动滑坡、倾倒变形边坡、溃屈破坏边坡、复合型滑面滑坡、斜坡开裂变形体、堆积层滑坡、崩塌碎屑流滑坡（孙广忠，1993）。国际上边坡破坏的类型采用五分法，即：崩塌、倾倒、滑动、侧向扩展拉裂、流动（赵长海等，2001）；Goodman 等通过对岩质边坡特征的研究，深入讨论了不同岩体类型岩质边坡的破坏机制（Goodman and Kieffer，2000）。

4. 数值模拟技术被广泛应用

数值模拟技术现已广泛应用于边坡问题的研究，尤其是在边坡变形破坏过程模拟以及稳定性分析方面发挥了重要作用。近年来，在计算方法、计算模型、软件编制和岩土力学参数确定等方面都有了很大的进展。目前，常用的数值模拟方法有：有限单元法、有限差分法、边界元法、离散元法、流形元法、非连续变形分析法（DDA）以及各种耦合计算方法等（王在泉，2000；Brown，1987；Shi and Goodman，1989）。各种使用方便、界面又好、前后处理功能强大的软件不断推出。描述岩土介质的本构模型，已由弹性、弹塑性模型发展到黏弹性、黏塑性、黏弹塑性模型，特别是 Goodman 单元的引入较好地解决了有节理或断层的边坡有限元模拟问题（Goodman，1976）。岩土力学参数由过去的主要由实验室试验和现场试验确定，发展到采用多种方法综合确定（周维垣，1990），如，数值反分析法、野外抽样与统计推断技术等。有关岩体结构特性研究的进展，使得岩质边坡的数值计算结果更为可靠（王在泉，2000）。目前，可以在计算机上模拟岩体的裂隙网络，确定裂隙网络的结构特征参数，定量评价岩体的质量、力学参数，仿真模拟边坡的应力场、位移场、形成演化过程、人工开挖过程以及加固结构的作用等。引入损伤、断裂力学理论及大变形理论使数值计算结果更接近实际。快速拉格朗日差分法（FLAC）、离散单元法（DEM）和非连续变形分析法（DDA）让我们能够考虑边坡的大变形问题，在计算机上模拟边坡运动的特征与失稳过程等。利用这些方法，黄润秋等（2002）提出了边坡变形破坏全过程的模拟和控制技术。

5. 专家系统方法及信息技术的应用

专家系统是20世纪70年代末走向实用并迅速发展起来的一种计算应用技术，是基于专家知识和经验判断进行特定领域问题求解的非数值计算机分析软件。它根据用户提供的数据、信息或事实，运用系统存储的专家经验或知识，进行推理判断，最终得出结论，同时给出结论的可信度，以供用户决策分析。这一类系统的特点是，计算机起着专家咨询作用，而该系统是以专家知识为基础的系统，因而通常达到专家处理问题的水平。由于边坡工程是一个复杂的系统，在边坡工程设计、施工及管理中都包含有不确定性、模糊性和工程判断，因此，用于边坡稳定性判断有其优越性。近年来，专家系统被逐渐引入边坡研究，帮助地质工程师审定边坡设计、边坡安全分析、滑坡识别与分类、边坡稳定性分析等。不过从目前的研究来看，大部分边坡工程专家系统均采用人工方法获取专家经验知识，知识表示方法也单一（几乎都是采用规则表示的），主要仍停留在利用领域工程师的经验进行定性分析推理阶段，所解决的问题比较窄。但是，专家系统毕竟给边坡稳定性研究带来了新方法，相信随着专家系统技术知识的获取、不确定推理及对边坡本身研究的进展，它无疑将是一个非常有前途的发展方向。近年来，利用现代信息技术解决边坡稳定性问题的研究引起了研究者的兴趣。1996年国际岩石力学学会年会上，3S（RS、GPS、GIS）技术在岩石工程建设中的作用已引起了极大注意（周维垣等，2001）。从1997年开始，崔政权、何满潮已着手建立"三峡库区边坡稳态3S实时工程分析系统"。目前，数据库技术已用于世界滑坡的目录编制；干涉雷达遥感技术和GPS技术已用于边坡监测；GIS技术已用于区域边坡稳定性区划和评价，等等。可以预计，现代信息技术将在边坡稳定性研究中发挥越来越重要的作用。

6. 非线性科学理论和方法的引入

耗散结构论、协同论、突变理论、混沌理论、分形理论、神经网络理论（刘式达、刘式适，1989；黄建平、衣育红，1991；周翠英，1992；秦四清等，1993）等非线性科学的发展，给边坡稳定性研究提供了新理论、新思维和新方法。这些理论在解决非线性性质、非平衡体系的问题方面是行之有效的，因此，它们在复杂的边坡工程中具有应用的普适性和广阔前景，因为地质体中平衡和封闭是相对的，非平衡和开放才是绝对的。研究者们逐渐认识到，边坡系统是一个开放系统，是一个充满灰与白、确定性与随机性、渐变与突变、平衡与非平衡、有序与无序的对立统一的混沌体系，复杂性是边坡的根本属性（周萃英，1992；秦四清等，1993；李后强等，1994；李天斌、陈明东，1996；许强、黄润秋，1997）。尽管非线性科学理论在边坡研究中的应用才刚刚起步，处于探索阶段，但它却给这一研究领域带来了崭新的思想方法，并获得不少开拓性的研究成果。1993年，秦四清等所著的《非线性工程地质学导引》一书，将非线性科学理论首次系统地引入工程地质研究中，探索了滑坡的复杂性特征和滑坡孕育的混沌特征，运用突变理论研究了边坡的稳定性和失稳预报问题（秦四清等，1993）。张子新、孙钧（1996）提出了分形块体力学，并将其运用于三峡船闸高边坡研究中。哈秋林（1997）提出了非线性岩石（体）力学的概念。此外，关于滑坡吸引子特征的研究（田野、徐平，1991)、滑坡的复杂性理论的探讨（周萃英，1992）、边坡变形分维特征的研究（吴中如，1996）、边坡非线性动力学方程的建立（秦四清等，1993）、神经网络理论用于滑坡稳定性分析和预测（易顺民，1996；夏元友、朱瑞赓，1996）等方面均取得了可喜的进展。当然，这方面的研究成果还要逐渐受到实际问题的考验。

7. 边坡可靠性分析逐渐受到重视

在边坡稳定性分析中，传统的极限平衡理论根据坡体分块的力学平衡原理（即静力平衡原理）分析边坡在各种破坏模式下的受力状态，以及边坡的抗滑力和下滑力之间的关系来评价边坡的稳定性。它是一种以稳定系数为度量指标的定值法，这种方法经过长期的工程实践证明是一种有效的工程实用的方法（周维垣等，2001）。然而，在某些边坡工程中，稳定系数大于 1 的坡体，发生了失稳破坏，而稳定性系数小于 1 的坡体却处于稳定状态。发生这种情况的原因是多方面的，但是，其中很重要的一个因素是，极限平衡法计算中选用的各种参数往往是确定的或线性变化的，忽视了计算参数的不确定性和随机性。此外，边坡以多大程度保证安全，极限平衡定值法无法确定，而可靠性分析却能做出明确的回答。因此，基于概率论的边坡可靠性分析逐渐受到重视并得以较快的发展，边坡稳定性的可靠性分析理论已初步形成（祝玉学，1993；罗文强等，1999）。

8. 边坡监测与预警预报技术发展迅速

由于边坡工程的复杂性和边坡研究水平的限制，人们对边坡的监测给予了高度重视。边坡监测已成为掌握边坡动态、确保工程安全、了解失稳机理和开展边坡稳定性预警预报的重要手段。目前，边坡监测已由过去以大地测量为主发展为多种方法和手段综合运用、相互验证（范中原，1998）；高新技术正逐渐应用于边坡监测中，如干涉雷达遥感技术和 GPS 技术等；监测仪器的自动化水平得到提高，边坡的自动监测系统正在逐步开发和应用（陈祖煜、冯小刚，1999）。但是，监测仪器的抗干扰性、环境适应性以及可靠度方面仍有较多的问题需要解决。

边坡的失稳预报是一项世界性的难题。20 世纪 90 年代以来，许多学者引用处理复杂性问题行之有效的非线性科学理论来研究滑坡预报问题（秦四清等，1993；李天斌等，1999；黄润秋、许强，1997a，b），先后提出了一些基于分形理论、突变理论、灰色理论和非线性动力学理论的预报模型，例如，尖点突变模型及灰色尖点突变模型（秦四清等，1993）、灾变模型（李天斌、陈明东，1996）、协同预报模型（黄润秋、许强，1997b）、梯度正旋模型（崔政权，1992）等。目前，边坡失稳预报从单一的方法研究进入了系统的理论方法总结和发展阶段，边坡失稳预报逐步向实用化、系统化迈进，已初步开发了一些预报软件系统（李天斌等，1999）。

综上所述，在 20 世纪的发展历程中，边坡工程经历了从现象认识→地质分析→岩体力学分析→机制分析→定量评价的发展历程。经过百余年的努力，边坡稳定性研究已经取得了令人瞩目的成就。然而，随着人类工程活动的加剧，尤其是我国大规模的资源和能源开发以及基础设施建设，边坡的高度越来越大，形状变得复杂，工程实践中出现了一些新情况和新问题。同时，边坡研究领域也还存在不少亟待研究和解决的问题。概括起来主要表现在以下几方面：

（1）20 世纪 90 年代以来，一些重大工程的勘测揭示，在高山峡谷地区斜坡的深部往往发育有张裂缝，其水平深度可达 200m。这些张裂缝的成因是什么，是否是斜坡变形的结果或者它们与斜坡变形的关系如何，在这种斜坡中开挖人工边坡，如何评价其稳定性，这些问题引起了工程界和学术界的极大争论，至今仍未得到彻底解决。这就要求我们从基础工程地质的角度，研究斜坡岩体的形成演化过程，并从中获得问题的解决。

（2）人们对边坡岩体首先是经过建造和改造的地质体这一认识仍然不足。表现在研究中对边坡的形成演化、赋存的地质环境条件等基础工程地质工作不够重视。尤其是年轻一代往往热衷于计算机和数理力学在边坡工程中的应用研究。诚然，这些研究是十分重要的，但是，边坡稳定性问题的解决没有扎实的工程地质基础工作和正确的概念模型，再先进的方法和精确的计算都将是空中楼阁。否则不会出现三峡船闸高边坡几个单位的计算结果大相径庭的现状。难怪许多资深的老专家一再强调和呼吁，必须重视工程地质基础工作。

（3）以往的研究对规则边坡和开挖面为平面的边坡研究较多，而对非规则边坡、开挖面为曲面的边坡研究很少。然而，随着工程实践的深入，非规则边坡将会逐渐增多。我国将相继在金沙江、黄河和雅砻江上修建溪洛渡、拉西瓦和锦屏电站，这些水电站的大坝均为拱坝，其拱肩槽边坡就是典型的非规则曲面边坡。如何正确分析和评价非规则曲面边坡的整体稳定性和局部稳定性，是今后工程边坡研究值得重视的方向。

（4）受我国传统分工体系的影响，工程边坡的设计多由结构设计人员完成，而他们往往对边坡的工程地质条件缺乏足够的了解，工程地质人员又对边坡设计和加固结构不甚熟悉。这就出现了认识边坡人员和改造边坡人员之间的脱节现象，往往造成有价值的地质资料和认识不能应用于边坡工程设计中、设计方案针对性不强、保守设计等，严重者甚至导致边坡失稳和生命财产的巨大损失。

（5）工程边坡设计仍然为非标准设计，没有一套完善的设计规范或规则，特别是坡比设计多为经验设计。随着超高边坡的大量出现，坡比经验设计已经不能满足工程实践的要求，也缺乏足够的科学依据。这就要求我们尽快建立工程边坡坡比研究的思路和技术方法体系。

（6）目前，国内外岩体质量分类的方法大多是针对坝基和地下工程围岩的，与工程边坡稳定性相联系的边坡岩体质量分类方法很少，且不完善，需要结合工程实践进一步研究。

（7）由于边坡变形破坏的复杂性、随机性和不确定性，要想准确预报边坡的失稳时间是非常困难的。已有的研究多注重预报方法的探讨，对与边坡失稳密切相关的一些基本问题重视不够，如，边坡变形机制和阶段与预报的关系、监测信息处理以及关键监测信息的选取等。而且，已有的预报方法和理论，还没有系统化和实用化，真正的边坡失稳预报系统还很少见。

（8）人们对滑坡的研究多，而对工程边坡的研究相对较少。我国直至 20 世纪 90 年代才专门立项对岩质工程边坡的稳定性和加固技术进行系统研究。目前，对岩质工程边坡的研究还未形成一套系统完善的技术方法体系。

1.3   主要研究内容及技术方法体系

本书以金沙江溪洛渡水电站拱肩槽和厂房进水口工程高边坡稳定性为典型研究素材,强调地质原型现场调研与地质过程分析,重视自然边坡的形成演化过程和工程边坡的地质基础,充分吸收"地质过程机制分析-量化评价"、"系统工程地质学"和"岩体结构控制论"等先进学术思想的精华。在系统科学方法论的指导下,将岩质工程高边坡的形成演化、稳定性分析与评价以及稳定性控制问题有机地组成一个研究链,在了解国内外研究现状和收集前人研究资料的基础上,采用原型调研与室内分析相结合、宏观分析与微观分析相结合、工程地质与岩体力学相结合、模式分析与模拟研究相结合、层次分析与系统评价相结合、几何分析与力学分析相结合的思路,从工程地质基础、稳定性分析与评价以及稳定性控制三大方面对岩质工程高边坡稳定问题进行综合集成研究。

具体的研究内容如下:

(1) 高边坡的形成与演化特征研究;

(2) 高边坡的稳定条件及变形破坏模式研究;

(3) 工程高边坡岩体质量分级研究;

(4) 工程高边坡整体稳定性研究;

(5) 工程高边坡局部稳定性研究;

(6) 工程高边坡坡比与加固方案研究;

(7) 工程高边坡的信息化监测与失稳预报研究。

其中,要解决的关键技术问题是:

(1) 高边坡岩体的浅表生改造特征及其与边坡变形破坏的关系。这是正确判断边坡时效变形、变形阶段以及演化趋势的关键。

(2) 高边坡岩体的结构特征。这是控制工程高边坡变形及失稳模式的关键。

(3) 建立与工程边坡岩体稳定性相关的边坡岩体质量分级体系。

(4) 工程边坡开挖卸荷的模拟与力学效应。

(5) 工程边坡潜在不稳定块体的分析与确定方法。

(6) 工程边坡坡比设计的思路与方法。

(7) 边坡失稳实时跟踪预报的技术方法体系。

根据作者多年从事边坡工程研究的积累,建立岩质工程高边坡稳定性及其控制研究的技术路线和方法体系,如图 1.2 所示。首先,分别对工程边坡的形成演化特征、稳定条件(工程地质条件)、岩体质量、力学参数、可能的变形破坏模式和边界条件等基本问题开展深入的研究。从基础工程地质的角度,把握边坡的结构特征、浅表生改造特征和重力改造特征,为工程边坡稳定性评价和控制打下坚实的基础。其次,通过地质分析与判断、工程边坡岩体质量分级,运用强度理论、变形理论、复杂块体理论和层次性分析的原理和方法,对工程边坡的整体稳定性和局部稳定性进行系统分析与评价。最后,

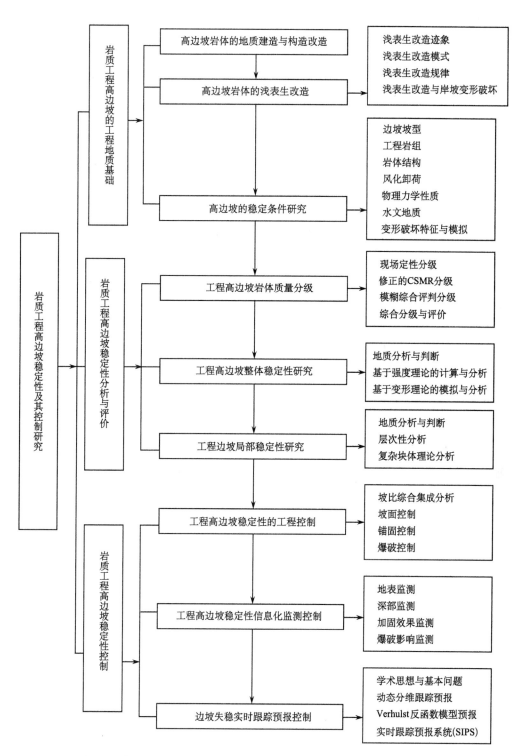

图 1.2　岩质工程高边坡稳定性及其控制研究的技术路线和方法体系框图

通过地质分析、计算模拟和工程类比，确定工程高边坡的优化坡比，提出工程边坡坡比研究的途径和方法；根据稳定性评价结果，进一步论证工程边坡防护和加固的技术方案；应用现代监测技术和非线性科学理论等，提出工程高边坡信息化监测的方案和边坡失稳实时跟踪预报的技术方法。由边坡稳定性的工程控制、监测控制和预报控制共同构成边坡稳定性的控制系统。

第一篇 岩质工程高边坡的 工程地质基础

边坡岩体是经历过成岩建造、构造改造和浅表生改造，并有可能在重力作用和人类工程活动的扰动下进一步变形破坏的地质体。由于地质体经受过漫长的地质作用，其结构和赋存环境复杂。它们对边坡稳定性起着重要的控制作用。因此，研究工程边坡的稳定性必须首先研究自然边坡的工程地质基础，查明边坡岩体结构的建造、构造改造和浅表生改造特征，充分了解和掌握边坡岩体的工程地质条件（稳定条件）。

第2章　高边坡岩体的地质建造与构造改造

2.1　概　述

大量的工程实践和理论总结已经证明（孙广忠，1993，1996），岩体稳定性明显受岩体结构的控制。而岩体结构的宏观基础是地质结构，地质结构又是地质建造和改造的结果。地质建造过程中，由于建造类型的不同，地质体形成了不同的岩相特征。而且，受各种因素的作用和影响，建造体中会出现不同的原生结构面，如沉积岩建造中的层面、层理和纹理等，岩浆岩建造中的冷凝裂隙、似层面、喷发间断面等。这些原生结构面对岩体的构造改造有一定的控制作用。岩体的构造改造发生在漫长的地质构造作用和地壳运动过程中。岩石圈表层的岩层形成过程中和形成以后，都会受到构造运动的影响。它们有的大体上保持了形成时的原始状态，有的则产生了形变和破裂，形成褶皱和断裂，同时，在岩体中形成地应力场。岩体往往受多次构造运动的影响，并发育各种变形和破裂形迹，且具有复杂的空间组合形态，即地质结构（构造）。可见，地质建造是构造改造的基础，构造改造是形成地质结构的主体，也就是说，岩体总的结构格架是在构造改造中形成的。在岩体遭受浅表生改造中，地质结构是重要的基础，它在很大程度上控制着岩体的浅表生改造。由此可见，地质建造和构造改造是岩体稳定性研究的重要基础。

本章在"自然历史分析法"和"地质过程机制分析"学术思想的指导下，深入研究典型研究区岩体的岩相、岩性组合、原生结构等地质建造特征；追溯岩体的构造改造历史、构造改造形迹及其成因、地应力场演化等。

2.2　边坡岩体的地质建造

典型研究区溪洛渡水电站坝址的岩层，除两岸谷肩上残留有部分二叠系上统宣威组砂页岩（P_2x）外，主要由二叠系峨眉山玄武岩（$P_2\beta$）组成，其下部河床岩体为二叠系下统阳新组灰岩（P_1y）。其中与坝区边坡工程关系密切的主要为二叠系峨眉山玄武岩。

2.2.1　坝区玄武岩的岩相及岩性组合

研究区玄武岩体为晚二叠世峨眉山玄武岩，在峨眉山玄武岩岩石构造分区图上属东岩区，为大陆裂隙式溢流相玄武岩。坝区玄武岩总厚度490～520m，以玄武质熔岩占绝对优势，根据喷溢间断及岩性组合，可划分为14个岩流层，岩流层一般厚25～40m，其中$P_2\beta_6$和$P_2\beta_{12}$厚度最大，平均厚72.75m和82.58m，$P_2\beta_{10}$和$P_2\beta_{11}$厚度最小，平均厚14.1m和13.33m，同一岩流层厚度相对稳定，起伏差一般小于3m。每个岩流层具较强的韵律：下部为斑状玄武岩或微晶玄武岩，上部为角砾熔岩、集块熔岩及硅质杏仁状玄武岩、玄武质凝灰岩。各岩流层的厚度及岩性组合特征见表 2.1。

表 2.1　研究区玄武岩岩性特征简表*

岩层代号	岩性特征概述	层厚/m	
		岩流层	上部相
			下部相
$P_2\beta_{14}$	上部为角砾集块熔岩，下部主要为微晶玄武岩；顶部有紫红色凝灰岩层，厚 0~5.5m	15.4~29.1	0~14.8
			10~20
$P_2\beta_{13}$	上部为角砾集块熔岩，下部为微晶玄武岩，柱状节理发育不全；顶部有紫红色凝灰岩层，厚 3.2~5.6m	47.8~50.7	6.2~16.4
			33.5~40.5
$P_2\beta_{12}$	上部为角砾集块熔岩，下部为微晶玄武岩，柱状节理发育，柱体呈细长状；顶部见薄层玄武质凝灰岩	80.9~93.3	8.1~18.5
			62.3~78.3
$P_2\beta_{11}$	上部为角砾集块熔岩，下部为微晶玄武岩；顶部有紫红色凝灰岩层，厚 0~4.5m	11.0~14.0	3.7~5.1
			3.3~10.5
$P_2\beta_{10}$	上部为角砾集块熔岩，下部为微晶玄武岩，其中含较多绿帘石、石英透镜体	12.7~18.3	5.1~8.4
			6.5~10.4
$P_2\beta_9$	上部为角砾集块熔岩，下部为微晶玄武岩，长石斑晶呈星点状分布；顶部见薄层玄武质凝灰岩	22.9~28.1	3.8~9.0
			14.3~21.1
$P_2\beta_8$	上部为角砾集块熔岩，下部为含斑微晶玄武岩，含斑结构，长石斑晶增多	39.6~47.6	5.5~19.1
			24.1~34.5
$P_2\beta_7$	上部为角砾集块熔岩，下部为含斑杏仁状玄武岩，长石斑晶呈星点状分布，杏仁体细长	22.8~37.3	3.6~12.1
			17.4~26.6
$P_2\beta_6$	上部为角砾集块熔岩，下部主要为斑状玄武岩（斜斑粗玄岩），长石斑晶呈雪花状、放射状分布，斑晶长 3cm，宽 0.2~0.5cm；下部柱状节理发育，柱体呈粗大短柱状	71.5~80.1	4.3~14.4
			61.2~75.0
$P_2\beta_5$	下部为微晶玄武岩，偶有长石斑晶分布；顶部见薄层玄武质凝灰岩	15.0~34.7	3.4~14.4
			9.3~27.9
$P_2\beta_4$	上部为角砾集块熔岩，见少量角砾集块岩，下部主要为含斑玄武岩，长石斑晶呈星点状分布	22.5~42.2	5.6~21.9
			7.1~35.5
$P_2\beta_3$	上部为角砾集块熔岩，见少量角砾集块岩，下部主要为含斑杏仁状玄武岩，长石斑晶呈星点状稀疏分布	31.7~43.0	9.6~29.4
			9.3~29.2
$P_2\beta_2$	下部为微晶玄武岩，间隐结构	20.0~34.9	3.5~11.4
			10.2~30.6
$P_2\beta_1$	上部为粗长岩，下部主要为斑状玄武岩（斜斑粗玄岩），长石斑晶多且粗大，条状杂乱分布	14.5~25.2	1.6~12.8
			8.3~19.7
$P_2\beta_n$	钙质胶结凝灰质细-粉砂岩及铝土质页岩	0~5.1	

*据中国水电顾问集团成都勘测设计研究院，1998，金沙江溪洛渡水电站可行性研究中间报告（工程地质）。

　　根据岩性特征，每个岩流层可分为下部相和上部相两部分。岩流层下部相的岩性主要为斑状玄武岩（1、6层）、微晶玄武岩（2、5、9～14层）、含斑微晶玄武岩（3、4、7、8层）等；上部相的岩性主要为玄武质角砾（集块）熔岩，个别岩流层顶部分布极少量的玄武质火山角砾（集块）岩和玄武质凝灰岩。岩流层上部相与下部相的岩性呈渐变过渡。统计表明，14个岩流层中下部相累计厚度大于400m，占岩流层总厚度的80%；上部相的玄武岩质角砾（集块）熔岩、火山角砾岩等，累计近100m，占总厚度的20%左右。各类玄武岩的岩性特征见表2.2。

表 2.2　研究区主要岩石类型岩性特征表 [*]

	岩石类型	岩 性 特 征
上部相	玄武质角砾（集块）熔岩	灰绿至深灰色，分布于岩流层上部。以 10～25mm 的角砾为主，角砾或集块占 25%～40%，玄武质熔浆紧密胶结，具角砾（集块）熔岩结构，块状构造，矿物成分及含量与各类玄武质熔岩相近。该层的均一性相对较差，但微风化至新鲜岩块的湿抗压强度仍达108MPa，属坚硬岩类
	玄武质火山角砾（集块）岩	仅在 $P_2\beta_3$、$P_2\beta_4$、$P_2\beta_6$ 岩流层顶部少量分布，一般厚度 2～6m。黄灰至灰绿色、角砾（集块）一般 3～5cm，大者可达 30cm，胶结物为火山碎屑、玻璃质、火山灰等。具火山角砾（集块）结构，块状构造，均一性相对较差。角砾（集块）成分多为玄武质熔岩，各类火山碎屑含量达 75%以上
	玄武质凝灰岩	零星分布于 $P_2\beta_1$ 底和顶，及 $P_2\beta_5$、$P_2\beta_9$、$P_2\beta_{11}$、$P_2\beta_{12}$ 等岩流层顶部，除 $P_2\beta_{11}$ 顶部在右岸Ⅰ线以下厚达 4～4.76m 外，一般 5～15cm。灰绿至蓝灰色，主要由玄武质岩屑、玻屑和晶屑组成，具多屑凝灰结构、薄层和块状构造。各层顶部凝灰岩分布厚度及岩性特征详见表 2.1
下部相	微晶玄武岩	为 $P_2\beta_2$、$P_2\beta_5$ 和 $P_2\beta_9$ 至 $P_2\beta_{14}$ 的主要岩性层。深灰、深灰绿至灰黑色，块状构造，间隐结构，局部向粗玄结构过渡。成分主要由基性斜长石（40%～65%）、辉石（10%～35%）、玻璃质（15%～30%）和磁铁矿（5%～8%）组成。$P_2\beta_{12}$ 层细长柱状节理发育，$P_2\beta_{13}$ 层柱状节理发育不全。在岩流层的上部常有大小不一，圆形、椭圆形的杏仁体杂乱分布，杏仁体主要充填绿泥石，少量玉髓和玻璃质。微风化至新鲜岩块湿抗压强度 169.5MPa，属极坚硬岩类
	含斑微晶（杏仁状）玄武岩	为 $P_2\beta_3$、$P_2\beta_4$、$P_2\beta_7$ 和 $P_2\beta_8$ 的主要岩性层。深灰至灰黑色，具块状和杏仁状构造，含斑结构。成分主要为微晶斜长石（50%～60%），次为单斜辉石（20%～25%）、火山玻璃（15%～20%）、少量磁铁矿（约 5%）。微风化至新鲜岩块湿抗压强度达 177.5MPa，属极坚硬岩类
	斑状玄武岩（斜斑粗玄岩）	为 $P_2\beta_1$ 和 $P_2\beta_6$ 的主要岩性层。深灰、蓝灰至暗灰绿色，具块状和杏仁状构造，斑状结构和粗玄结构。斑晶含量 10%～30%，为自形板条状斜长石，呈雪花状（$P_2\beta_6$）或条状（$P_2\beta_1$）杂乱分布；基质约占 70%，由基性斜长石、单斜辉石、磁铁矿及玻璃质组成，另含少量次生绿泥石、绿帘石等。$P_2\beta_6$ 层下部短粗柱状节理发育。微风化至新鲜岩块湿抗压强度 146MPa（均值），属极坚硬岩类

[*] 据中国水电顾问集团成都勘测设计研究院，1998，金沙江溪洛渡水电站可行性研究中间报告（工程地质）。

2.2.2　玄武岩原生结构及其对岩体结构的控制

研究区玄武岩的原生结构,主要表现为由不同岩性玄武岩的岩石组合及其所发育的喷发间断面、似层面及似层面方向的层节理等原生结构面所切割构成的似层状的原生结构体。这一原生结构对后期构造和浅表生改造起着重要的控制作用。

2.2.2.1　岩石组合对岩体结构的控制

研究区各种岩性的玄武岩尽管均属高强度、高模量的岩类,但其岩石力学性质仍具一定的差异,尤其是各类玄武岩在原生结构上具有较大的差异。一般来说,致密玄武岩、斑状玄武岩等岩体中层节理等原生节理较发育,而角砾集块熔岩中这种原生结构面发育相对较差。玄武岩体在后期改造过程中的力学行为很大程度上受这一原生结构的控制。

在不同岩性组合形成的玄武岩体中,性质不同的玄武岩层由于原生结构的差异,其力学行为也明显不同。一般斑状玄武岩、气孔状玄武岩、致密状玄武岩等原生裂隙较发育的玄武岩体,往往较易被破裂改造;而火山角砾岩等岩体,尽管岩石强度较低,但由于原生结构面不发育,往往不易被破裂改造,使错动带和裂隙的发育具有明显的分层特征。调查表明,坝区玄武岩岩流层下部的斑状玄武岩、含斑微晶玄武岩和微晶玄武岩中,缓倾角错动带相对较为发育,而上部相的角砾集块熔岩和硅质杏仁状玄武岩中,错动带发育较差,表现出分层发育的特征(图 2.1)。

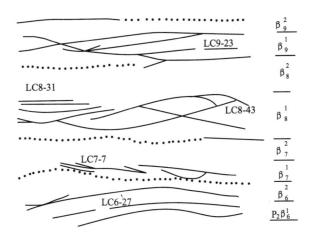

图 2.1　研究区玄武岩中错动带分层发育特征示意图
(LC7-7 表示层内错动带)

2.2.2.2　原生结构面对岩体结构的控制

喷发间断面、凝灰岩及凝灰质夹层、不同岩性分界的似层面及似层面方向的原生结构面(层节理)等是玄武岩体内主要的控制性原生结构面(带),它们的存在不但使玄武岩体具有明显的似层状的岩体原生结构特征,而且在构造活动的作用下,往往易继承或追踪这类原生结构面形成破裂面。坝区玄武岩体中的缓倾角错动带即是继承和追踪这些原生结构面发育而成。

（1）玄武岩岩流层之间的界面即为喷发间断面。坝区 14 个岩流层间形成了 13 个喷发间断面。作为延续性较好的一种原生结构面，加之其两侧岩层岩性的差异，决定其在坝区玄武岩体构造改造和浅表生改造过程中起了极其重要的控制作用，坝区内发育的层间错动带即是追踪或继承喷发间断面发育而成。

（2）紫红色凝灰岩分布于 $P_2\beta_{11}$、$P_2\beta_{13}$、$P_2\beta_{14}$ 三层岩流层的顶部（表 2.3）。主要呈砖红色、紫红至紫灰色，由岩屑、晶屑凝灰岩组成，内含黏土矿物，具一定程度风化，地表露头呈片状剥落，遇水、遇热易崩解，地貌上呈后退缓坡。

表 2.3 坝区紫红色凝灰岩层特征表 *

层 位	厚度与高程	Ⅷ线		Ⅰ线		Ⅳ线		性 状 特 征
		左岸	右岸	左岸	右岸	左岸	右岸	
$P_2\beta_{14}$顶	厚度/m	5.36	5.5	2.13	3.0	4.42	5.0	坝区内连续分布。厚度变化大，最大 12.9m，最小 1.5m，由上至下，颜色为褐红色、褐紫色、灰绿色，呈花斑状，性软。向下为黏土质化的强风化玄武岩，矿物成分主要以三水铝土、高岭土、水云母等为主，原岩为玄武质晶屑、岩屑凝灰岩。地表呈块状剥落
	高程/m	866	860	739	784	673	680	
$P_2\beta_{13}$顶	厚度/m	3.51	1.5	4.87	5.33	4.16	4.41	坝区内连续分布。厚度稳定，由上至下，从砖红色、紫红色渐转为紫灰色，呈花斑状，岩石顶部较疏松，性软，呈粒状剥落，遇水遇热易崩解，向下渐致密，矿物成分主要为基性斜长石、铁质及大量的黏土矿物或泥质，少量蛋白石，玄武质黏土结构，由玄武质凝灰岩和角砾熔岩风化而成
	高程/m	838	832	715	745	640	658	
$P_2\beta_{11}$	厚度/m	0	0	0	0	0.93	1.88	分布不连续。主要见于线以下，为砖红色、紫红色，地表呈片状剥落，遇水遇热极易崩解，性软，矿物成分主要为黏土矿物或泥质、铁质，较新鲜岩块内见残余凝灰结构。原岩为岩屑、晶屑凝灰岩
	高程/m					514	518	

* 据中国水电顾问集团成都勘测设计研究院，1998，金沙江溪洛渡水电站可行性研究中间报告（工程地质）。

（3）坝区内玄武质凝灰岩夹层发育较差，只在 $P_2\beta_1$ 顶底部、$P_2\beta_5$、$P_2\beta_9$、$P_2\beta_{11}$ 和 $P_2\beta_{12}$ 层顶部零星分布有少量凝灰岩层。厚度一般为约 20cm，局部厚度可达 4.0～4.76m，呈绿色至灰绿色，主要由玄武质岩屑、玻屑和晶屑组成，粒径多在 1～2mm 和 0.1～0.5mm，具多屑凝灰结构，薄层和块状构造（表 2.4）。

（4）不同岩性分界的似层面及似层面方向的原生结构面（层节理）也是玄武岩体中的主要原生弱面，往往较易被后期破裂改造。溪洛渡电站坝区玄武岩体中的一些缓倾角层内错动带，多是追踪这类原生结构面发育而成。该类原生结构面主要包括岩流层上部相与下部相建造间的似层面、岩流层下部建造中的斜斑玄武岩与致密状玄武岩间的似层面及各种原生流动构造面等。

表 2.4　坝区玄武质凝灰岩建造的分布及特征表*

层位	厚度/m	分布及岩性特征
$P_2\beta_{12}$顶	<0.2	零星分布，为厚5～20cm的含丝碳体晶屑凝灰岩，黑褐色至黑色，块状构造，较致密坚硬，成分以岩屑、玻屑为主，部分与玄武质熔岩胶结，具凝灰结构
$P_2\beta_{11}$顶		主要分布于右岸Ⅰ线以下，厚4～4.76m；左岸Ⅳ线以下，厚度小于1.0m。岩性主要为玄武质凝灰岩，新鲜状态下呈灰绿、蓝灰色，块状构造，致密坚硬，成分主要有多种玄武岩晶屑、玻屑及火山灰等组成，粒径大多在1～2mm和0.1～0.5mm，具多屑凝灰结构，为玄武质多屑凝灰岩。顶部易风化成黏土质化玄武质凝灰岩
$P_2\beta_9$顶	<0.2	零星分布，见于Ⅰ线PD44硐口及Ⅵ线右岸PD9附近。灰绿色，性软，片状，成分为玄武质岩屑、水云母化的基性斜长石玻屑和少量火山灰尘等，具多屑凝灰结构，为玄武质多屑凝灰岩
$P_2\beta_5$顶	<0.1	零星分布，主要见于Ⅰ线右岸PD45硐一带，地表风化后呈翠绿色、灰绿色，鳞片状。成分以火山灰尘或黏土质为主（60%～70%）。此外，尚有玄武质岩屑、玻屑和晶屑。具晶屑细凝灰结构，为玄武质晶玻屑凝灰岩
$P_2\beta_1$顶底	<0.15	主要分布于Ⅷ线以上。地表呈灰绿色、灰黑色，风化后呈片状剥落，玄武质多屑凝灰岩。$P_2\beta_1$底部固结较好

* 据中国水电顾问集团成都勘测设计研究院，1998，金沙江溪洛渡水电站可行性研究中间报告（工程地质）。

（5）$P_2\beta_{12}$、$P_2\beta_6$岩流层中发育的柱状节理，对构造改造，特别是后期的浅表生改造也起了重要的控制作用。在河谷下切过程中，边坡岩体往往可追踪坝区陡立的柱状节理面，发生向河谷方向的离面卸荷回弹，这在 $P_2\beta_{12}$ 岩流层中反映得尤其明显，一些陡倾角卸荷裂隙多追踪柱状节理面，呈锯齿状，总体平行于河谷延伸。

2.2.2.3　原生结构对岩体结构类型的控制

破裂体系及岩体结构类型除与构造改造密切相关外，也明显受岩相及原生结构的控

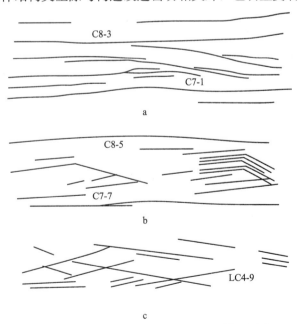

图 2.2　坝区玄武岩的原生结构与破裂体系形式

（C8-3 表示层间错动带及编号，LC4-9 表示层内错动带及编号）

制。一般地，各种原生层间弱面发育、成层性好、单层厚度小的岩体，其破裂体系往往
呈束状，岩体结构往往为板裂状结构；而原生层间弱面不发育、成层性差、厚度大的岩
体，其破裂体系往往呈网格状，岩体结构为块裂状结构。坝区玄武质熔岩，原生层节理
发育或岩性韵律较好的部位，破裂体系呈束状，岩体呈板裂状结构（图 2.2a，b）；原
生层节理发育差、岩层厚度大的部位，破裂体系则呈网格状（图 2.2c）。

2.3　边坡岩体的构造改造

2.3.1　区域构造及演化

　　研究区大地构造位处华南板块二级构造单元扬子陆块的西南缘，属三级构造单元四
川断块的东南缘，西邻攀西-滇中断块，南东接上扬子断块。从更次一级构造单元而言，
研究区区域构造为一由南北向峨边-金阳断裂、北东向莲峰-华莹山断裂和北西向马边-盐

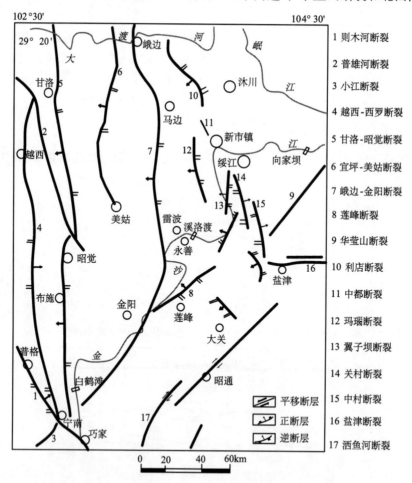

1 则木河断裂
2 普雄河断裂
3 小江断裂
4 越西-西罗断裂
5 甘洛-昭觉断裂
6 宜坪-美姑断裂
7 峨边-金阳断裂
8 莲峰断裂
9 华莹山断裂
10 利店断裂
11 中都断裂
12 玛瑙断裂
13 翼子坝断裂
14 关村断裂
15 中村断裂
16 盐津断裂
17 洒鱼河断裂

图 2.3　研究区区域主要断裂(层)分布图[据中国水电顾问集团成都勘测设计研究院，
1998，金沙江溪洛渡水电站可行性研究中间报告（工程地质）]

津断裂带所围限的雷波-永善三角形块体，其中南北向峨边-金阳断裂距坝址西约 20km，北东向莲峰-华莹山断裂距坝址南东约 25km，北西向马边-盐津断裂带距坝址北东约 20km（图 2.3）。

研究区历经多次构造活动的改造。雷波-永善三角形块体内部构造以褶皱构造为主，方向以北东向褶皱为主，北东向褶皱一般背斜相对紧闭，向斜开阔，形成隔挡式褶皱组合形式；北东向褶皱之上可见北西向褶皱的叠加，南北向边界断裂两侧则以发育南北向褶皱为主。据陆彦和吴德超等的研究，本区自海西运动形成峨眉山玄武岩（$P_2\beta$）以来，经历了多次构造活动的影响（表 2.5）。其中喜马拉雅期构造活动对本区玄武岩体的改造较为强烈，该期构造活动可分为三幕，区域构造应力场方向：Ⅰ幕为 NW 向，Ⅱ幕为近 EW 走向，Ⅲ幕为 NE 向，分别形成了研究区上述 NE、SN 和 NW 向构造。挽近期以来区域构造应力场为 NWW 向。

表 2.5　研究区区域构造及地貌演化简史

地质时代		构造分期		构造变形及地貌演化	年龄/万年
第四纪	全新世	新构造期（青藏高原期）	峡谷发育时期	现代河床（河面 370m）、高漫滩（拔河 10m±）Ⅰ级阶地（拔河 15～20m）	0.7～1.2
	晚更新世			 Ⅱ级阶地（拔河 40～75m） 箐口隆起最后活动	1.2 2.7～3.8 7.2～11.4
	中更新世			马家河坝断层，翼子坝断层最后活动 Ⅲ级阶地（拔河 110m）、豆沙溪溶硐群 Ⅳ级阶地（拔河 200m）	12 25.7
	早更新世		宽谷发育时期	第二组宽谷（1400～1200m） 第一组宽谷（2000～1600m）	70
新近纪	上新世	夷平期	横断运动	使中国最高一级夷平面解体反翘形成最高一级（中国夷平面）	340
	中新世				
古近纪	渐新世	喜马拉雅期	喜马拉雅Ⅲ幕	应力场 NE 向，NW 向构造形成，SN 向断裂顺扭	
	始新世		喜马拉雅Ⅱ幕	应力场 EW 向，SN 向褶皱形成，SN 向断层逆冲	
			喜马拉雅Ⅰ幕	应力场 NW 向，NE 向褶皱形成，SN 向断裂反扭	
	古新世	前喜马拉雅期	燕山运动	受燕山运动影响，上升为陆，地层缺失	
白垩纪					
侏罗纪					
三叠纪			印支运动	受印支运动影响，地壳动荡，沉积海陆交互地层	
二叠纪			海西运动	晚二叠世发生地裂运动，发育峨眉山玄武岩（$P_2\beta$）	

2.3.2 研究区地质构造总体特征

研究区位于雷波-永善构造盆地的永盛向斜之西翼，系一总体倾 SE 向的似层状玄武岩组成的单斜构造。岩层产状平缓，倾角为 5°～20°。在顺河方向上，左岸Ⅷ线和Ⅳ线附近，岩层产状有两处明显的转折，形成"陡—缓—陡"的平缓褶曲。在该北东向平缓褶曲之上叠加有一向 SE 倾伏的、轴向与河谷方向近于一致的宽缓背斜。致使坝区玄武岩岩流层的产状有一定的变化（表 2.6）。

表 2.6 坝区玄武岩岩流层产状分区表

部 位		产 状	与临空面的关系
左岸	Ⅰ线上游	N25°～35°E/SE∠7°～20°	倾下游偏山内
	Ⅰ～Ⅱ₂线	N30°～40°W/NE∠4°～5°	倾山内偏下游
	Ⅱ₂～Ⅳ线	N25°～40°E/SE∠5°～7°	倾下游偏山内
	Ⅳ线下游	N40°～50°E/SE∠8°～18°	倾下游
右岸	Ⅷ线上游	N15°～25°E/SE∠7°～15°	倾下游偏坡外
	Ⅷ～Ⅰ线	N6°～10°W/NE∠5°～10°	倾坡外偏下游
	Ⅰ～Ⅲ线	N15°～27°E/SE∠4°～5°	倾下游偏坡外
	Ⅳ线下游	N40°～50°E/SE∠8°～18°	倾下游偏山内

坝区玄武岩体中断裂构造以发育一套缓倾角的层间、层内错动带为特征。陡倾角断层不发育，陡倾角裂隙延伸较短，且受限于缓倾角层间、层内错动带。

2.3.3 研究区裂隙发育特征

坝区玄武岩岩体中的节理裂隙可划分为缓倾角裂隙和陡倾角裂隙两大系列。区内裂隙优势方向有下列 6 组：①EW/S（N）∠70°～85°；②N40°～60°W/SW（NE）∠70°～80°；③N20°～30°W/SW（NE）∠70°～85°；④N60°～80°E/SE（NW）∠65°～85°；⑤N20°～40°E/SE∠5°～20°；⑥N15°～35°W/NE（SW）∠5°～20°。坝区 4 组陡倾裂隙以①组和②组最为发育，分别约占陡裂隙总数的 22%；次发育的依次为③组、④组，倾向以偏南为主（SE 或 SW），主要受层间、层内错动带限制，多数为硬性结构面，有的发展为节理密集带或挤压带；缓倾角裂隙倾角多小于 30°，一般在 10°～20°，其优势方位有 NNE-NE 向、NW 向、SN 向、EW 向 4 组。其中 NE 和 NW 两组与坝区两背斜轴大体平行。

裂隙分布与岩性和构造部位有关，具一定区段性。裂面多平直粗糙，部分波状光滑，卸荷带以内嵌合紧密，无充填，隙壁岩体较新鲜，强度高。尽管坝区裂隙发育总的组数较多，但各区段上，一般发育的陡裂只有 1～2 组，很少同时出现 3 组陡裂的情况。左岸以①、③、②组为主，右岸以③、④、①组为主。在上述总体规律前提下，各岩流层又有所差别，左岸除局部外各岩流层陡裂均以①组最为发育，次发育的陡裂在 6 层为②组，7 层、8 层、10 层、12 层为③组；而右岸 5 层、8 层、9 层、10 层最发育的两组陡裂依次为③、④组，6 层、7 层最发育的两组陡裂则为④、③组。

2.3.4　研究区层间、层内错动带发育特征

坝区岩体结构以发育缓倾角的层间、层内错动带为特点。层间错动带（C）基本上顺各岩流层分界面发育，而层内错动带（LC）发育于玄武岩岩流层内部，二者统称为缓倾角错动带。

2.3.4.1　缓倾角错动带的几何特征与物质组成

缓倾角层内错动带单条延伸一般 40～60m，部分达 120m，面较起伏粗糙；错动带宽度一般 5～10cm，局部可达 20～30cm，错动带上下一般有 0.5m 左右的影响带。少数规模较大、错动较强烈的层内错动，其影响带宽度可达 0.6～1.0m。错动带物质以岩块、岩屑、角砾为主；部分层内错动带，特别是 6 层、8 层、5 层、4 层的层内错动带往往充填石英、绿帘石条带，形成错动光面，挤压紧密；部分错动较弱的层内错动带，主要为裂隙密集带或裂隙岩块。

2.3.4.2　缓倾角错动带的优势产状

缓倾角层内错动带倾角小，形态起伏，产状变化大，产状分散，可见 NW 向、EW 向、NNE-NE 向、SN 向、NEE 向及 NNW 向等多组（表 2.7）。统计分析表明，其优势方位主要有三组：① N60°～80°E/SE∠10°～25°；② N20°～40°E/SE∠8°～25°；③N60°～80°W/NE∠8°～25°。左岸以 N60°～80°W 最发育，次为 N60°～80°E；右岸则以 N20°～40°E 最发育，次为 N60°～80°E，近 EW 向不太发育。

表 2.7　坝区缓倾角错动带统计表

编号	产　状	发　育　特　征
①	N60°～80°E/SE∠10°～25°	发育，形态起伏，多具压扭性特征，局部追踪似层面及似层面方向的原生结构面发育
②	N20°～40°E/SE∠8°～25°	发育，多追踪似层面及似层面方向的原生结构面发育，规模相对较大
③	N60°～80°W/NE∠8°～25°	发育，多呈剖面 X 型节理，形态起伏，局部追踪似层面，多具扭性特征
④	N8°W～N8°E/NE（SE）∠5°～20°	发育差，形态起伏，规模较小，局部追踪似层面
⑤	N20°～37°E/NW∠10°～14°	发育较差，规模相对较小，形态起伏，多具压扭性
⑥	N70°W/SW∠15°～30°	发育差，多呈剖面 X 型节理，形态起伏，局部追踪似层面

2.3.4.3　缓倾角错动带发育的疏密性

缓倾角错动带的发育受岩性岩相的控制，一般具有不穿层发育的特点。层内错动带一般发育于岩流层下部的斑状玄武岩、含斑玄武岩及微晶玄武岩等中，在岩流层上部的角砾熔岩、集块熔岩和硅质杏仁状玄武岩中不发育。

层内错动带除在垂向上受岩性组合的控制，其发育具明显的疏密相间分布外，在水平方向上也具有明显的疏密分布的特征。对某一岩流层来说，层内错动带并非沿岩流层延伸方向上均匀分布，而是相对集聚于某些部位。错动带相对发育的部位称为错动带密集带，密集带之间为一相对稀疏带。以坝区两岸岸坡立面图为依据，统计得知，层内错动密集带的平均长度为 100m 左右（最小 60m，最大 166m），密集带的高度与长度之比一般为 10% 左右（最小 2%，最大 21.7%）。密集带水平方向相间出现的间距一般也为100m 左右。

2.3.4.4　缓倾角错动带的类型与力学性质

坝区缓倾角错动带受多次构造活动的改造，其力学性质多样，但以压扭性为主。图2.4 系列图（a～h）是根据河谷陆地摄影立面图和数码摄影摄取的典型剖面，展示了层

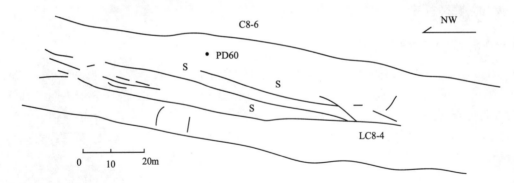

图 2.4a　左岸进水口边坡上游段（$P_2\beta_8$）层内错动面分布特征剖面

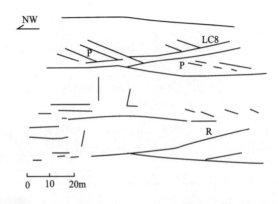

图 2.4b　左岸拱肩槽部位（$P_2\beta_8$）层内错动面分布特征剖面

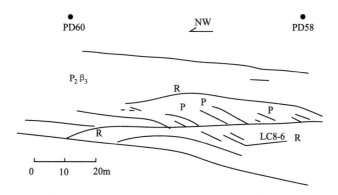

图 2.4c 左岸进水口边坡 PD60 和 PD58 两平硐间
下部岸坡上的层内错动面分布特征剖面

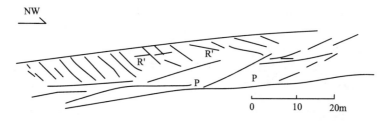

图 2.4d 右岸进水口边坡岸边（$P_2\beta_5$）层内错动面分布特征剖面

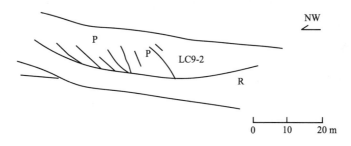

图 2.4e 左岸进水口边坡上游段（$P_2\beta_9$）层内错动面分布特征剖面

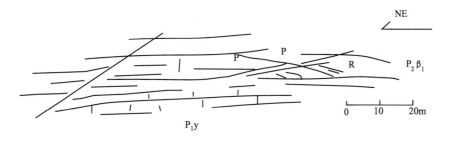

图 2.4f 坝区上游豆沙溪河弯段右岸边坡（$P_2\beta_1$）层内错动面分布特征剖面

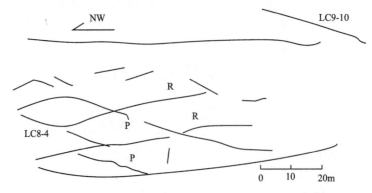

图 2.4g　左岸拱肩槽边坡岸边（$P_2\beta_8$）层内错动面分布特征剖面

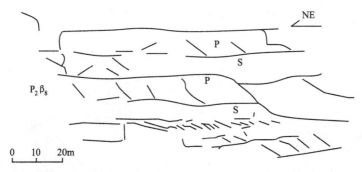

图 2.4h　左岸进水口边坡上游段（$P_2\beta_8$）层间错动面分布特征剖面

内错动带的分布特征，据此，可将层内错动带的分布形式概括为下列几种类型：

1. 席状破裂面（S）

图 2.4a 为典型实例，破裂面产状大体与岩流层层面平行，呈舒缓波状起伏，可单条或成组出现。最初是在水平挤压应力作用下，沿原生弱面发生剥离形成，具张扭性质，其后在岩层褶皱过程进一步发展，力学性质转化为压扭性。

2. 雁列张扭性破裂面（R 或 R′）

图 2.4b～图 2.4g 中可见，与流层相交呈锐角，并与流层剪动方向反向。多以雁列或成组出现，具张扭特性。图 2.4d 剖面中张扭面与流层面的夹角大于其他剖面中的 R，以 R′ 表示。该组裂面多为层间错动或相对较大规模错动带错动过程派生形成，因此，一般规模较小，或呈裂隙状。

3. 网格状压扭性破裂面（P）

图 2.4b～图 2.4h 中均可见，与流层层面相交的锐角指向流层剪动方向。多以网格状成组出现，多追踪层节理等原生结构面形成，具压扭性质。主要是在水平挤压力作用下形成的剖面"X"型裂面组。是坝区缓倾角错动带的主要形式。

上述要素中，相对岩层而言，S、R、P 是缓倾裂面，R′ 则属中陡裂面，后者是岩流层中陡裂隙的一部分。

2.3.4.5　缓倾角错动带的组合形式

坝区缓倾角错动带在剖面上极少以单条出现，常成组出现，构成多种组合形式，其中以下几种形式在坝区内发育较为普遍。

1. 束状

主要追踪似层面方向的原生结构面呈大体平行状发育。主要发育于似层面方向原生结构面发育的部位（图 2.4a）。

2. 羽状

由一条长大的压扭性缓倾角错动带 P 与由其派生的相对短小的张扭性系列 R 组合而成，如图 2.4c 和图 2.4e。

3. 棱块状（似网状）

由顺岩流层发育的长大错动带组和相对短小的张扭性结构面系列 R 组合而成，似棱形块砌体或呈似网状。主要追踪似层面方向的原生结构面发育，并在错动过程中派生反倾向的缓倾角错动带，形成在坡面上呈似网格状的组合形式（图 2.4f、图 2.4h）。

4. 网状

由两组规模相当的剖面"X"型错动带组成的网格状的组合形式，分割的块体呈透镜体状（图 2.4b、图 2.4g）。由水平挤压力作用下形成的剖面"X"型裂面组，裂面为压扭性。发育于似层面方向原生结构面发育差的岩体部位。

5. 复合型

由两组以上破裂面组合而成，如图 2.4d。

2.3.5　缓倾角错动带的构造改造迹象

缓倾角错动带受多次构造活动的改造（表 2.8），错动带的变形特征显示，错动带力学性质以压扭性为主，NW 向挤压和 NE 向挤压是坝区两次主要的改造方式，形成了坝区基本的构造格局。

表 2.8　坝区部分典型缓倾角错动带构造改造特征

代号	产状	构造改造特征及活动性
LC[57]1	SN/E∠20°～27°；（PD57 平硐 30～37m）	错动带起伏，带内见石英脉充填，倾角缓处石英脉少，陡处石英脉厚度可达 15cm，错动面及石英脉表面发育倾伏向为 S40°E 的长大擦痕，显示 NW 向的强烈挤压；带内石英脉多被错碎，发育两组扭性节理，产状为 N30°W/SW∠12°，N30°W/SW∠50°，示后期的 NE-NEE 向的挤压改造

代号	产 状	构造改造特征及活动性
LC⁷⁸1	N15°~20°W/ NE∠11°	带宽 20~40cm，局部可达 1m，面起伏，充填次生泥；错动面及带内普遍可见倾伏为①S35°W（长大）和②N35°~45°E 的两组擦痕，②组切割①组，示先后经受了 NW、NE 向的强烈挤压，带内发育 N40°E/NW∠12°的张扭性节理，上下两盘发育 N60°E/NW∠9°；N55°E/NW∠76°两组节理，显示了 NW 向的强烈挤压
LC⁶⁸8	N57°W/NE∠23°	带宽 2~5cm，面起伏，产状较缓处见石英脉充填，石英脉多被错碎，发育产状为 N65°W/SW∠13°的张扭性节理，部分可见方解石细脉；带内另可见 N64°E/SE∠73°的张性节理。发育两组擦痕，①N40°W，较早，相对较差；②N17°E，普遍发育于石英脉表面。表明先后受 NW、NE 向北两次构造活动的改造，且以 NE 者最为强烈
LC⁵³1	N30°E/SE∠17°	错动面起伏，擦脊方向 140°，带内见石英脉充填，呈透镜状；错动面上擦痕发育，①N40°W，长大，发育，逆冲；②N15°~25°E，相对较差；③N18°W，切①②，上盘往下游；④N50°E，短小，发育较好，晚，切①
LC⁵³5	N70°~90°W/ NE∠15°	面起伏，带宽 5~15cm，局部达 20cm。可见石英绿帘石脉充填，一般陡处少见，缓处较厚，呈透镜状，说明石英脉形成时为压扭性质，错动面上可见多组擦痕，①N50°W，短小，上盘向下游，被③切割；②EW，较短深大，切①，被④切，上盘向下游；③N15°~25°E，长大，与石英纤维一致；④N50°~60°E，短小，切割②。带内发育多组节理，（1）N65°W/SW∠65°~75°；（2）N60°W/SW∠36°；（3）N70°E/SE∠24°；（4）N38°W/NE∠78°。表明受多次构造活动的改造，其中，NNE 向挤压是主要改造期
PD27-f	N70~80°E/SE∠15° N80°W/SW∠7° N34°W/SW∠21°	规模大，带宽可达 1m，延伸大于 100m，主要发育于斜斑玄武岩中，局部追踪致密玄武岩与角砾熔岩似层面发育。带内充填石英绿帘石脉，呈透镜状，AB 面产状 N20°W，NE∠75°/N45°W，SW∠52°，局部已揉皱，揉皱枢纽方向 N20°W，显示了强烈的 NE 向挤压。面上可见多期擦痕，①N0°~12°E，较发育；②N40°~70°E，长大，石英绿帘石脉面上，某些短小，切割①；③N65°W，较短，切割②；显示了多次的构造活动。带内及旁侧节理发育，N10°W/NE∠15°；N15°W/NE∠29°；N5°W/NE∠42°~65°；N20°~25°E/SE∠20°~25°；N15°E/SE∠65°；N40°W/NE∠60°

缓倾角错动带错动面上擦痕发育，方向以 NW（320°~330°）、NE（40°~65°）最为发育，此外还可见 NNE（10°~30°）、NWW（290°~300°）及近 EW 向等组（表 2.9），也说明坝区岩体受多次构造活动的改造。

表 2.9　坝区缓倾角错动带擦痕统计表

编号	擦 痕 方 向	擦 痕 发 育 特 征
①	NW 向（320°~330°）	极为发育，长大粗深，面上可见石英绿帘石膜；以 NE 向错动带中最为发育，部分 NW 向及其他方向错动面上也较发育；被他组擦痕切割，形成较早；NE 面上多为逆冲性质，少数短小者具张扭性质
②	近 EW 向	发育差，零星可见，个别较粗大
③	NE 向（40°~65°）	发育，较长大，部分短小；在各组错动面上均较发育，多切割①组擦痕，以逆冲性质为主

—

续表

编号	擦痕方向	擦痕发育特征
④	NNE 向（10°～30°）	较发育；部分长大，部分短小，长大者面上多见石英或方解石纤维，短小者多指示上盘岩体向河谷方向错动
⑤	NWW 向（290°～300°）	发育较差，多短小

2.3.6　构造改造史及地应力场特征

根据缓倾角错动带的构造变形特征，结合区域构造演化史，坝区岩体主要受三次构造活动的改造（表 2.10），即喜马拉雅 I 期、喜马拉雅 II 期和喜马拉雅 III 期。其中以喜马拉雅 I 期的 NW 向（320°～330°）挤压下的变形最为强烈，喜马拉雅 III 期（NE-NEE 向挤压）也较强烈，喜马拉雅 II 期（EW 向挤压）改造较弱。与构造活动相对应，研究区地应力场的最大主应力方向由喜马拉雅 I 期的 NW 向演化为喜马拉雅 II 期的 EW 向，再演化为喜马拉雅 III 期的 NE-NEE 向。新构造运动时期，地应力场的最大主应力方向为 NWW 向。

表 2.10　坝区岩体的构造演化史

改造期次	应力状态	坝区岩体改造特征	区域表现
喜马拉雅 I 期	NW（320°～330°）向强烈挤压	改造强烈；追踪似层面及喷发间断面形成总体倾 SE 的缓倾角错动带，具逆冲性质，并派生总体倾 NW 的缓倾角错动带，或组合形成剖面 X 型断裂，同时也可形成一些 NEE、NWW、SN、NW 向等其他方向的断裂。断裂带内见石英绿帘脉充填，错动面上普遍见 NW（320°～330°）向长大擦痕	区域 NE 向褶皱及 NE 向逆冲断层形成。先成 SN 向主干断裂具有反扭活动，并在断裂派生应力场作用下在两侧形成次级 NE 向褶皱
喜马拉雅 II 期	EW 向挤压	改造弱；主要追踪先成缓倾角错动带发生 EW 向的压扭改造，并可形成一些 SN 向缓倾角错动带	变形主要集中于 SN 向主干断裂两侧，形成 SN 向断皱构造
喜马拉雅 III 期	NE 向强烈挤压	改造强烈；使先成缓倾角错动带发生 NE 向的压扭改造，并派生一些 NW 向的缓倾角错动带，或追踪先成缓倾角错动带形成总体 NW 走向的剖面 X 型扭性错动带；多见石英绿帘石脉充填，局部见方解石脉，错动面上多见 NE 向擦痕	区域 NW-NWW 向褶皱形成，主干 SN 向断裂顺扭活动
新构造期	NWW 向应力场	与地貌剥蚀卸荷联合作用下，坝区岩体发生强烈的浅表生改造	区域性剥蚀过程的浅表生改造

地震震源机制解及实测应力场资料显示，研究区现今应力场接近水平，主压应力方向与新构造运动方向一致，为 SEE-NWW 向。

自 1998 年以来，坝区共开展了 13 组（左岸 6 组，右岸 7 组）的地应力测试工作，其中 7 组为中国水电顾问集团成都勘测设计研究院孔径变形法现场测试，6 组为成都理工大学室内 Kaiser 效应测试（表 2.11）。测试部位较深，均在距岸坡 230m 以内的平硐内，测试结果有如下特征：

（1）坝区岸坡深部岩体呈三向应力状态，最大主应力 σ_1 方向总体为 N40°～60°W（70%的测点在此方向内，与河谷走向呈 10°～30°的夹角），与区域构造应力场的最大主应力方向一致，其量值在 15～20MPa。

表 2.11　坝区地应力测试成果表

岸别	硐号	测点编号	测点位置/m		岩性	测试结果				测试方法	完成时间
			硐深	高程		项目	σ_1	σ_2	σ_3		
左岸	PD2	σ_{2-1}	0+230	434	$P_2\beta_7$ 含斑玄武岩	量值/MPa	18.44	13.33	6.96	孔径法	1989.12
						$\alpha/(°)$	268	119	2		
						$\beta/(°)$	19	68	11		
	PD18	σ_{18-1}	0+245～255	419	$P_2\beta_6$ 含斑玄武岩	量值/MPa	14.79	10.42	4.56	孔径法	1993.6
						$\alpha/(°)$	312.1	303.3	40.9		
						$\beta/(°)$	6.6	−83.3	−1		
	PD22	σ_{22-1}	0+437～477	405	$P_2\beta_6$ 含斑玄武岩	量值/MPa	17.13	12.21	5.09	孔径法	1994.11
						$\alpha/(°)$	288.3	350.8	26.8		
						$\beta/(°)$	−16.2	57.9	−26.9		
		σ_{K-1}				量值/MPa	17.75	8.51	3.62	Kaiser 法	1992.10
						$\alpha/(°)$	305	185	44		
						$\beta/(°)$	−22.8	56.6	−22.9		
	PD18	σ_D	0+250	419	$P_2\beta_6$ 含斑玄武岩	量值/MPa	27.5	7.5	3.9	Kaiser 法	1997.8
						$\alpha/(°)$	320	340	338		
						$\beta/(°)$	51	−25	−38		
	PD22	σ_T	0+245	404	$P_2\beta_6$ 含斑玄武岩	量值/MPa	26.5	14.0	4.0	Kaiser 法	1997.8
						$\alpha/(°)$	269	129	275		
						$\beta/(°)$	−26	−35	65		
右岸	PD7	σ_{7-1}	0+280	415	$P_2\beta_6$ 斑状玄武岩	量值/MPa	19.55	16.76	13.31	空心包体法	1989.10
						$\alpha/(°)$	257	123	30		
						$\beta/(°)$	71	14	13		
	PD45	σ_{45-1}	0+250～260	410	$P_2\beta_5$ 致密玄武岩	量值/MPa	15.87	10.05	5.37	孔径法	1993.6
						$\alpha/(°)$	313.4	338.5	45.7		
						$\beta/(°)$	17.2	−71	7.5		
	PD45	σ_{45-2}	0+360～370	411	$P_2\beta_5$ 致密玄武岩	量值/MPa	18.35	15.85	4.23	孔径法	1994.11
						$\alpha/(°)$	323.8	221.5	56.9		
						$\beta/(°)$	6.2	62.9	26.2		
	PD11	σ_{11-1}	0+435～445	416	$P_2\beta_5$ 斑状玄武岩	量值/MPa	18.23	12.29	6.99	孔径法	1994.11
						$\alpha/(°)$	305.1	213.8	35.3		
						$\beta/(°)$	0.5	67.3	22.7		

续表

岸别	硐号	测点编号	测点位置/m		岩性	测试结果				测试方法	完成时间
			硐深	高程		项目	σ_1	σ_2	σ_3		
右岸		σ_{K-1}				量值/MPa	17.01	8.43	0.77	Kaiser 法	1992.10
						$\alpha/(°)$	320	190	60		
						$\beta/(°)$	−22.9	55.8	−238		
	PD45	σ_F	上支 249	411	$P_2\beta_5$ 角砾熔岩	量值/MPa	27.6	18.7	15.7	Kaiser 法	1997.8
						$\alpha/(°)$	252	15.0	178		
						$\beta/(°)$	77	69	53		
	PD11	σ_N	0+441	416	$P_2\beta_5$ 斑状玄武岩	量值/MPa	24.3	17.4	12.4	Kaiser 法	1997.8
						$\alpha/(°)$	259	200	231		
						$\beta/(°)$	30	22	62		

注：β 为主应力与水平面夹角，以仰角为正；Kaiser 法由成都理工大学测定，其他均由中国水电顾问集团成都勘测设计研究院测定。

（2）实测结果表明，坝区应力场状态在水平距岸坡 250m 深度范围以内是潜在走滑型，即 σ_1 平行于河谷，倾角 5°～25°，量值 15～20MPa；σ_3 垂直于河谷（N20°～50°E），倾角 10°～30°，量值 4～7MPa；σ_2 呈铅直状态，量值 8～15MPa。

2.3.7　缓倾角错动带成因

2.3.7.1　层内错动破裂体系与构造改造的对应关系

1. 与构造期的关系

统计结果表明，层内错动带主要有两个优势方向，分别为 NE 和 NW。NE 走向的层内错动与喜马拉雅Ⅰ期 NW 地应力场下造成的 NE-SW 向雷波-永善舒缓褶皱轴向大体平行，属该期构造产物。坝区沿江两岸剖面大体与这一套破裂面正交。

NW 走向的层内错动面与喜马拉雅Ⅲ期 NE 向应力场下造成的 NW-SE 向倾伏背斜相当，背斜轴向大体与坝区河谷平行。坝区平硐的方向大多与这一套破裂面正交。

前述分析中已指出，根据擦痕的深浅和交切关系判断（表 2.9），与喜马拉雅Ⅰ期配套的 NW 向擦痕最强烈，其次为与喜马拉雅Ⅲ期配套的 NE 向擦痕。与喜马拉雅Ⅱ期 EW 向应力场配套的 EW 向擦痕较轻微。因而，可以认为坝区岩层中的层内错动与破裂体系的格架主要由喜马拉雅Ⅰ期和Ⅲ期构造形成，与坝区岩层中 NW 向的倾伏缓背斜叠加在早期 NE 向雷波-永善舒缓褶皱之上这一构造格局相吻合。喜马拉雅Ⅲ期的破裂体系一定程度上追踪早期形成的破裂面而生成。喜马拉雅Ⅱ期可能由于改造强度较轻微，主要表现为对早期形成的破裂面的改造。

2. 与石英脉、方解石脉的关系

统计分析显示，含石英脉的 LC 空间分布有两个明显的优势方向，分别为 NE-NEE

和 NW-NWW。这两个方向与前述两个层内错动面的主要构造期相吻合。

含方解石脉的 LC 则有三个优势方向，分别为近 NE-NEE、SN 和 NW-NWW 与含石英脉对比，增加了一个近 SN 向的系列，显示了喜马拉雅Ⅱ期应力场的改造作用。

2.3.7.2　缓倾角错动带成因模式

上述缓倾角错动带的发育分布特征、力学性质以及与构造改造的关系表明，它们是在 NW 和 NE 向近水平应力场的挤压作用下，玄武岩岩流层产生轻微褶皱和层间、层内破裂而形成的。其成因模式可概括为以下两种。

1. 压扭性剖面 X 型破裂模式

在近水平构造应力场作用下，岩流层追踪原生结构面形成压扭性剖面 X 型缓倾角错动带。在层间错动带不发育的部位，层内错动带的成因多与这种模式相关。

2. 单剪错动破裂模式

层内错动体系的发育分布特征显示，一些规模较小的张扭性错动带是在岩流层褶皱过程中，层间发生单剪错动的产物。这类层内错动带的发育分布特征可与典型的单剪（simple shear）破裂体系对照（图 2.5）。而且，通过单剪状态的地质力学模拟试验获得了与实际现象相类似的结果，从而证明了这种模式的合理性。

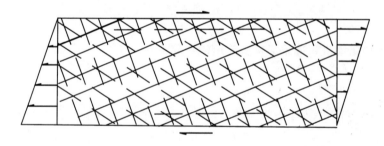

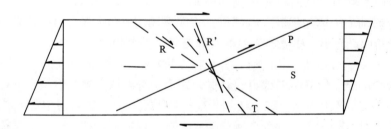

图 2.5　单剪条下材料破裂体系

S. 席状破裂面；R. Riedal，张扭性破裂面（相当于构造上的破劈理）；
R'. Riedal'，（陡倾）张扭性破裂面，与 R 共轭；T. 张性破裂面，处在 R 与 R' 之间；
P. 压扭性破裂面（相当于构造上的扭劈理）

2.4　小　结

综上所述，对研究区岩体的地质建造和构造改造特征有如下认识：

（1）喷发间断面、紫红色凝灰岩及凝灰质夹层是玄武岩体内主要的控制性原生结构面（带），它们在构造活动的作用下，往往易形成层间错动带或顺层断裂。坝区玄武岩体中的缓倾角层间错动带即是继承和追踪喷发间断面及凝灰质夹层发育而成。

（2）不同岩性分界的似层面及似层面方向的原生结构面也是玄武岩体中的主要原生弱面，往往较易被后期破裂改造。坝区玄武岩体中的一些缓倾角层内错动带，多是追踪这类原生结构面发育而成。该类原生结构面主要包括岩流层上部相与下部相建造间的似层面，岩流层下部建造中的斜斑玄武岩与致密状玄武岩间的似层面，及各种原生流动构造面等。

（3）$P_2\beta_{12}$、$P_2\beta_6$ 岩流层中发育的柱状节理，对构造改造，特别是后期的浅表生改造也起了重要的控制作用。在河谷下切过程中，边坡岩体往往可追踪坝区陡立的柱状节理面，发生向河谷方向的离面卸荷回弹，这在 $P_2\beta_{12}$ 岩流层中反映得尤其明显，一些陡倾角卸荷裂隙多追踪柱状节理面，呈锯齿状，总体平行河谷延伸。

（4）坝区玄武岩岩体结构的基础格架是在玄武岩原生建造基础上，经历了喜马拉雅运动以来多次构造改造形成的。根据缓倾角错动带的构造变形特征，结合区域构造演化史，坝区岩体主要受三次构造活动的改造，其中以喜马拉雅Ⅰ期 NW 向（N30°～40°W）挤压下的变形最为强烈，喜马拉雅Ⅱ期 EW 向的挤压改造较弱，喜马拉雅Ⅲ期 NE-NEE向挤压也较强烈。坝区现今应力场的方向与区域构造应力场的方向一致，最大主应力σ_1 方向总体为 N40°～60°W，其量值在 15～20MPa。

（5）缓倾角错动带的形成，主要与喜马拉雅Ⅰ期 N30°～40°W 应力场下的雷波永善褶皱和喜马拉雅Ⅲ期 NE 应力场下坝区的 NW-SE 向倾伏背斜有关。层内错动带的成因模式可概括为"压扭性剖面 X 型破裂模式"和"单剪（纯剪力偶）破裂模式"两种。

（6）层内错动带在空间上可组合成束状、羽状、网状、棱块状和复合状等多种形式；沿岩流层的发育分布，具疏密相间特征。根据坝区两岸岩体结构立面图统计，沿河谷方向层内错动密集带相间出现的间距通常在 100m 左右（67～228m）；一般密集带长 100m 左右（60～166m），高 15m 左右（6～20.8m）；高、长比 10% 左右（2%～21.7%）。

第3章 高边坡岩体的浅表生改造

3.1 概　述

　　20 世纪 80 年代中期以来，在我国西部一些重大工程的勘察研究中，陆续发现地质体的浅表层部位，发育有一套特殊的变形破裂体系。这类变形破裂体系大多表现为张性或张剪性，造成岩体或地质体产生一定程度的松动（松弛），往往可以成为地下水的良好运移通道和储体，也是大气圈和水圈各种外营力深入岩体的有利通道；破裂体系有近期活动迹象，但它明显区别于一般意义上的活断层。就其力学性能和组合形式而言，与通常所见的卸荷破裂面十分相近，区别于一般的地质构造形迹，而它的发育深度波及河谷岸坡或谷底以下数百米，也与受现代地貌形态控制的表生结构有所不同。由于这类变形破裂体系发育在近地表部位，并且具有张性特征，因此，它对地面岩体的运动、岩体稳定性、边坡工程以及地质环境评价等均具有重要的控制意义。王兰生等（1994）通过对这类变形破裂体系典型实例的深入研究和国内外的对比分析，将其称之为"浅生时效构造（结构）"，并在随后出版的《浅生时效构造与人类工程》专著中，系统阐述了浅生时效构造的基本概念、基本特征、地质力学模式和研究思路与方法，从宏观的角度初步讨论了浅生时效构造的工程实践意义。所谓"浅生时效构造"系指挽近期以来，由于区域性剥蚀引起应力环境变化，浅表层地质体中储有较高弹性应变能的岩体产生卸荷回弹、卸荷错动、时效变形而逐步形成的变形破裂迹象（简称浅生构造或浅生结构）。可见，浅生结构和表生结构一样，是在卸荷状态下形成的。只不过浅生结构形成于区域性剥蚀过程中，而表生结构形成于河谷深切过程中。

　　20 世纪 90 年代以来，笔者在参与大江大河水电工程岩体稳定问题的研究实践中，又相继发现了一些典型的浅表生结构，进一步注意到浅生结构和表生结构在岩体稳定性评价中的重要意义，尤其是对边坡稳定性的控制作用。广义而言，自然边坡岩体在发生重力变形破坏以前均遭受过浅表生改造，只是不同地区、不同岩体类型和不同环境条件下浅表生改造的强弱程度不同而已。正确区分岩体中的浅表生结构与边坡岩体的重力变形破坏形迹，可以合理判断边坡岩体变形破坏的演化阶段，为科学评价边坡岩体的稳定性提供重要依据。

　　在许多大型水电工程的勘察和研究实践中，由于对岩体的浅表生改造形迹有了正确的认识，边坡稳定问题和其他岩体稳定问题均得到了科学合理的解决。本章以溪洛渡水电站坝区岩体的浅表生改造形迹为重点研究对象，结合黄河大柳树坝址、雅砻江官地坝址和锦屏坝址的研究成果以及黄河万家寨坝址、十三陵水库蟒山地带、巴西 ITAIPU坝址的资料，阐述边坡岩体浅表生改造的发生条件、浅表生改造特征、浅表生改造与边坡变形破坏的关系等，总结岩体浅表生改造的一般规律。

3.2　区域地貌及河谷的形成与演化

为了论证岩体的浅表生改造，首先有必要了解研究区的区域地貌和河谷演化特征。

溪洛渡坝址区位于青藏高原东缘，四川盆地西南缘，金沙江下游。据中国地貌区划，研究区位于川西南高山区的东缘，东接黔西高原，北与川中方山丘陵毗连。区域层状地貌十分发育，有多层夷平面（剥蚀面）、宽谷面、河流阶地及层状岩溶地貌等。

区域地貌的基本形态结构是具夷平面或山麓剥蚀面的大起伏至极大起伏中山，仅西侧为具夷平面的极大起伏高山。地貌的基本形态为山地，以坝区西侧马颈子断裂为界，西部为高山，山顶面海拔 3500～4000m，这级山顶面在攀西地区分布广泛，属夷平面范畴；东部为中山，大毛滩—上田坝间，山顶面海拔一般为 2600～3000m，该山顶面向东延展，与黔西高原面相接，相当于夷平面，是准平原的残余。这两级夷平面分别展布于马颈子断裂两侧，可能是同级夷平面因马颈子断裂逆冲活动错断的结果，即两者皆为上新世夷平面。

夷平面之下，金沙江河谷之上，多层宽谷地貌特征明显，可归纳为两组宽谷（两级山麓剥蚀面），分别形成于早更新世和中更新世。坝区所在的马颈子断裂之东地区，金沙江右岸，第一组宽谷面分布于白碉—龙家山一线，海拔高程 2250～1800m，第二组宽谷面分布于务基—冷饭沟一线，海拔高程 1400～1200m；金沙江左岸，第一组宽谷面分布于山鸡窝—马鞍山—腾家山一带，海拔高程 2050～1650m，可进一步分为 2000～1850m 和 1650m 两级宽谷，第二组宽谷面分布于扒哈—雷波—汶水及木鱼山—五房寨一线，海拔高程 1450～1200m（图 3.1）

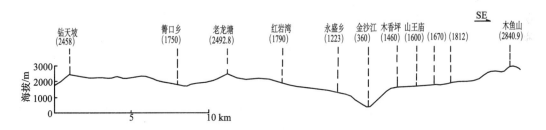

图 3.1　雷波县附近金沙江河谷地貌综合剖面

宽谷之下为 V 形谷峡谷。坝址区河床高程 370m，谷宽约 100m，呈 U 形峡谷，左岸坡度 40°～75°，右岸 55°～75°，流向 S50°～60°E。U 形谷中阶地不发育，仅零星分布于 U 形谷下部，一般为侵蚀阶地或基座阶地，局部为堵江阶地。一般可见 3～5 级阶地残留（表 3.1）。

区域内岩溶地貌主要发育于奥陶系中统及上统、二叠系下统阳新组、三叠系中统雷口坡组及第四系等碳酸盐岩地层中。主要分布于夷平面、金沙江古宽谷谷底及谷坡等地貌部位。不同地貌部位岩溶地貌组合不同，夷平面上分布溶蚀平原溶蚀漏斗、埋藏溶沟石芽，古谷底分布溶蚀漏斗、溶洞，谷坡上主要分布多层溶洞。

表 3.1　金沙江溪洛渡—白鹤滩阶地特征表

级别	类 型	拔河高度/m	组 成 物 质	形 态 特 征	时代
Ⅰ	堆积	15~20	砂卵砾石组成，局部胶结或半胶结	小平台状，宽 10~1000m	Q_4
Ⅱ	一般为堆积	40~75	黏质砂土和砂黏土及砾卵石组成	较完整平坦，呈条带状，宽 200m 左右	Q_3
Ⅲ	堆积	90~150	黏质砂土和砂黏土及砾石组成	冲沟发育，完整性差的小台地，宽 60~160m	Q_2^3
Ⅳ	主要为堆积	150~240	黏质砂土及砾石组成	阶面破坏成 15°~20°斜坡，面积小，宽 20~25m	Q_2^3
Ⅴ	基座	300~400	由漂卵石、砂砾石及黏质砂土组成，半胶结	阶面呈宽缓平台，宽度大于 800m	Q_2^2

　　上述区域地貌特征显示，本区区域新构造活动以差异性升降运动为主，总体表现为大面积、整体性、间歇性和震荡性的急速抬升。溪洛渡所在的区域大致以莲峰-华莹山断裂及美姑-刹水坝断裂两条北东向断裂为界（图 2.3），地壳抬升幅度在大关、雷波及马边三地表现较明显的差异性，其总体趋势是由南至北抬升幅度逐渐降低（表 3.2）；以南北向马颈子断裂为界，西部抬升幅度大于东部。

表 3.2　区域地壳抬升幅度

时　　代		地壳抬升幅度/m			地壳抬升速率/(mm/a)		
地质时代	绝对年龄/万年	马边	雷波	大关	马边	雷波	大关
Q_4		1.2	5	15		0.42	1.25	
Q_3　Q_3^2	6~1.2	15	25		0.31	0.52	
Q_3^1	12~6	20	50		0.33	0.83	
Q_2	70~12		150			0.26	
Q_1	340~70	1500	2000	3500	0.41	0.74	1.30

　　由此可见，新构造活动期，本区地壳处于间歇性的抬升状态。自上新世末夷平面解体以来，本区河谷地貌大体经历了宽谷期和峡谷期两个发展阶段（表 2.5）。

　　1. 宽谷期

　　夷平期以后，本区地壳呈现阶段性的间歇性隆升运动，发育了多级宽谷地貌。Ⅰ级宽谷面（1600~2000m）形成于早更新世早中期，至 1.2Ma 左右，地壳快速抬升（相当于区域上的"元谋运动"），此后，本区又进入 1400~1200m 宽谷面（Ⅱ级宽谷面）的形成时期。宽谷期河流的平均下切速率约为 0.5mm/a。

　　2. 峡谷期

　　进入中更新世后由于本区地壳隆升速率增大，金沙江开始强烈下切，本区进入峡谷期，总体表现为间歇性的快速隆升，在河谷中形成四级河谷阶地。峡谷期河流的平均下切速率约为 1.2mm/a。

3.3　岩体浅表生改造的发生条件

已有的研究对岩体的表生改造给予了足够的重视，而对岩体的浅生改造却重视不够。20 世纪 90 年代以来，我国西部高山峡谷地区水电工程勘测揭示的边坡深部张裂缝和岸坡岩体的深卸荷现象，引起了王兰生等先期研究浅生时效构造的学者对浅生改造的进一步关注，并注意到了浅生改造和表生改造的叠加效应。但已有的研究仍未对浅生改造、表生改造等基本概念给出确切的定义。根据作者的研究实践，对与岩体浅表生改造相关的基本概念定义如下：浅生改造系指区域性剥蚀卸荷对近地表岩体应力场和结构场的改造，其所形成的变形破裂形迹，称为浅生结构；而河谷深切卸荷对近地表岩体应力场和结构场的改造称为表生改造，其所形成的变形破裂形迹，称为表生结构。无论是浅生结构还是表生结构的形成，均与地貌演化引起的应力环境变化有关。它们在地貌演化及卸荷方式等方面具有不同的特征，同时，又是相互联系、密不可分的两个改造过程，合称为浅表生改造。

溪洛渡坝区岩体结构的浅表生改造受许多因素控制，诸如玄武岩体的建造特征、岩体的构造演化历史及构造结构（受构造改造形成的岩体结构）特征、地应力场、地下水环境、新构造活动特征、河谷地貌形态及地貌形成演化史等。根据上述地质建造、构造改造和河谷演化史，本区具有发生浅表生改造的地质地貌条件，概括如下：

（1）研究区处于华南板块西缘，为华南板块和藏滇板块的接合带上，历经多次强烈的构造活动的改造，但岩体中未发育规模较大的构造断层，这为岩体中储存较高的残余构造应变能创造了条件。

（2）从构造活动的动力场背景看，印支期以来，本区的构造力源受印度板块和太平洋板块活动的联合控制，但其主要的力源则与印度板块的向北漂移，与北部欧亚板块碰撞，引起西藏板块向南东方向移动有关。从地质构造的发育程度、新构造活动特征等看，这一力源较为强烈。而且，区域上攀西地区 NNW-SSE 向的最大主压应力值较高，为岩体发生浅表生改造提供了有利的应力环境条件。

（3）坝区岩体中由于构造改造而形成的缓倾角层间、层内错动带，有利于在浅表生改造过程中释放应力，产生卸荷回弹和卸荷错动。

（4）从地貌环境看，本区处于青藏高原东南缘的地貌梯度带上，新构造活动强烈，自上新世末以来，本区地壳总体处于间歇性的差异性隆升状态，区域性剥蚀和河谷下蚀作用强烈，具引起环境应力场发生较强烈改变的地貌演化条件。

（5）坝区玄武岩作为一种高强度、高模量的岩类，具有较好的储能条件，在构造活动过程中可以储存较大的构造应变能。其在卸荷状态下的变形与破裂性质，已为岩石卸荷力学试验所证实（李天斌、王兰生，1993）。

因此，研究区总体上具备产生浅表生改造的条件。坝区玄武岩体浅表生结构发育分布特征的调查，证实了这一认识。

3.4　岩体浅表生改造特征

由于坝区岩体具备产生浅表生改造的条件，在夷平面和宽谷期的区域性垂向卸荷和河谷深切期的侧向卸荷的叠加和联合作用下，在河谷岸坡相当深度范围内，产生了一系列与岩体卸荷回弹和应力调整相联系的浅表生改造迹象。

3.4.1　缓倾错动带的改造迹象

如前所述，尽管缓倾角层间、层内错动带主要为构造作用的产物，但挽近期以来的浅表生改造特征也较为明显，主要沿构造改造形成的缓倾角错动带发生继承式和追踪式卸荷，形成卸荷错动带。其主要特征如下：

（1）缓倾角卸荷错动带往往表现为靠近岸坡坡面附近，其破碎带宽度变大，而向坡内宽度逐渐变小。岸坡外部改造较强的部位，错动带内部结构发生明显的变化，构造错动所形成的物质成分的分带性及密实性遭到破坏，而呈无明显分异的松散结构，部分缓倾角错动带改造强烈段充填有软塑状次生泥。

（2）缓倾角错动带产状变化较大，而且有的还呈雁行式发育，因此，浅表生改造过程中，由于差异卸荷回弹，通常在缓倾角错动带产状变化大的部位和雁行排列的首尾端产生卸荷拉裂或卸荷扩容。此外，缓倾角卸荷错动带上盘往往可见到陡倾角裂隙的轻微拉张现象，其波及深度可达 100m 以上，最大可达 255m。

（3）受岩体结构及水文地质条件的控制，坝区缓倾角错动带内次生夹泥相对较少。但在错动带相对陡倾坡外的拉张部位，表现出明显的松动扩容及渗水现象，其波及深度可达 100m 以上；而相对平缓或反倾坡内部位则表现为紧密挤压，显示错动带上盘相对向河谷方向的错动。

（4）缓倾角卸荷错动带的改造强度，如松动扩容的强度及深度、次生泥分布等均有随高程的增大而增强的趋势。

（5）擦痕统计表明（表 2.9），缓倾角错动面上见多组擦痕，主要有 N30°～40°W，N40°～65°E，N60°～70°W，N10°～30°E 和近 EW 等组。尽管主要由构造活动形成，但发育相对较差、形成较晚的 NWW 及部分 NNE 向擦痕切过了早期的明显的构造变动擦痕，有的还擦动了钙膜或泥膜，说明它们是挽近期以来岩体浅表生改造留下的痕迹。NWW 向擦痕与新构造运动以来现今应力场方向一致，NNE 向擦痕与河谷近于正交。河谷两岸不同产状的错动带内均发育形成较晚的短小破劈理，且两岸呈对称状，指示了上盘向河谷方向错动的特征。

（6）层间、层内错动带物质的 ESR 测年资料表明（表 3.3），第四纪以来缓倾角错动带发生过再次活动，而且其错动具有一定的阶段性。当然，这种错动是卸荷状态下岩体残余应变能的进一步释放，区别于通常所说的活断层。

表 3.3　溪洛渡坝区断裂破碎物质（石英、方解石）测年资料成果汇总

编号	采样地点	断裂编号	深度/m	测试成分	测试方法	年代/10^4a B.P.	
1	PD55	LC8-6	38～40		ESR	2.4	Q_3
2	PD57	LC1	34		ESR	2.4	Q_3
3	PD18	LC2	137		ESR	9.6	Q_3
4	PD68	LC3	30		ESR	12.8	Q_2
5	PD60	LC2	70		ESR	15.9	Q_2
6	PD53	LC5	95		ESR	2.0	Q_3
7	PD53	C1			ESR	2.0	Q_3
8	PD53	LC12-1	40		ESR	1.4	Q_3
9	PD27	G2	90		ESR	1.6	Q_3
10	PD5	GL 带下盘	80		ESR	22	Q_3
11	PD60	LC-2	75	石英	ESR	109	Q_1
12	PD60	C8	7	玄武岩	ESR	36.7	Q_2
13	PD64	断层破碎带	87		ESR	254	Q_1
14	PD82（支）	LC6-10-2-3	支100	石英绿帘石脉	ESR	40.6	Q_2

注：成都理工大学核物理测试中心测试；1～9 号样品 1999 年 12 月测定；10～14 号样品 2000 年 7 月测定。

3.4.2　陡倾裂隙的改造迹象

坝区陡倾角裂隙的浅表生改造特征主要表现为集中式卸荷张开，形成一系列的卸荷裂隙。

坝区平硐所揭示的表部风化卸荷现象，与岸坡成型后所处环境及应力状态相适应，是通常意义下的风化卸荷带，我们将其称之为表生结构。在通常意义下的风化卸荷带内（表生结构带），陡倾裂隙的改造特征如下：

（1）沿构造裂隙卸荷拉张，形成继承式卸荷裂隙。这类裂隙较平直，是坝区陡倾角裂隙浅表生改造的最常见的形式。

（2）追踪原生结构面或构造裂隙，使岩桥段破坏，形成追踪式卸荷裂隙，或由于差异卸荷回弹在岩体中产生新生式卸荷裂隙。如 12 层玄武岩中追踪柱状节理形成的卸荷裂隙等，这类裂隙多起伏粗糙。

（3）强卸荷带内的卸荷裂隙一般普遍张开 2～5cm，最大可达 10～20cm，充填岩块、角砾及次生泥，内部多呈松散架空状态，普遍渗水或滴水。

（4）弱卸荷带内的卸荷裂隙一般呈部分张开、部分闭合或微张状态，充填少量岩屑和次生泥膜，局部轻度渗水或滴水。

（5）卸荷裂隙的发育具有明显的高程变化规律和地形控制规律。若不考虑地形的影响，随高程的增加卸荷裂隙发育增强。缓坡地带或地形平坦的部位，卸荷裂隙发育的强度和深度均较陡坡地段大，这可能与陡坡地带易沿卸荷裂隙产生崩塌，从而导致卸荷裂隙不易保留有关。

表 3.4　溪洛渡电站坝区平硐深部典型张裂缝或松弛带特征一览表

编　号	位置/m 高程/m	产　状 可见长度/m 缝宽/cm	特　征
PD5-g₁	PD5, 0+80.7 503.0	N40°~50°W /NE∠70°~80° 31 1~5	张裂缝追踪 N50E 错动带发育,在下游支硐延伸至 0+9.5m,在上游支硐延至 0+17m 与 g4 相交(实为同一裂缝),后延至下支硐拐弯后 0+1.5m 处进入外侧壁。张裂缝带宽 1~50cm,一般 10~20cm,带内物质以岩块角砾为主,普遍见白色方解石脉(厚度 0.5~1mm),局部方解石脉表面有泥膜。带内张开缝宽 1~5cm,张裂面严重锈染,局部见黄色泥膜充填。 　　从上游支硐拐弯处至 0+6.7m 处,张开不明显,以岩块、角砾为主,但支硐拐弯处局部张开 0.5cm 左右;从上游支硐 0+6.7m 处至主硐中心,张开 1~5cm,缝中有块石、角砾。裂缝起伏、粗糙;从主硐中心至下游支硐 0+4.5m 处,张开 0.5~3cm;下游支硐 0+4.5m 至 7.3m,张开 3~5cm,且外侧下错 1~2cm,可测深度 60cm(硐顶向上)。下游支硐 7.3~9.5m,局部张开 0.5~1cm。张裂缝起伏粗糙,湿润。附近可见多条层内错动带(LC1,LC2,LC3),在下游端部 0+9.5m 处 g₁ 受限于 LC1,在下支硐 0+5m 处,g₁ 穿过 LC1。从张裂缝 g₁ 向硐外岩体嵌合紧密
PD87-g₁	PD87,0+255 459.5	N45°~60°E /NW∠50°~65° 5	松弛带宽 10~35cm,一般宽 15~20cm,主要由岩块、角砾及断续分布的岩屑夹泥(灰白色)组成,岩块、角砾成分为斑状玄武岩,呈片状(厚度 1cm 左右),强风化,结合松弛。起伏粗糙,湿润。开挖后硐顶形成四处架空的凹腔,松动后宽度 5cm 左右,有充填物。 　　带内擦痕,上游壁擦痕走向 N40E(近水平),下游壁擦痕侧伏向 N50E,倾伏角 20。上游壁底部可见 g₁,它受限于 LC6-19(N30°~40°W/NE∠15°,缓倾山外)和上盘中产状与其相近的另一条层内错动带(N45°W/NE∠11°)。在 g₁ 与层内错动带交汇的外侧,岩体较破碎,斑晶风化强烈,发育 N80°E/NW∠25°~45° 的肘状裂隙,而且,层内错动带厚度明显大于内侧(外侧 7cm 左右,内侧 0.2~0.3cm)
PD87-150 裂密带	PD87 支 1 硐,0+205 459.5	N40°E/SE∠77 外壁 2~5cm, 内壁基本无	该松弛带即为 150 裂密带,裂密带宽度 62cm,共有 8 条裂隙,间距 5~8cm。裂密带内有 5 处凹腔,凹腔长度一般 15cm,最大 45cm,宽度一般 2~5cm,最大 15cm,可测深度一般 10~15cm,最大 30cm,凹腔周围岩体紧密。裂密带下游侧 LC6-9、LC6-9-1 等缓倾下游的缓倾角错动带发育。150 裂密带受限于 LC6-9,两者相交处呈弧形转角,并有一扩容带。裂密带下游侧(扩容带侧)LC6-9 错动比上游侧明显(支硐在主硐 0+315 左右)
PD51	PD51,0+148 530.2	N70°W/NE∠80° 1~4	张裂缝宽 1~4cm,缝壁中等锈染,湿润,局部滴水,无充填,起伏粗糙,追踪发育。两壁硐顶处受限于 LC9-3(红色标记,缓倾山内),裂缝外侧发育缓倾山外的 LC9-1,附近岩体嵌合较好,并有 C8 发育

编　号	位置/m 高程/m	产　状 可见长度/m 缝宽/cm	特　　征
PD39-253	PD39，0+133 533.8	N15°E/SE∠68° ——— 4~15	沿 253 号裂隙松弛张开，在硐顶形成 4 处凹槽，凹槽张开宽度 4~15cm，可测深度 60cm，未见次生泥充填，裂缝下部受限于 LC1（N40°~50°E/SE∠10°~15°），缝壁强烈锈染
PD32-288	PD32，0+135 379.8	贯三壁 ——— 0.5~1.5	该裂隙带由岩块、角砾及少量岩屑组成，强风化，局部充填有钙膜，起伏粗糙，干燥，局部张开 0.5~1.5cm，最大可测深度 20cm，空腔最大宽度 6cm。裂隙带受限于缓倾角错动带 LC6-8

坝区平硐还揭示岸坡深部岩体中陡倾裂隙有张裂或松弛现象。这些较深处的破裂迹象，已远离现高岸坡水平卸荷可能影响的范围，其成因以及它们与边坡变形破坏的关系引起了工程界的关注和重视。表 3.4 列述了典型的深部张裂缝或松弛带的特征。这些裂缝均为陡倾的张裂缝，走向有 NW 和 NE 两个方向，并且有以下共同特点：

（1）张裂缝均出现在平硐弱卸荷带以内的微新至新鲜岩体中，最深的张裂缝水平深度超过 250m（PD87 主硐和支硐）。沿已有的构造裂隙张开，张开宽度不大，一般为 1~5cm。

（2）张裂缝总是与层内错动带（LC）相联系，并受层内错动带的控制。往往在张裂缝的根部（下部）发育有缓倾外或缓倾内的层内错动带，而且，层内错动带在张裂缝外侧（靠近河谷方向）的厚度和改造强度明显大于内侧。

（3）张裂缝外侧岩体较内侧破碎，在张裂缝与 LC 交汇的根部往往生成弧形破裂面，原充填在裂隙中的方解石脉或石英脉破碎。

（4）张裂缝或张裂松动带总是较周围湿润甚至滴水，裂面有锈染迹象，有的充填钙膜和次生泥膜。

深裂缝的上述特征表明，这些裂缝的形成与层内错动带（LC）之间局部应力场的调整有关，并非区域性构造应力场的产物。裂缝拉裂了先期充填石英脉或方解石脉的构造裂隙，它们的次生改造迹象，也表明它们是在近地表环境条件下形成的。初步分析认为，岸坡深部岩体中陡倾裂隙的张开或松弛主要是在金沙江河谷宽谷期，由于垂向剥蚀卸荷，缓倾角错动带滑脱错动，岩体遭受浅生改造而形成的，与边坡变形破坏无关。

3.4.3　岸坡应力场的改造特征

虽然坝区河谷两岸浅部实测地应力的试验进行得不多，但已有的现场地应力测试成果已经说明，岸坡应力场受到了浅表生改造的影响。如第 2 章 2.3.6 所述，河谷两岸 250m 深度以内，岩体最大主应力的方向以 NWW 为主（与河谷走向呈 10°~30°的夹角），与区域现今应力场的方向一致，量值在 15~20MPa。而右岸 PD49 平硐水平埋深 88m、垂直埋深 41.4m 处的空间应力测试结果表明，岩体最大主应力仅为 7.29MPa，其方向与河流呈 67°夹角；左岸 PD36 平硐水平埋深 140m、垂直埋深 100.5m 处的空间应力测试结果也表明，岩体最大主应力仅为 7.33MPa；两岸低高程部位的 403、406、407、409、607、610 共 6 个钻孔（孔口高程为 383.09～436.69m）的水压致裂法地应力测试结果显示，一般孔深 50m 以内，最大水平应力小于 6MPa。这些事实说明，在岸坡 250m 以内为正常地应力区，250m 以外的岸坡地应力场受到了浅表生卸荷的改造，其应力量值明显低于正常地应力区，方向也有所改变。

3.4.4　浅表生改造与地貌演化的相关性

错动带活动性的测年资料研究表明（表 3.3），坝区错动带的近代活动具有一定的阶段性，且与河谷地貌演化具有较好对应性。

由表 3.3 可见，错动带活动性测年资料的年龄数据具有一定的分组性，反映了本区河谷岸坡岩体中错动带挽近期的活动具有阶段性特点。对比错动带的活动期与新构造活动及地貌演化史，可见它们之间具有较好的相关对应性。错动带浅表生改造活动较强烈的时期，往往对应于本区新构造活动强烈、地壳隆升、剥蚀和侵蚀作用强烈的时期。如坝区 1.4 万年～2.4 万年的错动带活动（由河谷下切过程的卸荷回弹引起，而非构造活动产物）对应于Ⅱ级阶地形成以后的强烈侵蚀期。错动带挽近期活动的阶段性，正说明了地壳上升的间歇性及剥蚀作用强弱的阶段性特征，反映了新构造活动及地貌演化对浅表生改造的控制。

3.4.5　岩体先成结构对浅表生改造的控制

浅表生改造明显受岩体结构的控制，先成的缓倾角错动带构成向临空方向卸荷的差异回弹错动面。坝区先成结构对浅表生改造的控制作用具体体现在以下几方面：

（1）追踪一组雁行式缓倾错动带发生差异回弹错动，并在两缓倾角错动带的岩桥处，因错动而形成张性裂隙而消能。如 PD60 平硐 72～105m 段的浅表生改造特征（图 3.2），该段发育三条缓倾坡内的错动带 LC3（N15°W/NE∠14°）、LC4（N25°W/NE∠10°～15°）、LC5（N10°W/NE∠23°），岩体追踪该三条缓倾错动带向河谷临空方向发生卸荷错动，并在岩桥处形成陡倾坡外的拉张裂隙（产状为 N60°W/SW∠80°）。

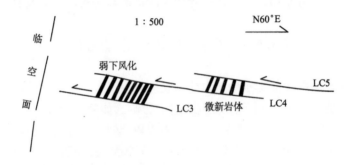

图 3.2　受雁行式缓倾坡内错动带控制的浅表生改造特征

（2）以缓倾角错动带为差异回弹错动面，平行岸坡的先成陡倾角裂隙为回弹的拉裂面。改造结果往往使错动带上盘陡倾裂隙拉张。如 PD60 平硐 75m 左右处的 LC2、LC3 的回弹错动特征（图 3.3），PD78 平硐 25.5～30m 处的回弹错动型式（图 3.4）。

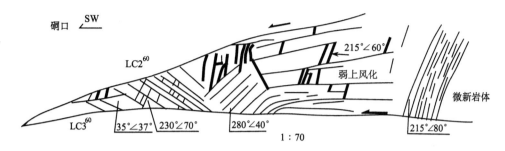

图 3.3　陡缓破裂体系组合的浅表生改造特征（PD60 平硐）

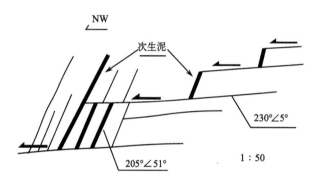

图 3.4　陡缓倾角破裂面组合形成的"台阶状"回弹错动型式（PD78 平硐）

（3）追踪一系列缓倾角裂隙，形成规模较大的回弹错动带。典型的如 PD21 平硐 $C^{21}7$（N70°～90°W/NE∠10°～30°）的发育特征（图 3.5）。该错动带发育于 $P_2\beta_8$ 与 $P_2\beta_7$ 的接触带上，主要追踪一系列缓倾坡内（N70°W/SW∠5°～15°）和缓倾下游（N30°E/SE∠15°±3°）的裂隙而形成。C7 只在平硐 46m 以外段发育；46m 处，以上盘

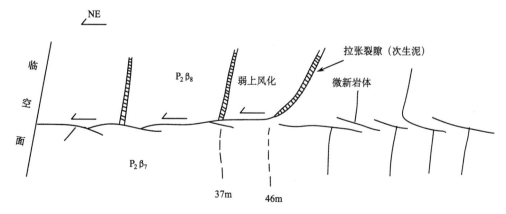

图 3.5　PD21 平硐 $C^{21}7$ 错动带改造特征示意图

一陡倾坡外的裂隙发生拉张而中止；46m 以外，在 37m 等处，可见多条陡倾坡外的裂隙具明显的拉裂、充填次生泥和滴水、渗水特征，反映出 46m 以外 $C^{21}7$ 上盘岩体向河谷方向的差异回弹错动；46m 以内上述两组充填方解石脉的缓倾角裂隙基本未受错动改造，上下盘的陡倾角裂隙（N60°～80°E/SE∠80°）也未见拉张现象。

3.5 岩体浅表生改造与岸坡变形破坏

3.5.1 岩体浅表生改造的概念模型

综上所述，可将坝区玄武岩体浅表生改造建立如图 3.6 所示的概念模型，并有如下主要特点：

（1）坝区岩体浅表生改造可分为宽谷期的离面卸荷与滑脱错动、峡谷期缓倾错动带的差异回弹和陡裂面的拉张变形两个过程。

（2）坝区边坡岩体浅表生改造总体不太强烈，但表生改造的强度明显大于浅生改造。而且，若不考虑地形的影响，随着高程的增加，表生改造的强度总体增强。

（3）坝区边坡岩体浅生改造强度较弱，主要表现为河谷宽谷期沿先成缓倾角错动带的轻微滑脱错动和由此引起的陡倾角裂隙轻微张开。

（4）边坡岩体的表生改造较浅生改造强烈，主要表现为河谷峡谷期缓倾角错动带的差异卸荷回弹和陡倾裂隙的拉张变形，由此导致表生改造带的缓倾角错动带结构松弛、充填次生泥或次生泥膜，形成继承式或追踪式卸荷错动带以及广泛发育的陡倾卸荷裂隙。

（5）表生改造范围通常在边坡水平深度 75m 以内，最大可达 100m；浅生改造波及的水平深度可达 250m。

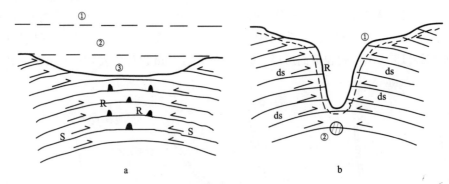

图 3.6 坝区岩体浅表生改造概念模型

a. 区域性剥蚀过程的变形破裂：①夷平面；②一级宽谷；③二级宽谷；
S. 滑脱错动；R. 离面卸荷回弹；
b. 河谷形成过程的变形破裂：①风化卸荷带；②谷底应力增高带；
ds. 差异回弹错动；R. 离面卸荷回弹

（6）边坡岩体表生改造的范围受现代河谷地形的影响很明显。在缓坡地带或地形平坦处，表生改造一般的波及深度达 75m，而在陡坡地段其波及深度一般在 50m 以内。

（7）岸坡应力场受浅表生改造的影响，在水平深度 250m 以外地应力明显低于正常地应力区，方向也与岸坡呈大角度相交。这一深度与平硐中揭示的浅生改造迹象正好吻合。正常地应力区岩体中最大主应力的方向与区域现今应力场的方向（NWW）一致，与岸坡呈 10°～30°的夹角，量值为 15～20MPa。

3.5.2　浅表生改造与岸坡变形破坏

边坡岩体在自重应力场条件下的变形与破坏，是在岩体浅表生结构的基础上继续演化和发展的结果。浅表生结构面对边坡岩体的进一步演化起着重要的控制作用，正确区分岩体中的浅表生改造迹象与边坡岩体的变形破坏迹象，在边坡岩体稳定性评价中具有十分重要的意义。据此不仅可以合理判断边坡岩体的演化阶段，并且对岩体重要控制面强度的演化状况也可做出较为符合实际的评价。

根据坝区岩体的浅表生改造特征和岸坡岩体变形破坏迹象的调查结果，对岩体浅表生改造与岸坡岩体变形破坏的关系有以下值得注意的要点：

（1）两岸岩体中倾向河谷的缓倾角错动带的离面卸荷和差异回弹错动，使自身的结构和力学性质弱化，成为对岸坡岩体演化起重要控制作用的滑移控制面。岸坡中发现的滑移压致拉裂变形和破坏迹象就是受这类结构面的控制。

（2）浅表生改造在岸坡表部形成的中陡倾角卸荷裂隙，往往使岸坡岩体板裂化。由于它们具有拉张和剪张性质，利于各种外营力的渗入，使其强度逐渐降低，最后成为岸坡表部岩体崩落、滑塌、倾倒和产生滑移拉裂变形的控制结构面。

（3）岸坡深部发育的小规模张裂缝和松弛带是岩体浅生卸荷改造的结果，无重力变形迹象，与岸坡重力变形破坏无关。

边坡自遭受浅表生改造，并在重力场作用下继续产生时效变形，到最终破坏，往往要经历一个相当长的演化过程。这就决定了边坡的形成演化具有阶段性特征，处于不同演化阶段或状态的边坡，其稳定性和演化趋势各不相同。对研究区的调查证明，岸坡岩体中既有浅表生改造后无重力变形迹象的部位，也有在浅表生变形破裂迹象的基础上发生了缓慢蠕变的部位，还有已经发展为有大体确定边界的变形体的部位。显然，从边坡岩体稳定性研究角度考虑，将处于不同状态或阶段的边坡岩体加以区别是十分必要的。它对于从宏观上和地质演化分析的角度评价边坡岩体的稳定性具有非常重要的意义。按岩体和结构面遭受浅表生改造和重力场条件下时效变形继续改造的方式和程度，可将边坡岩体划分为 4 种类型（等级），即卸荷岩体、卸荷破裂体（含卸荷拉裂体和卸荷松弛体）、变形体和崩塌、滑坡。各种类型的特征和工程地质意义如表 3.5 所示。由此可见，边坡变形破坏程度或等级的划分方案，为科学评价边坡稳定性提供了新的地质依据和理论基础。

表 3.5　边坡岩体等级划分及工程地质意义

等级类型		基本特征	工程地质意义	稳定性	实　例
卸荷岩体		只有浅表生改造形成的卸荷变形迹象,如张开、松弛等,无重力改造迹象,如次生泥或泥膜上无擦痕等。卸荷轻微时,岩体整体性仍较好	岩体产生了不同程度的松弛,整体性遭到不同程度的破坏,作为工程岩体时应考虑对建筑物变形和渗漏的影响,同时,规模较大的卸荷张裂面可作为工程岩体稳定性评价的不利边界	稳定或基本稳定	坝区深部张裂缝所涉及的岩体即是这种类型
卸荷破裂体	卸荷拉裂体	主要发育在较完整岩体中,破裂迹象主要为浅表生改造过程卸荷形成,集中式卸荷拉裂明显,常有次生泥充填,有轻微重力蠕变迹象,无确定性重力变形边界。拉裂面下伏有中缓倾坡外断裂面时可查见重力蠕变迹象	岩体明显松弛,渗透性强,完整性遭到破坏,力学性质的各向异性非常明显,作为工程岩体应注意评价其强度、变形性和渗透性,工程边坡开挖时稳定性较差	基本稳定或潜在不稳定	坝区右岸低高程PD63、PD35平硐水平深度60m以外的岩体
	卸荷松弛体	主要发育在碎裂岩体中,破裂迹象主要为浅表生改造过程卸荷形成,呈体积扩容型卸荷,有轻微重力蠕变迹象,无确定性重力变形边界。下伏中缓倾坡外差异回弹剪动面时,可见重力蠕变迹象	岩体破碎,基本呈碎裂结构,体积扩容明显,力学性质的各向异性不太明显,作为工程岩体应注意评价其强度、变形性和渗透性,工程边坡开挖时稳定性较差	基本稳定	雅砻江官地坝址左岸XD05平硐一带的玄武岩体
变形体		重力改造迹象非常明显,在重力作用下变形已发展到有大体可确定的范围或边界,且已能判定其变形机制类型	岩体呈碎裂或块裂结构,且明显松弛,完整性差,力学性质的各向异性非常明显,不宜作为工程建筑物的承载体系,必须清除或进行加固和整治后方可作为工程建筑的环境	不稳定	坝区中高程边坡表部3～5m内,小规模的变形体
崩塌、滑坡		正在产生明显变形,变形速率很大,变形边界和范围确定,或正在破坏过程中。破坏方式明显,崩塌以倾倒、转动、塌落为主,滑坡以整体滑移为主	对工程建筑物有严重威胁,对滑坡宜尽量避让,对崩塌应清除、加固崩塌源后方可作为建筑物环境	极不稳定	坝区陡坡段的冒落式崩塌

　　根据以上边坡岩体的等级划分方案,结合现场调研表明,坝区玄武岩岸坡岩体的重力变形与破坏相对较弱。无大规模的滑坡、变形体发育,只是在陡坡段水平深度3～5m内有很小规模的变形体;卸荷破裂岩体也主要在右岸低高程分布;深部卸荷岩体卸荷程度弱,分布局限,对岩体完整性影响不大。这些认识为工程高边坡稳定性研究提供了重要的地质依据。调查发现的岸坡重力变形破坏迹象主要有以下几种机制模式:

　　(1) 滑移压致-拉裂:发育在 LC 构成的似层状岩体为基座的平缓层状体岸坡中,是这类岸坡最具代表性的变形破坏方式。PD35、PD63 等平硐中保存了非常典型的变形破坏迹象。这些平硐处于相当于一级阶地的基岩台阶中,台阶宽度 50m 左右。平硐中的滑移压致拉裂迹象可深达 60m,滑移面为缓倾角错动带或缓裂带,拉裂面通常沿着或追踪一组陡倾裂隙发展而成。拉裂缝局部充填岩块、岩屑,少见次生泥充填,与 LC 接触部位形成弧形破裂面。岸坡中、高程陡坡段中也可见到这种变形体，某些崩落后残留的凹腔也可追索其形成机制，如图 3.7 所示，崩落块体后缘两组陡倾的裂隙（图 3.7 中①、②），成为变形体的分割面。块体沿下伏 LC（图 3.7 中③）发生滑移压致拉裂，最后将因底部破坏而导致失稳崩落，其早期的形态与图 3.8 类似。这种局部块体的失稳机制，可能是陡坡段现今表生改造的重要方式之一。

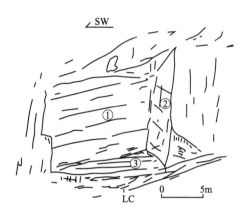

图 3.7　右岸陡坡段崩落残留凹腔素描图

①N50°W/NE∠75°；②N20°E；③N20°E/SE∠15°；

崩落体体积约 207m³

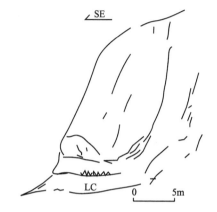

图 3.8　左岸陡坡段滑移压裂变形体素描图

（2）倾倒-拉裂：发育在似板状岩体构成的陡倾板状体岸坡中。岩体沿卸荷松弛的陡倾板裂面向坡外倾倒拉裂。如右岸拱肩槽下游侧 11 层玄武岩陡壁中发育的倾倒变形危岩体。

（3）滑移-拉裂：发育在似板状岩体构成的中倾外板状体岸坡中。如板裂面在坡面上出露，卸荷与风化使板裂面强度逐渐降低，导致滑移拉裂变形，进而发展为滑坡。图 3.9 中为右岸一典型实例。如岩体中发育有陡倾外和中倾外两组裂面时，边坡岩体在一定条件下可产生追踪两组裂面的滑移拉裂变形。这种组合模式在坝区左岸高便道附近 $P_2\beta_{12}$ 层玄武岩中较发育。

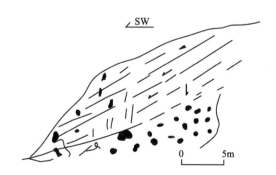

图 3.9　右岸低高程岸坡中滑移拉裂变形破裂迹象素描图

（4）冒落式滑塌：发育在岸坡陡壁地带。中陡倾角卸荷裂隙构成滑移控制面，层面、层内错动带构成顶部切割面。这种破坏形式以右岸进水口一带为典型。

3.6　岩体浅表生改造的一般规律

作者近十多年来，结合大型工程的研究实践，对岩体浅表生改造和浅表生结构进行了较为深入的研究。先后对大渡河铜街子坝址、雅砻江二滩坝址、黄河大柳树坝址、澜沧江小湾坝址、雅砻江官地坝址、金沙江溪落渡坝址和雅砻江锦屏坝址岩体的浅表生改造迹象和岸坡变形破坏迹象开展了现场调研，并对黄河拉西瓦坝址、万家寨坝址、十三陵水库蟒山地带、巴西 ITAIPU 坝址等地的地质资料进行了对比分析。1997 年以来，通过主持国家自然科学基金项目"山区近地表岩体卸荷变形破裂体系及其工程地质意义"的研究，对岩体浅表生改造的一般规律进行了分析、归纳和总结。现概述如下：

（1）岩体的浅表生改造是地质体演化的一个重要阶段。它以岩体的地质建造和构造改造为基础，在区域性剥蚀和河谷深切过程中形成的浅表生结构，又对边坡岩体在重力场作用下的进一步演化起着重要的控制作用。研究揭示，浅表生改造具有普遍意义，尤其是在先期构造作用强烈但断裂不太发育、岩体坚硬易于储存残余应变能的高山深谷地区，岩体的浅表生改造较为强烈。

（2）遭受浅表生改造联合作用的河谷地应力场不仅与区域构造动力环境和构造作用有关，而且与河谷地貌演化过程中的卸荷作用、地貌形态及谷坡的地质结构密切相关。河谷应力场具有明显的分区、分带性：①以表生改造为主的地区，岸坡及谷底应力场为三区型，即从地表向内依次为：应力松弛区、应力集中区和应力稳定区（原岩应力区），如雅砻江二滩河段；②对遭受强烈浅生改造和表生改造的地区，谷底应力场为三区型，而岸坡应力场则为四区型，依次为：应力松弛区、应力相对集中区、应力较松弛区和应力稳定区，如雅砻江官地河段。

（3）我国西南地区河谷应力场受浅表生卸荷作用和地貌形态影响的深度（距岸坡表面的水平深度）一般为 250～300m，即应力稳定区的深度多在 250m 以内，也就是说，浅表生改造的波及范围多在岸坡 300m 以外。如官地坝址区的地应力测试结果表明，在水平深度 300m 以外岩体中的地应力已受到河谷地貌的影响；溪落渡坝区水平深度 250m 以内的地应力测试成果与区域应力方向一致，最大主应力量值为 15～20MPa，而250m 以外的地应力明显降低，且主应力方向与河谷大角度相交。

（4）浅表生改造的过程实际上就是岩体中应力或应变能释放的过程，因此，总体而言，遭受浅表生改造越强烈的地区，浅表生改造带岩体中的地应力就越低，并出现低应力现象，而且应力场的最大主应力方向一般与岸坡呈大角度相交或近于垂直。如锦屏电站应力稳定区的最大主应力高达 40MPa，而浅表生改造的卸荷区最大主应力仅为5MPa；万家寨坝址河床浅部 σ_1 为 2～3MPa；巴西 ITAIPU 坝址地应力为 0.5MPa。

（5）岸坡结构的复杂性会导致浅表生改造形成的河谷应力场出现明显的分异。一般情况下，坚硬岩层中的应力高于相对软弱的岩层，在软硬岩层之间往往会出现剪应力集中现象，水平岩层比陡倾岩层更易储存地应力。区域构造应力场的大小和方向直接影响河谷应力的集中程度，当区域应力场的最大主应力方向（σ_1）与河谷岸坡垂直时，更容易产生谷底的应力集中，而当 σ_1 与岸坡平行时，应力集中程度会明显降低。

（6）浅表生改造过程中，随着近地表岩体中应力的释放和调整，岩体为了适应新的平衡而产生一系列卸荷变形破坏，并导致岩体结构及其性状的变化。研究发现，与应力的分区相对应，河谷地区近地表岩体的结构也具有水平分带性和垂直分带性。在遭受强烈浅表生改造的河谷地区，岸坡由表及里的分带依次为：浅表生复合改造松弛带→应力集中式紧密挤压带→浅生改造松弛带→正常嵌合岩体（四带型）；谷底由上到下的分带规律为：表生改造松弛带→应力集中式紧密挤压带→正常嵌合岩体（三带型）。这种模式以雅砻江官地坝址区最为典型。在表生改造为主的地区，岸坡及谷底的岩体结构均呈三带型，如二滩坝址区。总体而言，岸坡上部的浅表生改造比下部强烈，卸荷松弛范围上部大于下部。

（7）通过大量实例的总结，揭示出河谷地区近地表岩体遭受浅表生改造而形成的卸荷变形破裂体系的类型、机制及其鉴别特征如表 3.6 所示。其中，值得强调的是，卸荷断层（含卸荷错动带）的形成和演化是一个应变能逐渐释放的过程，河谷深切中这种断层的"活动"也是一种能量进一步释放型的错动，区别于通常所指的"活断层"或"能动断层"。这一卸荷变形破裂体系的提出深化了对近地表岩体结构的认识。

表 3.6　河谷地区浅表生卸荷变形破裂体系及其特征

类　　型		机　制	鉴　别　特　征	典 型 实 例
大类	亚类			
卸荷变形	卸荷褶曲	卸荷-回弹	褶曲轴向与河谷近于平行，两翼倾角较缓（一般小于 10°），岩体松弛、层间架空明显	大渡河铜街子、黄河万家寨河段
	卸荷松动	卸荷-扩容	岩体中结构面呈集中式张开，可充填次生泥；或岩体呈整体式体积膨胀扩容，裂隙普遍充填次生泥膜	黄河大柳树、雅砻江官地、锦屏河段、北京十三陵蟠山地段
卸荷破裂	卸荷断层	剪切-错动	多为缓倾角逆断层，常与卸荷褶曲伴生，发育在谷底，呈张剪性，由地表向深处断距和破碎带厚度逐渐减小	大渡河铜街子河段、巴西 ITAIPU 坝址
	卸荷错动带	卸荷-剪张	起伏粗糙，多追踪构造或原生缓倾角结构面发育，产状和厚度变化大，常充填有次生泥或次生泥膜，沿错动带常相间出现挤压带和拉张带，错动带宽度由地表向地下逐渐变小。岸坡地带既有逆错也有正错，谷底地带为逆错	雅砻江官地、金沙江溪洛渡、黄河万家寨河段
	卸荷裂隙	卸荷-拉张 卸荷-剪张	继承式裂隙较平直，追踪式和新生式裂隙起伏粗糙，普遍张开，充填次生泥（或泥膜），延伸长度多小于 10m，常发育在岸坡和谷底的表部	官地、二滩、溪洛渡、小湾等河谷地段

（8）遭受过强烈浅表生改造的地区，近地表岩体相对较破碎和松动，水、气、热等外营力也容易对其产生进一步的改造。中缓倾卸荷结构面常常成为边坡岩体运动的滑移控制面，如官地坝址左岸 XD9 平硐一带的变形体就是沿缓倾角卸荷错动带 fx904 蠕滑产生的；溪落渡水电站的层间层内卸荷错动带也成为工程边坡局部稳定性研究的滑移控

制面。陡倾角卸荷裂隙常常构成岩体失稳的分割面以及崩落、滑塌、倾倒破坏的控制结构面。卸荷断层或卸荷错动带往往成为控制水电工程坝基（坝肩）稳定的滑移控制面，铜街子、溪洛渡和 ITAIPU 水电站坝基稳定性研究的重点均是这类结构面。

（9）近地表岩体遭受浅表生改造后，通常出现体积扩容、已有结构面扩展、错动进一步发展等现象，加之风化和水热的作用，岩体的强度总体被弱化。一般而言，由地表向地下（或由浅部到深部）卸荷结构面的强度逐渐变好；新生式结构面的强度高于追踪式结构面；追踪式结构面的强度又高于继承式结构面。新生式和追踪式结构面多粗糙起伏，确定其力学参数时应该考虑起伏差修正。

（10）浅表生卸荷结构面的发育分布状况及其性状在很大程度上控制了边坡岩体的演化方式。按岩体和结构面遭受浅表生改造和重力场条件下斜坡时效变形继续改造的方式和程度，可将岸坡岩体划分为 4 个等级，即卸荷岩体、卸荷破裂岩体（含卸荷拉裂体或卸荷松弛体）、变形体和崩塌、滑坡，其基本特征和工程地质意义详见表 3.5。这种边坡变形破坏程度或等级的划分方案，为科学评价边坡稳定性提供了新的地质依据和理论基础。

第4章 高边坡的稳定条件

在边坡岩体地质建造、构造改造和浅表生改造等宏观地质基础研究的基础上，进一步对具体工程边坡部位岩体的工程地质条件进行分析，为边坡稳定性评价提供科学依据。

4.1 自然边坡与工程边坡坡型特点

4.1.1 拱肩槽边坡坡型特点

溪洛渡电站拱肩槽部位的边坡岩体，主要指坝区Ⅰ～Ⅱ勘探线的岸坡岩体。在此区域内，地貌上为峡谷段，两岸山坡陡峻，山体较为雄厚，河谷断面呈较为对称的U字形（图4.1）。谷底高程360m左右，谷肩高程800m左右，形成340～490m高的自然斜坡。斜坡自下而上有"缓—陡—缓—陡"的坡角变化特点，410m高程以下，坡度25°～30°；410～550m形成陡坡，坡度70°～75°；550～610m高程，坡度40°～50°；610m至谷肩，坡度50°～60°（图4.1）。两岸高程620～850m以上为谷肩第四系堆积平台，地形宽阔、平缓，台面微倾下游和江边。

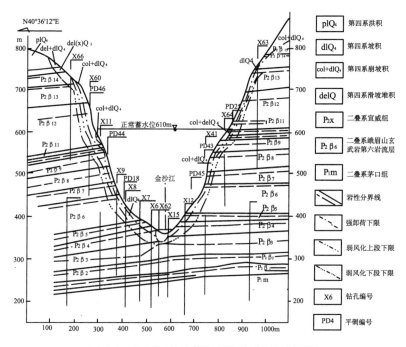

图 4.1 坝区河谷地貌形态及地质概况剖面图

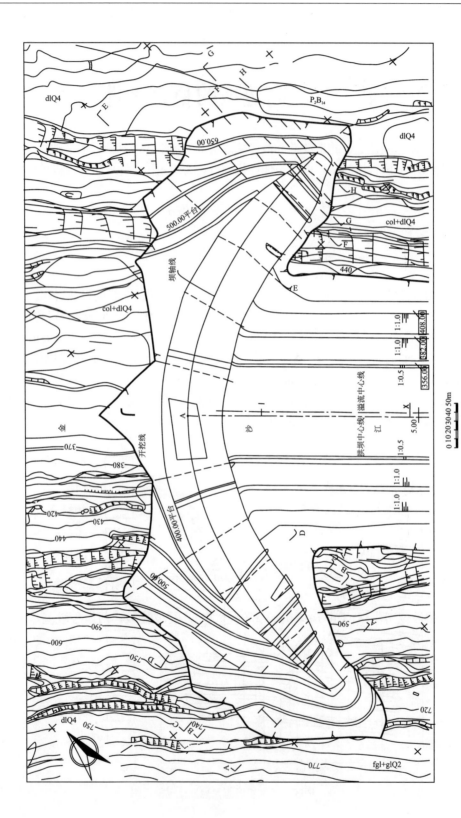

图 4.2 拱肩槽边坡开挖平面图

拱肩槽工程边坡形态为向上游突出的曲面（图 4.2）。左岸上游侧边坡总体走向 N77°E，下游侧总体走向 N70°E。左岸上游边坡高度 55～200m，最高可达 250m，出现在 440m 拱圈一带，下游侧边坡高 20～60m（表 4.1）。右岸上游边坡总体走向 N6°E，下游侧总体走向 N16°E。右岸上游边坡高度 110～190m，最高可达 227m，出现在 440m 拱圈一带，下游侧边坡高 30～70m（表 4.1）。

表 4.1　拱肩槽开挖边坡高度及岩体风化比例统计表

岸别	拱圈高程/m	上游边坡				下游边坡			
		坡高/m	弱风化上段/%	弱风化下段/%	微新岩体/%	坡高/m	弱风化上段/%	弱风化下段/%	微新岩体/%
左岸	360	56.80	79.38	20.62	0	28.50	100	0	0
	400	195.00	57.87	19.31	22.82	29.44	69.97	28.43	1.6
	440	253.10	43.50	14.27	42.23	38.68	67.97	26.35	5.68
	480	184.30	46.76	15.14	38.10	51.75	49.95	30.49	19.56
	520	173.40	35.71	27.10	37.16	62.45	58.94	41.06	0
	560	129.80	50.57	34.07	15.36	39.70	82.47	17.53	0
	590	100.30	57.95	43.45	1.40	25.80	89.18	10.72	0
	610	81.56	74.37	25.63	0	23.14	100	0	0
右岸	360	112.10	46.24	30.60	23.16	44.60	51.62	46.84	1.54
	400	193.40	57.49	13.73	28.78	52.10	66.41	32.23	1.36
	440	226.90	50.91	6.16	42.93	73.30	55.84	29.68	14.48
	480	184.30	46.47	15.21	38.32	51.75	49.20	31.28	19.52
	520	157.30	57.05	11.02	31.93	48.05	71.63	28.37	0
	560	180.40	72.70	13.08	14.22	38.85	73.50	26.50	0
	590	156.60	75.05	24.95	0	30.00	98.90	1.10	0
	610	129.50	74.70	25.30	0	36.60	100	0	0

4.1.2　进水口边坡坡型特点

进水口边坡位于坝区 X 勘探线上游 250～500m，谷坡陡峻。两岸谷坡基本对称，大致可分为五段：460m 高程以下，坡度 25°～35°；460～600m 高程形成陡坡，坡度 65°～70°；600～700m 高程，坡度 35°～40°；700～780m 为陡壁，坡度 70°～80°；780m 至谷肩多被第四系覆盖，坡度 30°～40°，两岸谷肩高程在 850～870m。其中，600～700m 高程为平均宽度 100～150m 的缓坡地带，对进水口的布置极为有利。自然边坡坡形较为完整，无大规模边坡失稳的形貌特征。

右岸进水口边坡开挖坡高 120～160m，从上游向下游逐渐降低，坡脚高程 516m，进水塔后边坡走向 N60°E，上、下游侧边坡走向 N30°E（图 4.3）。坡高 0～32m 为直坡，40m 以上总体坡比为 1∶0.3。坡高 0～32m 大部分为微新岩体，32m 以上处于弱风化卸荷岩体中（图 4.4）。左岸进水口边坡开挖坡高约 120～145m 不等，上部接 100

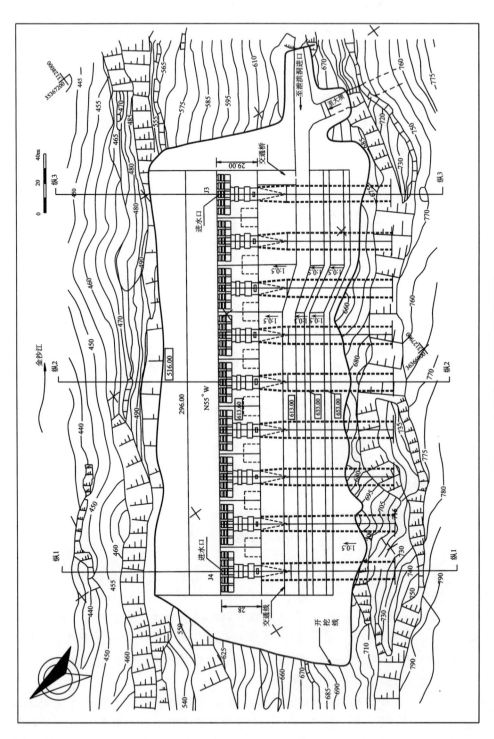

图4.3　右岸进水口边坡开挖平面图

多米高的陡壁。开挖边坡坡脚高程 516m。进水塔后边坡走向 N48°E，上、下游侧边坡走向 N42°E。据现有的设计，左岸进水口边坡坡高 0～32m 为直坡，32m 以上为斜坡；坡高 0～32m 大部分为微新岩体，32m 以上处于弱风化卸荷岩体中（图 4.5）。

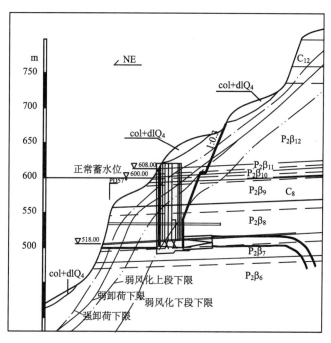

图 4.4　右岸进水口边坡剖面图

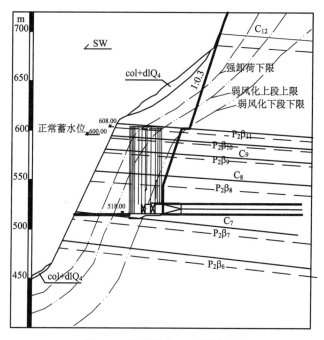

图 4.5　左岸进水口边坡剖面图

4.2　边坡岩性特征

4.2.1　拱肩槽边坡岩性特征

坝区河床基岩及两岸谷坡主要由二叠系上统峨眉山玄武岩（$P_2\beta$）组成，第四系不同成因的松散堆积物不整合于玄武岩之上。

峨眉山玄武岩为间歇性多期喷溢的陆相基性火山岩流，坝区总厚度490～520m，分14个岩流层（图4.1），岩流层一般厚25～40m，其中$P_2\beta_6$和$P_2\beta_{12}$厚度最大，平均厚72.75m和82.58m，$P_2\beta_{10}$和$P_2\beta_{11}$厚度最小，平均厚14.1m和13.33m，同一岩流层厚度相对稳定，起伏差一般小于3m。

岩流层下部由玄武质熔岩组成，代表岩性主要为：斑状玄武岩（1、6层），微晶玄武岩（2、5、9～14层），含斑微晶玄武岩（3、4、7、8层）等。上部为玄武质角砾（集块）熔岩，个别岩流层顶部分布极少量的火山角砾岩和玄武质凝灰岩，上下岩性渐变过渡。统计表明：14个岩流层中各类玄武质熔岩累计厚度大于400m，占岩流层总厚度的80%；角砾（集块）熔岩、火山角砾岩等，累计近100m，占总厚度的20%左右。

根据岩流层的厚度、岩性变化及喷发形式，将14个岩流层由下至上大致分为三段：第一段为$P_2\beta_1$～$P_2\beta_5$层，总厚约145m，各岩流层厚度较薄，为25～30m，火山碎屑岩类所占比重较大，达30%左右。第二段为$P_2\beta_6$～$P_2\beta_{11}$层，总厚度约200m，岩流层厚度由大到小，各层厚度差异悬殊，火山碎屑岩占20%左右，其中$P_2\beta_{10}$和$P_2\beta_{11}$两层碎屑岩占30%以上。第三段为$P_2\beta_{12}$～$P_2\beta_{14}$层，总厚度约160m，岩流层厚度较大，火山碎屑岩约占10%。总体上岩流层由下至上，熔岩厚度相对增厚，火山碎屑岩相对减薄。

14个岩流层间存在13个喷溢间断面，其间无间断沉积。$P_2\beta_{11}$（部分）、$P_2\beta_{13}$、$P_2\beta_{14}$ 3层顶部分布有紫红色凝灰岩层；$P_2\beta_1$底部和顶部、$P_2\beta_5$、$P_2\beta_9$、$P_2\beta_{11}$和$P_2\beta_{12}$层顶部零星分布有少量浅灰色凝灰岩。

第四系松散堆积物按成因不同分为左岸谷肩上部的古滑坡堆积；右岸马鞍山、大坪、二坪约800m高程以上谷肩平台的冰水堆积、洪积；边坡陡壁下缓坡地带的崩积、坡积、洪积、残积以及现代河床冲积等。

河床冲积层一般厚约15～20m，最大厚度39.8m（Ⅳ线下游）。自下而上共分3层：含砂块碎石层，厚10～15m；砂卵石层，厚7.55～15.13m；含砂（漂）块碎石层，厚6.6～14.79m。底部含砂块碎石层在坝址附近零星分布。成分以玄武岩为主，少量石灰岩和砂岩。

4.2.2　进水口边坡岩性特征

左岸进水口边坡主要涉及$P_2\beta_8$～$P_2\beta_{12}$岩流层，右岸进水口边坡主要涉及$P_2\beta_7$～$P_2\beta_{12}$岩流层，均为高强度的玄武岩和角砾（集块）熔岩。

边坡岩流层一般厚25～40m，其中$P_2\beta_{12}$厚度最大，平均厚82.85m，$P_2\beta_{10}$厚度最

小，平均厚 14.1m。同一岩流层厚度相对稳定，厚度变化一般小于 3m。岩流层下部由玄武质熔岩组成，上部为玄武质角砾（集块）熔岩，个别岩流层顶部分布极少量的火山角砾岩和玄武质凝灰岩，上下岩性渐变过渡。在 $P_2\beta_1^1$ 层顶部局部分布有古风化层，$P_2\beta_1^1$ 和 $P_2\beta_1^2$ 层顶部零星分布有少量凝灰岩。

4.3　边坡风化卸荷特征

4.3.1　拱肩槽边坡风化卸荷特征

对坝区边坡岩体的风化卸荷特征研究，主要是依据大量的勘探平硐，通过定性判断方法进行，现场定性判断的标准如表 4.2 所示。

表 4.2　溪洛渡工程风化程度划分标准（据中国水电顾问集团成都勘测设计研究院资料）

名　称	风　化　特　征
强风化（强风化夹层）	岩体结构构造大部分已破坏，长石矿物多风化呈高岭土，其他矿物颜色明显变化；裂面普遍严重锈染
弱风化上段	岩体结构构造部分遭破坏，矿物有较明显的退光退色；长大裂面普遍严重锈染，一般裂隙均有一定锈染；裂隙两侧多见有风化晕
弱风化下段	岩体结构构造部分遭轻微破坏，矿物有轻微的退光退色；长大裂面多锈染，大部分裂面有轻微锈染，局部可见有风化晕
微-新岩体	岩体结构构造未发生变化，裂面一般较新鲜，少数裂面可见有轻微锈染
强卸荷	岩体松弛，裂隙普遍张开，且多处见有＞2cm 卸荷裂隙。裂隙多充填岩屑角砾及次生泥，裂面普遍严重锈染
弱卸荷	岩体较松弛，基体裂隙部分张开，卸荷裂隙张开宽度＜2cm，裂面有轻微锈染，局部充填有岩屑及次生泥；部分地段主要发育单条集中卸荷裂隙
无卸荷	岩体结构紧密，岩体内裂隙闭合，裂面新鲜

通过对坝区拱肩槽附近（Ⅰ～Ⅱ勘探线）有关平硐的调查、统计，各平硐的风化卸荷情况见表 4.3、表 4.4。岩体风化卸荷带的总体特征如下：

（1）弱风化上段：岩体呈碎裂至镶嵌结构，完整性较差，岩石表面大部分失去光泽，裂隙大部分微张—张开，裂面普遍严重锈染，隙壁岩体有明显的风化薄壳，基性斜长石斑晶部分高岭石化，角砾熔岩表面局部呈黄色黏土化，硐体普遍滴水或渗水。两岸弱风化上段水平深度一般 20～50m，Vp＝2300～4000m/s。

（2）弱风化下段：岩体以次块结构为主，少部分为镶嵌结构，完整性好，岩石表面仅见部分退色现象，裂隙基本闭合，长大裂隙面普遍见轻度锈染，隙壁风化较弱。长石斑晶轻度退色、退光，平硐内偶见滴水。两岸弱风化下段水平深度一般为 50～70m，Vp＝4000～5100m/s。

（3）微风化至新鲜岩体：块状结构为主，部分为完整结构，极少部分为镶嵌结构，岩体完整性好，结合紧密。岩体除极个别裂隙面见轻度锈染外，基本保持新鲜光泽。
Vp=5100～5800m/s。

表 4.3　溪洛渡坝区拱肩槽左岸平硐风化卸荷情况一览表

硐号	高程	工程部位	风化/m			卸荷/m		硐　向	硐长/m
			强	弱上	弱下	强	弱		
PD32	379.81	左岸 I_6 线	0	30.5	146	0	135	N41°E	151.7
PD30	381.54	左岸 I_2 线	0	27	48	27	48	N41°E	101.9
PD80	395.82	左岸 X 线与 I_2 线间	0	43	49	20	49	N60°E、N45°E	152.1
PD56	398	左岸 I_{11} 与 I_2 线间	0	26	60	11	26	N41°E	108
PD22	403.03	左岸 II 线	0	20	43	43	54		
D82	411.38	左岸 X 线	0	22	32	27	32	N41°E	152
PD18	416.58	左岸 I 线	0	42	70	15	42		
PD12	419.33	左岸 I_3 线	0	24	39	9	24	N41°E	155
PD2	429.27	左岸 I_2 线	0	8	22	8	22	N42°E	280.5
PD68	436.3	左岸 I_{11} 线	0	45	108	2	45	N41°E	151.8
PD52	440.96	左岸 II 线	0	24	44	8	41		100.0
PD70	443.7	左岸 I_9 线	0	0	36.5	7	15	N45°E	133.2
PD50	465.04	左岸 I_3 线	0	25	42	2	25	N41°E	154.1
PD66	474.64	左岸 I_6 线	0	26	56.5	5.5	56.5	N41°E	152.8
PD36	481.4	左岸 I_2 线	0	34.5	49	3	16.5	N41°E	150.4
PD90	487.09	左岸 X 线	0	29	62	5	25	N30°E、N54°E、N41°E	151.0
PD76	518.7	左岸 X 线	0	31.2	49	10	31.2	N41°E	151.7
PD26	535.28	左岸 II_1 线	0	40	54	29	40	N41°E	102
PD44	544.64	左岸 I 线	0	38		3	38		103
PD38	561.74	左岸 I_2 线	0	25.5	36.7	11.5	25.5	N41°E	151.8
PD46	616.26	左岸 I 线	0	40	60	10	40		
PD62	616.8	左岸 I_2 线	0	39	72	39	70	N48°E	203
PD64	617.84	左岸 I_{11} 线	0	6	32	6	20	N47°E	122.4

表 4.4　溪洛渡坝区拱肩槽右岸平硐风化卸荷情况一览表

硐号	高程	工程部位	风化/m			卸荷/m		硐　向	硐长/m
			强	弱上	弱下	强	弱		
PD61	376.49	右岸 I_{11} 线	0	28	48	18	47		377.0
PD35	379.38	右岸 I_3 线	0	61	79	26	61	S41°W	102.5
PD69	382.67	右岸 X 线	0	45	65	36	45	S42°W	150.2
PD63	389.1	右岸 I_6 线	0	67	105	67	73	S68°W、S40°W	151
PD45	408.22	右岸 I 线	0	67	85	20	67		
PD7	412.14	右岸 I_2 线	0	23	50	8	23	S65°W、S41°W	330（主） 101（支）
PD11	414.68	右岸 II_1 线	0	68	87	27	50		447
PD85	428	右岸 X 线	0	35.5	58	20	31		111.3
PD71	454.57	右岸 X 线	0	21	42	10	49.5	S65°W、S41°W	153（主） 101（支）
PD33	460	右岸 I_3 线	0	24	43	7	43	S47°W	119.5
PD75	467.35	右岸 I_2 线	0	45	70	4	45	S41°W	181.5
PD21	495	右岸 I_2 线	0	46	85	0	37	S47°W	100.4
PD37	502.1	右岸 I_3 线	0	38	63	10	38	S41°W	152.5
PD5	503.02	右岸 II 线	0	37	65	17.5	98		
PD51	530.24	右岸 II_1 线	0	39	63	15	39	S41°W	96.8
PD31	544.2	右岸 X 线	0	50	64	10	55	S41°W	101.9
PD47	553.84	右岸 I 线	0	35	65	5	35		102.1
PD49	563.19	右岸 I_2 线	0	53	68	37	53	S41°W	101
PD13	564.21	右岸 II 线	0	30	50	10	30		100.5
PD53	621.26	右岸 X 线	0	62	105	5	62	S48°W	205
PD59	622	右岸 I_{11} 线	0	36	62	16.5	36		123.7
PD25	623.76	右岸 I 线	0	25	41	16	34		128.4

（4）强卸荷带：卸荷裂隙发育，且普遍张开，宽 2～5cm，最宽可达 10～20cm，充填角砾、岩屑及次生泥，普遍渗水至滴水，岩体松弛，多呈碎裂结构。两岸强卸荷水平深度一般为 10～15m，最大可达 67m。声波速度变化较大，一般 $V_p=2300～3000m/s$。

（5）弱卸荷带：岩体内隐微裂隙和卸荷裂隙均较发育，裂隙呈微张，部分长大裂隙张开，充填少量碎屑和次生泥膜，偶见滴水和渗水现象，岩体轻度松弛，主要为镶嵌结构和块状结构，$V_p=3000～4000m/s$。两岸弱卸荷水平深度一般在 25～50m。

根据表 4.3、表 4.4 的统计资料，分别按硐线、坝段和按不同拱圈高层对岩体风化卸荷状态进行了统计，结果如表 4.5、表 4.6 所示。

表 4.5　拱肩槽附近不同勘探线岩体风化卸荷特征一览表

勘探线	左　　岸/m					右　　岸/m				
	统计硐数	弱上段	弱下段	强卸荷	弱卸荷	统计硐数	弱上段	弱下段	强卸荷	弱卸荷
I	3	38~42 (40)	0~70 (43.3)	3~15 (9.3)	38~42 (40)	3	25~67 (42.3)	41~85 (63.7)	5~20 (13.7)	34~67 (45.3)
I_6	2	26~30.5 (28.2)	56.5~146 (101.3)	0~5.5 (2.8)	56.5~135 (85.8)	1	67	105	67	73
I_3	2	15~25 (20)	27~35 (31)	2~9 (5.5)	15~25 (20)	3	24~51 (33)	43~61 (50.7)	2~26 (11.7)	18.5~51 (34.2)
X	3	28~38 (33)	46~78 (57.7)	2~22 (14)	33~70 (47)	5	19~39 (26.8)	40~63 (52.6)	4~23 (9.4)	20~61 (42)
I_9	2	15~27 (21)	36.5~49 (42.7)	7~20 (13.5)	15~49 (32)					
I_2	4	11~27 (19.6)	22~48 (35.1)	3~27 (12.4)	11~48 (24.9)	4	23~50 (32.3)	46~58 (49.8)	2~33 (11.3)	23~50 (35)
I_{11}	2	19~32 (25.5)	36~62 (49)	2~6 (4)	19~32 (25.5)	2	28~36 (32)	48~62 (55)	16.5~18 (17.2)	36~47 (41.5)
II_1	2	24~25 (24.5)	44~50 (47)	2~8 (5)	25~41 (33)	2	28~68 (48)	61~87 (74)	6~27 (16.5)	28~50 (39)
II	2	20~27 (23.5)	34~43 (38.5)	3~43 (23)	27~54 (40.5)	3	30~38 (35)	50~65 (57.3)	10~17.5 (14.8)	30~98 (54.7)

注：表中括号内数字表示平均值。

表 4.6　溪洛渡坝区按拱圈高程岩体的风化卸荷情况一览表

拱圈及高程/m	左　　岸/m					右　　岸/m				
	统计硐数	弱上段	弱下段	强卸荷	弱卸荷	统计硐数	弱上段	弱下段	强卸荷	弱卸荷
高拱圈 (510~610)	7	6~40 (31.4)	32~72 (48.8)	3~39 (15.5)	20~70 (37.8)	8	25~53 (41.3)	41~105 (64.5)	5~37 (14.3)	30~62 (43)
中拱圈 (410~510)	11	0~34.5 (25.4)	22~108 (51)	2~27 (8.3)	16.5~56.5 (31.3)	8	21~68 (37.6)	42~87 (62.3)	0~27 (10.8)	23~50 (39.6)
低拱圈 (<410)	4	20~43 (29)	43~60 (50)	11~43 (25.3)	26~54 (44.3)	4	45~67 (60)	65~105 (83.5)	20~67 (37.3)	45~73 (62)

注：表中括号内数字代表平均值。

从表 4.5 可以看出，左岸弱风化上段水平深度一般在 20~40m，弱风化下段水平深度一般在 40~60m，强卸荷深度一般在 3~15m，弱卸荷深度一般在 20~50m；右岸弱风化上段一般为 30~60m，弱下风化深度为 50~80m，强卸荷深度一般为 2~20m，弱卸荷深度为 20~60m。剔除个别异常值（如 PD32、PD63）后可以得出，风化深度，无论是弱风化上段还是弱风化下段，左岸总体小于右岸；卸荷情况一般也是左岸小于右岸。不同坝线，风化卸荷情况也有所不同。其中 X 坝线，左岸的风化卸荷深度明显大于右岸。

从表 4.6 中可以看出，右岸的风化深度无论是低高程还是高高程，均大于左岸；右岸的卸荷深度无论是低高程还是高高程也是大于左岸对应的卸荷深度；不同高程，风化卸荷深度明显不同：左岸的中高程的风化卸荷深度明显低于低高程和高高程，尤以低高程最大；右岸也有类似的情况，即中高程的风化卸荷深度明显低于低高程和高高程，且以低高程为最大，次为高高程（图 4.6）。这一特点可能与岸坡岩体的岩性、地貌等特征相关联。

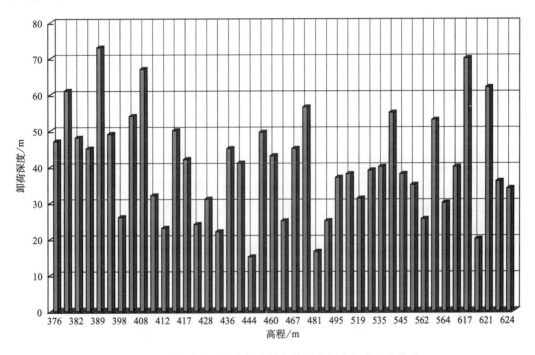

图 4.6　溪洛渡坝址拱肩槽边坡岩体卸荷深度与高程的关系

4.3.2　进水口边坡风化卸荷特征

玄武岩致密坚硬，自身抗风化能力强，风化作用主要沿裂隙和层间、层内错动带等软弱面（带）进行，据典型的裂隙式和夹层状风化特征。岩体的风化主要受岩体结构控制，其次，地形地貌、水文地质条件及卸荷作用对其也有一定影响。一般受构造切割强烈，完整性差的岩体风化明显；低高程缓坡地段风化深度较中高程陡壁段深；岩流层上部玄武质角砾（集块）熔岩、杏仁状玄武岩，完整性较好，风化相对较弱。总体上由表及里、由浅至深，风化由强变弱，夹层式或裂隙式风化的厚度和出现的几率也逐渐缩小。进水口边坡各平硐风化卸荷情况见表 4.7。

表 4.7   进水口边坡各平硐风化卸荷情况一览表

硐号	岸别	层位	高程/m	硐深/m	强卸荷下限/m	弱卸荷下限/m	强风化	弱上下限/m	弱下下限/m
PD39	右岸	8	533.77	151.2	15	28	0	28	58
PD55	右岸	8	537.68	149.6	18	39	0	39	65
PD57	右岸	8	541.86	101.3	9.5	37	0	9.5	74
PD47	右岸	7	553.84	102.1	5	35	0	35	65
PD89	右岸	11	620	150	10	28	0	28	53
PD58	左岸	9	535.6	151.3	2	36	0	10	36
PD60	左岸	9	543.92	154.4	12	30	0	30	101
PD44	左岸	10	544.64	103	3	38	0	38	68
PD96	左岸	12	621.42	134.7	20.5	65.5	0	40	102.5
PD98	左岸	12	649	154.1	0	30	0	0	34
PD46	左岸	12	616.26	120	10	40	0	40	60

由表 4.7 分析可知，进水口边坡范围内，除沿部分层间层内错动带存在一定厚度的强风化夹层外，平硐内无全-强风化段分布。右岸弱风化上段下限一般在 25～40m，弱风化下段下限一般为 50～70m；左岸弱风化上段下限一般在 30～40m，弱风化下段下限一般为 60～100m；左岸风化作用较右岸强烈。岩体卸荷特征表现为，以沿结构面的集中式卸荷为主，体积扩容式卸荷为辅。卸荷方式有继承式卸荷、追踪式卸荷和新生式卸荷。卸荷结构面的类型有：陡倾卸荷裂隙、缓倾卸荷结构面、弧形卸荷裂隙。进水口右岸强卸荷深度一般为 5～15m，弱卸荷深度一般为 25～40m；左岸强卸荷深度一般为 2～12m，局部地段达 20m（如 PD96），弱卸荷深度一般为 30～40m，局部地段达 65m（如 PD96）。从高程上看，高高层风化卸荷作用较中高程陡壁地段强烈。

左岸进水口边坡坡高 0～32m 大部分为微新岩体，32m 以上处于弱风化卸荷岩体中；右岸进水口边坡坡高 0～32m 大部分为微新岩体，32m 以上处于弱风化卸荷岩体中，进水口开挖边坡岩体风化情况见表 4.8。

表 4.8   进水口开挖边坡岩体风化比例统计表

	位置	坡顶高程/m	弱上风化/%	弱下风化/%	微新/%	总和/%
右岸进水口	纵1	677	30	44	27	100
	纵2	653	45	36	19	100
	纵3	641	32	23	32	87
左岸进水口	纵1	715	44	11	45	100
	纵2	654	37	44	14	94
	纵3	622	31	24	30	85

4.4 边坡岩体结构特征

4.4.1 概　述

边坡岩体结构是控制边坡岩体稳定性、边坡岩体的可利用性的重要因素。不同成因、不同类型、不同规模、不同性状、不同物质组成的结构面，对岩体可利用性、边坡稳定性评价、拱坝布置等有重要影响。本次研究中，主要考虑了结构面的规模及性状，采用层次性分析方法，开展岩体结构的系统调查和分析。按结构面的规模，将其分为三级（表 4.9）；按照结构面的性状划分其工程类型（表 4.10）。在具体调查分析结构面特征时，首先按规模进行分级，然后考虑结构面性状特点，做进一步细分。

表 4.9　溪洛渡坝区结构面规模分级及特征表

类型		分类依据		亚类编号	主要特征	代表性结构面
编号	名称	规模	工程地质意义			
I	层间错动带（C）	发育与岩流层之间，贯穿整个坝区，延伸>100m	坝区大规模岩体稳定性控制边界。结构面强度受充填物成分及其性状控制		规模大，延伸长，连续性好，厚度变化较大	C8，C9，C1，C2，C3，C4，C6-1，C6-2
II	层内错动带（LC）	发育于岩流层中下部，延伸5～100m	可能影响较大范围岩体的稳定性，是不稳定块体的控制性边界。结构面强度受充填物成分及其性状控制	II₁	延伸>10m，错动带厚2～10cm	LC³⁹8-11
				II₂	延伸>10m，错动带厚0.5～5cm	LC⁵⁷8-17
				II₃	延伸<10m，错动带厚<1cm	LC³⁶8-5
III	裂隙、挤密带	随机分布，断续延伸，一般长度数米至十余米	控制小规模岩体的稳定性，破坏岩体的完整性	III₁	延伸>10m，可单独构成岩体稳定性的控制边界	
				III₂	延伸0.5～10m，多断续延伸，可构成岩体局部稳定性的控制边界	
				III₃	延伸<0.5m，影响岩体的强度及变形，难以构成控制边界	

4.4.2 拱肩槽边坡结构特征

4.4.2.1 层间错动带特征

坝区玄武岩层，共发育14个岩流层，层间错动带总体发育在这14个岩流层之间的喷溢间断面上，是工程地质性质较弱的结构面。这类结构面在坝区分布广泛，构成坝区

表 4.10　溪洛渡水电站坝区结构面性状分类及特征

（据中国水电顾问集团成都勘测设计研究院资料）

大类	亚类 代号	亚类 风化状态	亚类 工程类型	组成物质特征	错动强度	力学参数主控因素
刚性结构面		微-新	单条陡倾裂隙	无充填，局部见少量钙膜；面较平直-微波状粗糙，个别轻微锈染，结合紧密，强度较高。两侧岩体新鲜完整，呈整体块状		隙壁强度、几何特征
		弱风化		无充填，局部见钙膜；面较平直粗糙，长大裂隙锈染，结合紧密，部分微张，强度较高。两侧岩体较完整，呈块状		隙壁强度、几何特征
软弱结构面	A	弱微	裂隙岩块型	主要表现为①规模小的错动带，缓裂发育，呈缓倾角劈理带，破碎岩块呈扁平状或薄片状；②具一定错动迹象的石英绿帘石条带，面具镜面擦痕，两侧岩体较完整	微弱	隙壁强度、岩块、条带、几何特征
	B1	微风化	含屑角砾型	分布于山体较深部位的新鲜岩体中，以中、细角砾为主，岩屑含量 10%～20%，中、细角砾占 70%～80%，结构紧密，干燥，强度较高。两侧岩体较破碎，影响带厚 10～30cm		角砾、岩块、几何特征
	B2	弱风化		分布于弱-微新岩体中，以中、细角砾为主，岩屑含量 10%～20%，中、细角砾占 70%～80%，结构较紧密，两侧岩体较破碎，影响带厚 20～40cm	较强	角砾、几何特征
	B3	强风化		分布于弱上及部分弱下岩体中，以中、细角砾为主，颗粒周围分布有一定数量的次生泥，岩屑含量 15%～20%，中、细角砾占 70%～80%，结构较松弛，两侧岩体较破碎，影响带厚 30～50cm		角砾、几何特征
	C1	弱风化	岩屑角砾型	分布于弱-微新岩体中，以细角砾、岩屑为主，岩屑含量＞20%，错动面附近常分布有厚 0.2～0.8cm 的较连续延伸岩屑或风化泥，结构较紧密，强度较低。两侧岩体较破碎—破碎，影响带厚 30～50cm	强	角砾、岩屑、几何特征

规模最大，控制意义最强的主要结构面。

在野外地质调查中，主要对层间错动带的出露位置、产状、迹长、带宽、影响带宽度、风化特征、起伏情况、物质组成以及胶结程度、工程性状等进行了详细的描述和统计。在此基础上，建立了层间错动带信息数据库，以方便管理和查询，表 4.11 就是信息数据库生成的拱肩槽附近各平硐揭示的层间错动带特征表。调查和勘探揭示，层间错动带具有以下主要特征（表 4.12、表 4.13）：

（1）层间错动带总体产状与岩流层近于一致，左岸 N20°～40°W/NE∠4°～7°；右岸 N15°～30°E/SE∠3～5°。从上游向下游，层间错动带倾角表现为陡—缓—陡的变化特征，与坝区岩流层的产状变化相一致。在上游Ⅰ线附近，层间错动带总体产状为：N25°～35°E/SE∠7°～20°；Ⅰ线～Ⅱ线，为 N40°E～N40°W/SE，NE∠3°～8°；Ⅱ₂线

表 4.11　拱肩槽附近平硐层间错动带总体特征一览表

硐号	高程	编号	走向	倾向	倾角/(°)	可见迹长	带宽/cm	影响带宽度/cm	工程类型	地下水情况
35	379.38	C4	N10°~30°E	SE	15	15.5	7~10	无	裂隙岩块型	湿润
32	379.84	C5	N36°W	NE	12	17.5	0.5~3	无	裂隙岩块型	湿润
56斜	398	C3	N75°E	NW	15	11.2	27.5	上盘20 下盘10	含屑角砾型	湿润,局部滴水
56斜	398	C4	N60°W	SW	9	8	4		裂隙岩块型	湿润,局部滴水
02	429.27	C6-1	N20°~70°E	NW	5~20	29	20~30	下盘5~50	裂隙岩块型	干燥
70	442.97	C7-1							裂隙岩块型	
50	465.04	C7 (C8)	N30°~50°W	NE	20~25	4.9	0.5~2	上盘20~40	含屑角砾型	潮湿
75	467.35	C6-1	N20°~30°E	SE	10~20		2~3		含屑角砾型	湿润
75	467.35	C6-2	SN	E	10~15	14	5~10		裂隙岩块型	湿润
75	467.35	C6-3	N20°~30°E	SE	15~20	22.5	5~10		裂隙岩块型	干燥
21	495.03	C7-1	N30°~45°E	SE	5~10	85	3~5	下10~20	岩屑角砾型	
21	495.03	C7-1	N8°W	NE	8	85	3~5	下10~20	含屑角砾型	
37	502.1	C7	N45°E	SE	0~10	17	5~10	无	岩屑角砾型	湿润局部渗水
37	502.1	C7	N20°~30°E	SE	10~20	30	2~6	10~40	含屑角砾型	湿润,渗水
37	502.1	C7	N30°W	NE	15	12	4~6	30~40	岩屑角砾型	湿润,渗水
76主	518.7	C8	N10°~20°E	5~10	23	23	8~10	上下盘各30~40cm	含屑角砾型	普遍渗水
51	530.24	C8	N70°W	NE	5	29	8~12	无	裂隙岩块型	湿润,局部渗水
51	530.24	C8	EW	S	5~10	29	8~12	无	含屑角砾型	湿润,局部渗水
26	535.28	C9	N25°~35°W	NE	11	23.7	9	15~25	岩屑角砾型	湿润,局部渗水
31	544.22	C8-1	N10°W	NE	5~10	6.6	0~1	无	裂隙岩块型	湿润,局部渗水
38	561.74	C11								
49	563.19	C9	N3°W	NE	5	81	1.5~3	5~11	岩屑角砾型	湿润
49	563.19	C9	N22°E	SE	5	81	5~10	无	岩屑角砾型	湿润

表4.12　左岸层间错动带特征表

编号	位置	高程/m	产状	长度/m	厚度/m	性状	工程类型
C3			N18°~23°W/NE∠5°~8°		0.2~0.3	由角砾、岩屑组成，角砾粒径0.5~3cm，局部达5cm，含量约占80%。面波状起伏，厚度一般为20~30cm，局部达40cm	弱风化含屑角砾型 (B2)
C4	I₂线~II线断续分布	340~360	N25°~50°W/NE∠4°~9°	单条长50土	0.03~0.06	由扁平状角砾及岩块组成，角砾粒径1.5~5cm，厚度一般3~6cm，错动带波状起伏，一般埋深40m以内强风化，120m以里为微风化	裂隙岩块型 (A)
C5	I₂线~II线上游35m	357~380	N15°~35°W/NE∠3°~5°	210	0.04~0.07	由扁平状角砾组成，角砾粒径1.5~5cm，厚度一般为4~7cm。错动带波状起伏，胶结较紧密	弱风化裂隙岩块型 (A)
C6		430	N20°~70°E/NW∠5°~20°		0.2~0.3	主要由角砾岩块及少量岩屑组成，局部为石英绿帘石脉，结构较密，局部松散，强风化，错动带厚度变化较大，波状起伏，产状变化很大，干燥	裂隙岩块型 (A)
C7	I₃线~II线	460~478	N30°~35°W/NE∠4°~7°	380	0.05~0.08	由角砾平状角砾与裂隙密带组成，厚5~8cm，面总体较平直	弱风化裂隙岩块型 (A)
C8	I₃线~II线	495~520	N30°~50°W/NE∠4°~8°	380	0.10~0.20	破碎带物质由中、细角砾及岩屑组成，见次生泥。角砾粒径0.2~1.5cm，含量约占70%，岩屑一般为10~20cm。其中面总体30%。主错带厚1.5~3cm	40m以外：强风化含屑角砾型 (C2)
						破碎带物质由细、中角砾及岩屑组成。角砾粒径1~3cm，含量约85%，岩屑约占15%。面平直，厚度一般10~20cm	40m以内：弱风化含屑角砾型 (B2)
C9	I₃线~II线	520~542	N35°~50°W/NE∠4°~7°	380	0.10~0.20	破碎带物质由中、细角砾及少量岩屑组成，其中上界面见厚0.5~3cm的含次生泥与岩屑和细角砾组成的主错带。角砾约占70%，岩屑约占30%，面总体平直10~20cm，局部为25cm	48m以外：强风化含屑角砾型 (C2)
					0.06~0.10	破碎带物质由中、细角砾及少量岩屑组成，见有次生泥。角砾粒径0.5~3cm，含量约占85%。面总体平直，厚度一般为6~10cm	48m以内：弱风化含屑角砾型 (C1)

表 4.13　右岸层间错动带特征表

编号	位置	高程/m	产状	长度/m	厚度/m	性状	结构面类型
C4	I_3 线～II 线断续出现	370~390	N10°~30°E/SE∠3°~10°	单条长50土	0.03~0.10	由平状角砾及岩块组成,角砾粒径1.5~5cm,厚度一般3~10cm	裂隙岩块型
C5	I_3～II线零星分布	378~400	N30°~40°E/SE∠8°~10°	150	0.05~0.15	破碎带物质由细、中角砾及岩屑组成,角砾粒径1~3cm,含量约占80%,岩屑约占20%。面舒缓波状,厚度一般为5~15cm	50m以外:强风化含屑角砾型(B3)
					0.02~0.10	破碎带物质由细、中角砾及岩屑组成,角砾粒径1~3cm,含量约占85%,岩屑约占15%。面舒缓波状,厚度一般为2~10cm	50m以内:弱风化含屑角砾型(B2)
C6		467	N5°~30°E/SE∠10°~20°		0.05~0.15	由扁平状角砾组成,厚5~15cm	弱风化裂隙岩块型(A)
					0.02~0.03	由角砾、岩屑组成,结构粗糙、强风化、湿润	17.5m以外:强风化含屑角砾型(B3)
					0.05~0.10	由裂隙密集带及断续角砾,片石夹少量岩屑占5%~10%,角砾占90%,结构紧密,波状起伏粗糙	17.5m以内:弱风化裂隙岩块型(A)
C7	I_3线附近 II_2线	480~502	N10°~30°E/SE∠3°~5°	280	0.05~0.10	破碎带物质由细、中角砾及岩屑组成,角砾粒径1~4cm,含量占90%,岩屑占10%。面总体较平直,厚度一般为5~10cm,局部15cm。其中主错带0.5~2cm	15m以外:强风化含屑角砾型(B3)
						由平状角砾及岩屑组成,厚5~10cm,局部(40m以外)主错带,面总体较平直	15m以内:弱风化裂隙岩块型(A)
C8	X～I_{11}线 II_1～II线	520~545	N30°~40°E/SE∠3°~5°	150	0.05~0.15	破碎带物质由细、中角砾及岩屑组成,角砾粒径1~3cm,含量约占80%,岩屑约占20%。面总体较平直,厚度一般为5~15cm。其中主错带2~5cm	55m以外:强风化含屑角砾型(B3)
					0.05~0.10	破碎带物质由细、中角砾及岩屑组成,角砾粒径1~3cm,含量约占85%,岩屑约占15%。面总体较平直,厚度一般为5~10cm,其中主错带0.5~2cm	55m以内:弱风化岩砾型(B2)
C9	I_3～II线	550~575	N25°~30°E/SE∠2°~5°	380	0.05~0.15	破碎带物质由中、细角砾及岩屑组成,角砾粒径0.2~1.5cm,含量约占80%,岩屑约占20%。面总体较平直,见次生泥。厚度一般为5~15cm,其中主错带厚2~4cm,由细角砾、岩屑及次生泥组成	57m以外:强风化岩屑角砾型(C2)
					0.02~0.05	破碎带物质由中、细角砾及岩屑组成,角砾粒径0.2~2cm,含量约占90%。面总体较平,主错带厚0.2~5cm,一般厚0.2~0.5cm,由角砾及细角砾组成,连续性较好,微起伏	57m以内:弱风化岩砾型(C1)

以下，总体产状为 N25°～35°E/SE∠15°～25°。现坝轴线 X 线段主要位于中部产状平缓段之上。这些错动带将边坡岩体切割成似层状，局部地段可构成不稳定块体的滑移控制面。

（2）平硐的调查统计表明，层间错动带可见迹长一般在 20～40m 和 80～90m 两个范围段内（图 4.7）。受观察露头和出露空间条件限制，层间错动带的实际延伸长度要远大于上述数值。距两岸地表测量，层间错动带的延伸长度为 100～400m，个别大于 500m。

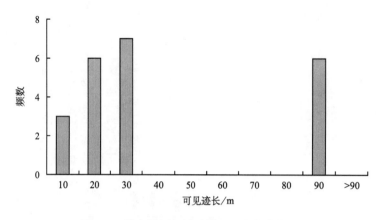

图 4.7　拱肩槽层间错动带可见迹长直方图

（3）层间错动带基本顺岩流层层间发育，少见切层发育。错动带总体上波状起伏，较粗糙，主要由岩块、角砾和少量岩屑组成。破碎带一般厚 5～10cm，局部可达 20～30cm，上下影响带一般宽 0.4～0.6m，局部可达 1.0m。边坡范围内的层间错动带主要呈弱—强风化状，大多无次生泥充填，高高程边坡表部遭受强烈浅表生改造的错动带内，可见到散布状或团块状的次生泥。

（4）坝区揭露的层间错动带，主要有 C3、C4、C5、C6、C7、C8、C9、C11，其基本特征见表 4.12 和表 4.13。调查和研究表明，层间错动带的错动强度有自低高程向高高程不断增强的特点。具体表现为 C3、C4、C5、C6 错动相对较弱（约为 450m 高程以下），错动带断续分布，性状较好，主要为裂隙带或裂隙岩块，地貌上表现为不连续的浅缝或小阶坎，工程性状以裂隙岩块型和含屑角砾型为主；而 C7、C8、C9 等层间错动带错动相对较强，错动带（面）较连续，错动物质以角砾、岩屑为主，地貌上呈较平直、连续的凹岩腔，工程性状以含屑角砾型和岩屑角砾型为主。左岸和右岸层间错动带的发育特点也有一定差异，主要表现为右岸的延伸规模相对较大，错动强度相对高，而左岸的发育密度则高于右岸。

（5）层间错动带的发育具有不均一性，同一条错动带在空间分布上是不均匀的，其产状是起伏变化的，错动程度也是不一样的。有些部位错动较强烈，错动带增厚，角砾、岩屑含量增加；有些部位错动变弱，带变薄，呈裂隙带或裂隙岩块；有些部位则是熔结接触。总体而言，由边坡表面向内错动强度逐渐减弱。

4.4.2.2　层内错动带特征

层内错动带相对层间错动带而言，延伸规模小，在空间分布上更有随机性和复杂性。但由于层内错动带分布较为广泛，出现频率高，且工程地质性能相对较差，它们对坝区边坡岩体的局部稳定性仍具有重要的控制作用。

层内错动带在野外的调查编录工作程序与层间错动带相同。此外，还对可能构成边坡失稳滑移控制面的层内错动带附近的裂隙进行了分组优势统计，作为分析局部块体切割面的基础资料及依据。通过勘探平硐、钻孔及地表调查，广泛收集了层内错动带的有关资料，并建立了数据库，筛选出了对边坡稳定性起控制作用的重点层内错动带（详见第 7 章），获得了层内错动带的发育分布特征：

（1）统计资料表明，坝区拱肩槽的层内错动带以缓倾角为主，其中左岸主要发育 4组，优势产状分别是：①N40°～60°E/NW∠5°～15°；②N40°～60°W/NE∠15°～20°；③EW/N∠15°～20°；④SN/E∠5°～20°；右岸也主要发育 4 组，优势产状分别是：①N30°～50°E/SE∠10°～15°；②SN/E∠10°～15°；③N65°～75°W/NE∠15°～20°；④N65°～75°E/NW∠10°～15°。

（2）据平硐统计资料，层内错动带可见迹长，一般为 5～25m，最大可达 120m（图 4.8）。地表统计表明，层内错动的延伸长度一般为 40～60m。错动面起伏粗糙，以缓倾下游偏左岸为主，在剖面上常形成大致平行于层面的扁平状菱形块体或大致平行于层面的似层状块体；错动带一般厚 5～10cm，局部可达 20～30cm，上下影响带一般宽0.4～0.6m，局部可达 1m 以上；错动带物质大多由岩块、角砾组成，局部含少量岩屑，极少含泥，可见石英绿帘石条带，错动较强烈的部位角砾及岩屑含量增多，总体挤压紧密；结构面类型多为裂隙岩块型和含屑角砾型，少量岩屑角砾型。层内错动带中地下水状态多为干燥—湿润，局部渗水。

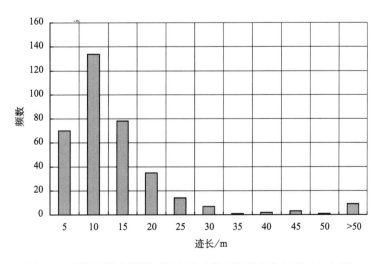

图 4.8　溪洛渡拱肩槽附近层内错动带可见迹长直方图（左右岸）

（3）层内错动带的空间发育分布也具有一定的规律性。一般层内错动带主要分布在各岩流层的中下部，大多发育在致密玄武岩中，基本无穿层现象；通常层间错动带发育的部位，一般层内错动带不发育。如C3、C4、C5和C6错动较为微弱甚至无错动，相邻的层内错动带则较为发育，尤其是4、5两层，层内错动带发育密度较高。

（4）层内错动带通常也是风化夹层的重要控制因素。沿错动较强的层内错动带或数条错动带交汇部位往往形成强风化夹层，深约50~80m。如分布于$P_2\beta_6$层下部斑状玄武岩中的强风化夹层，主要受层内错动带的控制，在拱肩槽低高程部位普遍存在。通常风化夹层的风化程度比围岩强一级。

4.4.2.3 裂隙发育分布特征

坝区玄武岩岩体裂隙较发育，但都较短小，一般迹长为1~3m，长者可达5~10m。受限于层间、层内错动带发育，走向较分散，分布与岩性和构造部位有关，具有一定的区段性。裂面多平直粗糙，部分波状光滑，卸荷带以内嵌合紧密，无充填，隙壁岩体较新鲜，强度高。坝区拱肩槽部位的裂隙，以其随机性强、分布广泛、数量多、延伸短等特点为特征。它们对边坡岩体稳定性的影响，除了可作为局部不稳定块体的切割边界外，还对岩体的强度和变形方面有重要的作用。本次研究中，集中对拱肩槽附近的勘探平硐的裂隙进行了详细的测试和分析。结合地表调查资料，经统计分析，拱肩槽部位的裂隙总体优势方向如表4.14所示。

表 4.14　溪洛渡坝区拱肩槽边坡岩体裂隙优势方向一览表

序号	左岸（总数4051条）	右岸（总数4679条）
1	EW/S（N）∠70°~85°	N10°~30°E/SE∠5°~15°
2	N40°~60°W/SW∠60°~80°	N30°~60°W/NE∠75°~85°
3	N20°~40°E/SE∠5°~15°	N60°~80°E/SE∠70°~80°

从表4.14可以看出，拱肩槽左岸边坡岩体中主要以近东西向陡倾角的裂隙为主，次为走向NW倾向SW的陡倾角裂隙；而右岸除了一组缓倾角裂隙较发育外（N10°~30°E/SE∠5°~15°），走向N30°~60°W的陡倾角裂隙发育。

为了便于分析边坡岩体的局部稳定性，研究中又分别按左右岸不同高程段对裂隙进行了统计分析，其结果如表4.15所示。

表 4.15　两岸拱肩槽边坡部位不同高程随机裂隙优势方向一览表

高程/m	左　岸	右　岸
610	EW/S（N）∠80°~90°	
	N60°~70°W/NE（SW）∠60°~80°	
560	EW/S（N）∠75°~85°	N60°~80°E/SE∠75°~85°
	N20°~40°W/SW∠60°~80°	N10°~20°W/SW∠75°~85°

高程/m	左　岸	右　岸
520	EW/S (N)∠80°～90°	N60°～80°E/SE∠75°～85°
	N40°～60°W/SW∠70°～80°	N35°～45°W/NE∠60°～80°
		N20°～40°W/NE∠10°～15°
480	N50°～60°W/SW∠60°～80°	N70°～80°E/SE (NW)∠75°～85°
	EW/S (N)∠80°～90°	N20°～40°W/NE∠75°～85°
	N50°～60°E/SE∠5°～10°	N50°～60°E/SE∠15°～25°
440	N50°～70°W/SW∠60°～80°	N40°～60°W/NE∠70°～80°
	EW/S (N)∠80°～90°	N50°～60°E/SE (NW)∠65°～75°
	N20°～40°E/SE∠10～15°	N40°～50°E/SE∠10°～15°
400	EW/S (N)∠80°～90°	N40°～50°W/NE∠75°～85°
	N40°～50°W/SW∠70°～80°	N5°～10°E/SE∠5°～10°
	EW/S (N)∠10°～25°	N80°～90°W/NE∠75°～85°
360		N10°～20°E/SE∠5°～10°
		N60°～70°E/NW∠5°～10°
		N40°～60°W/NE∠70°～80°

4.4.3　进水口边坡结构特征

进水口边坡从宏观上讲以厚层块状结构岩体为主，无大的断层发育，边坡岩体结构需要重点研究的是层间、层内错动带和大量发育的随机裂隙。

4.4.3.1　层间错动带特征（C）

左岸进水口边坡主要涉及 C8～C11 错动带，右岸进水口边坡主要涉及 C7～C11 错动带。左右岸进水口地带平碉揭露的与进水口边坡有关的层间错动带有 C8、C9、和 C11，其特征如下：

$C^{60}8$：出露于左岸 PD60 的 0～34m，产状为 SN/E∠8°～12°，倾山内偏下游。可见迹长 34m，错动带宽度 5～45cm，一般 10～15cm。错动面连续、起伏、粗糙，见走向擦痕，局部光滑，爬坡角为 5.3°。主错带由岩块、角砾及岩屑夹泥组成，岩块沿错动带断续分布，呈扁平状，一般 6～10cm，破碎；角砾成分为玄武岩，连续分布；岩屑夹泥主要沿错动带上、下界面连续条带状分布，厚度 0.5～4cm，最厚可达 10cm，部分呈网格状充填于角砾之间，混杂分布；局部充填次生泥，厚 1～5mm。结构较松散—松散，强风化，湿润。错动带总体呈外宽内窄，浅表生改造明显，擦痕非常发育，走向为 N30°～40°W，湿润，局部渗水。工程类型为强风化岩屑角砾型（C2）。

$C^{44}9$：出露于左岸 PD44 的 0～24m，产状为 N20°E/SE∠5°～10°，可见迹长 24m，错动带宽度 5～25cm，一般 5～10cm。错动面连续、起伏、粗糙，未见擦痕。上盘岩性为致密状玄武岩，下盘岩性为角砾熔岩，靠近顶部为暗紫红色凝灰岩（厚 30～50cm）。主错带由角砾、岩屑组成。角砾成分以凝灰岩为主，少量玄武岩，总体呈断续透镜状分布；岩屑沿错动面连续条带状分布，部分呈网格状充填于角砾之间，混杂分布；局部见厚度<1cm 的团块状次生泥。错动带结构较紧密－较松散，强风化，干燥，影响带宽度 30～50cm。工程类型为强风化岩屑角砾型（C2）。

C^{89}11-1：出露于右岸 PD89 的 14.5～28m，总体产状为 N35°～40°E/SE∠22°～27°，倾下游偏山外。主要由角砾、岩屑夹泥及少量岩块组成，成分为致密玄武岩及集块熔岩。14.5～19m 充填次生泥，14.5～20m 夹泥较连续分布，20～25m 岩屑断续分布。带宽度由外至内变窄，25～28m 处闭合；见倾向擦痕，产状为 N50°～55°W/SE。错动带顺硐向波状起伏，爬坡角 6.5°，粗糙，强风化，呈湿润状态，局部渗水，结构松弛，结合程度较差。影响带宽约 15～20cm。工程类型为强风化含屑角砾型（B3）。

C^{89}11-2＋C^{89}11-3：出露于右岸 PD89 的 43～55.4m，其中 43～46.5m，产状为 N25°W/NE∠13°，倾山外略偏下游；46.5～55.4m，产状为 N80°～85°W/SW∠12°～15°，倾山内偏下游。错动带分为内外两段。外段主要为方解石细脉（错碎）及角砾夹少量岩屑，追踪缓倾坡外裂隙（雁行式）发育，厚 0～0.5cm，结构紧密；内段主错带由角砾、连续石英方解石脉及岩屑组成，局部有风化泥及厚 0～2.5cm 的方解石，石英局部破碎成片状，见 N40°W 擦痕，湿润。该错动带沿 $P_2\beta_{12}/P_2\beta_{11}$ 接触面一带及缓倾角裂隙追踪发育，岩桥约 5%，呈较大波状起伏，内段爬坡角为 7.1°，外段爬坡角为 3.5°。整个错动带错动较弱，上下盘岩体较好，结合紧密，无影响带。工程类型总体为裂隙岩块型（A）。

C^{89}11-4：出露于右岸 PD89 的 59.5～63.7m，产状为 N85°W/NE∠35°，中倾山外偏上游。错动带厚度 2～10cm，上盘为致密玄武岩，下盘为角砾熔岩。主要由角砾、岩块及少量岩屑组成，方解石细脉和岩屑断续分布，波状起伏，爬坡角为 6.7°，粗糙，错动不明显，带内弱下风化，结合紧密，湿润。工程类型为裂隙岩块型（A）。

在左岸进水口地表部位主要见到 C8、C9、C10 错动带，在右岸进水口地表部位主要见到 C7、C8、C9、C10 错动带，其发育分布情况见表 4.16。

表 4.16　进水口地表部位层间错动带发育分布情况

编号	位置	分　布	高程/m	可见迹长/m	描　　述
C8-11	左岸	主要发育于上游侧	572.20～530.04	446	位于悬崖上，见陆地摄影照片，产状为 SN/E∠8°～12°
C9-12	左岸	贯穿整个进水口	596.58～550.00	535	位于悬崖上，见陆地摄影照片，产状为 N20°E/SE∠5°～10°，周围发育陡倾裂隙，形成似板状结构
C10-12	左岸	贯穿整个进水口	617.67～564.00	531	位于悬崖上，见陆地摄影照片，周围发育有一系列缓倾结构面，形成似层状结构
C7-5	右岸	主要发育于上游侧	570.75～504.22	677	
C8-7	右岸	主要发育于上游侧	613.02～560.00	462	

续表

编号	位置	分　布	高程/m	可见迹长/m	描　述
C9-5	右岸	主要发育于上游侧	636.00～582.00	460	
C10-7	右岸	主要发育于下游侧	654.87～595	659	产状为 N60E/SE∠10°～15°，主要由角砾、岩屑组成，嵌合较紧密，具层间古风化壳，错动带宽 10～20cm，影响带上盘 20～30cm，下盘 100cm，强风化。角含屑砾型，部分为裂隙岩块型

由层间错动带的上述特征可以看出，进水口地带层间错动带的总体特征与拱肩槽部位一致。其产状与岩流层基本一致，延伸长度为 400～600m；错动带厚度一般 3～15cm，主要由岩块、角砾、岩屑组成，错动强烈和遭受浅表生改造强烈的错动带可见到岩屑夹泥和次生泥分布；错动强度有由低高程向高高程增强、由坡面向坡内减弱的趋势。左岸进水口边坡涉及的错动带，以含屑角砾型和岩屑角砾型为主，总体缓倾山内，对边坡稳定性影响不大。右岸进水口边坡涉及的错动带，主要为裂隙岩块型和含屑角砾型，性状较左岸好，由于其总体缓倾山外，可构成局部不利组合块体的底滑面，对进水口边坡局部稳定性有一定影响。

4.4.3.2　层内错动带特征（LC）

层内错动带较层间错动带规模小，但其分布广，数量多，产状较分散，部分错动带工程地质性状较差，故在工程上仍是较重要的结构面。进水口部位层内错动带的主要特征如下：

（1）进水口地带揭示的层内错动带一般不切穿岩流层，在空间分布上具一定的随机性和集中成带发育之特点，多数分布于岩流层中下部，部分交于层间错动带，多呈单裂或分叉复裂状展布。

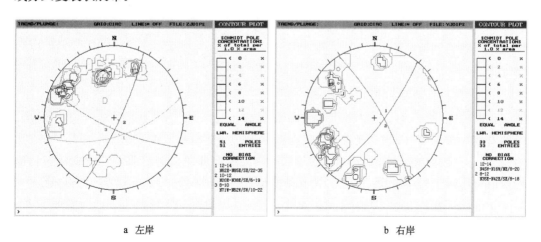

图 4.9　进水口层内错动带极点等密度图（图上角度为真实角度的余角）

（2）进水口部位层内错动带单条延伸一般 30～60m，部分大于 60m。错动带产状较分散，据统计，左右岸进水口层内错动带产状主要有 5 组优势方向（图 4.9a、图 4.9b），具体结果见表 4.17。

表 4.17   进水口边坡层内错动带优势方位统计表

	左岸进水口	右岸进水口
层内错动带优势方位	N62°～85°E/SE∠22°～35°	N16°～45°W/NE∠8°～20°
	N20°～38°E/SE∠6°～19°	N35°～42°E/SE∠8°～18°
	N62°～71°W/SW∠10°～22°	

（3）层内错动带宽度一般小于 5cm（图 4.10），局部可大于 10cm，影响带大都不明显，但少数规模较大、错动较强烈的层内错动带，其影响带宽度可达 100～200cm。错动带物质主要由岩块、角砾、岩屑组成，遭受强烈浅表生改造的层内错动带内可见有次生泥呈散布状或团块状分布。层内错动带的工程类型以裂隙岩块型和含屑角砾型为主，岩屑角砾型的层内错动带较少。

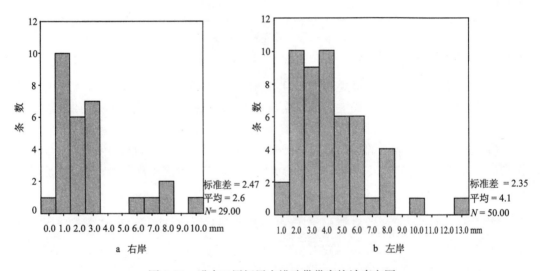

图 4.10   进水口层间层内错动带带宽统计直方图

（4）由图 4.10 可见，左岸层内错动带的宽度比右岸层内错动带略大，左岸错动带的宽度一般为 2～5cm，最大可达 15cm；而右岸错动带宽度一般为 1～3cm，最大为 10cm。可见，左岸错动带的错动强于右岸。由边坡表部向深部，层内错动带的延伸长度、错动宽度和影响带宽度逐渐变小（表 4.18）。因此，其错动强度也逐渐减弱。从不同岩流层来看，$P_2\beta_8$、$P_2\beta_9$ 和 $P_2\beta_{12}$ 中的层内错动带的延伸长度、错动宽度、影响带宽度较 $P_2\beta_{10}$ 和 $P_2\beta_{11}$ 层中的大（表 4.19）。因此，前者的错动强度比后者大。

表 4.18 不同深度层内错动带特征对比分析

深度 /m	可见迹长/m	带宽/cm	影响带宽度/cm
<50	5～20	2～10	10～50，局部 100～200
50～100	5～15	2～8	10～15，局部 10～60
>100	5～10	<5	不明显，局部 20

表 4.19 不同岩流层层内错动带特征对比分析

岩 流 层	可见迹长/m	带宽/cm	影响带宽度/cm
$P_2\beta_8$	5～10，最长 66.7	2～5	10～20，局部 100～200
$P_2\beta_9$	10～20	2～10	10～20
$P_2\beta_{10}$	>5	<3	无
$P_2\beta_{11}$	3～5	2～5	无
$P_2\beta_{12}$	5～15	2～5	10～20

4.4.3.3 裂隙发育特征

进水口边坡岩体裂隙较发育，其延伸受层间、层内错动带限制。裂隙较短小，一般迹长为 1～3m，大者可达 5～10m，尤其是左岸进水口长大裂隙发育较多。裂隙的间距为 0.6～1.0m，裂面多平直粗糙，少数为波状光滑型或波状粗糙型。卸荷带以内，裂隙多为闭合状态，其充填度一般都在毫米级以下，极少数可达毫米级，充填物以硬性的方解石或石英膜为主。

裂隙走向较分散，其分布与岩性和构造部位有关，具一定区段性。据统计，进水口边坡部位裂隙有四组优势方向，其中，三组陡倾角裂隙，一组缓倾角裂隙（表 4.20）。

表 4.20 进水口边坡优势裂隙统计结果

	左 岸 进 水 口		右 岸 进 水 口	
优势裂隙	N10°W～N10°E /NE（SE）∠0°～10°		N10°E～N10°W/SE（NE）∠0°～20°	
	N80°E～EW/NE（N）∠70°～85°		N20°～45°W/NE∠70°～85°	
	EW～N65°W/SW（S）∠70°～85°		N83°E～EW/NW（N）∠75°～90°	
高程	530～550m	610～650m	530～550m	620m
开挖部分	N10°～40°W/SW∠55°～75°	N10°～40°W/NE∠0°～15°	N5°～35°W/NE∠10°～20°	N60°～80°W/NE∠65°～75°
	N30°～45°E/SE∠45°～65°	N15°～25°W/NE∠80°～90°	N30°～50°W/NE∠75°～89°	
	N85°E～N85°W/SE（SW）∠60°～65°		N60°～85°E/NW∠80°～90°	
未开挖部分	N83°E～N84°W/SE（SW）∠75°～85°	N40°～50°E/SE∠0°～15°	N10°E～N15°W/SE（NE）∠80°	N5°W～N5°E/NE（NW）∠70°～90°
	N45°～70°W/SW∠75°～85°	N43°～75°W/SW∠75°～90°	N20°～45°E/SE∠5°～20°	N83°E～N86°W/(SE) SW∠80°～90°
			N5°E～N5°W/NW（SW）∠80°～90°	

由表 4.20 可见，进水口边坡左右岸均发育走向近 SN、倾向 E 的缓倾角裂隙；走向近 EW、倾向 N 或 S 的陡倾角裂隙也较发育；其次为 NNW 和 NWW 的陡倾角裂隙。优势裂隙的产状概括为：①SN／E∠5°～20°；②EW／N（S）∠70°～85°；③N20°～45°W／NE（SW）∠70°～85°；④N60°～80°W／SW（NE）∠70°～80°。

此外，根据进水口边坡开挖的初步设计方案，分别对边坡下部（530～550m）和边坡上部（610～650m）以及开挖和未开挖部分岩体进行了优势裂隙分析，结果见表 4.20。

4.5   边坡岩体物理力学性质

中国水电顾问集团成都勘测设计研究院对坝区不同类型的岩石、岩体和结构面开展了大量的物理力学性质试验，取得了丰富的资料和数据。在此基础上，结合坝区岩体的风化、卸荷和结构面分类，采用数理统计分析方法，对岩体力学参数进行了系统的整理，最后提出岩体力学参数建议值。

4.5.1   岩石物理力学性质

坝区岩石主要由玄武岩（包括：含斑玄武岩、斑状玄武岩和致密玄武岩）、角砾（集块）熔岩组成。试验结果表明（表 4.21），各类玄武岩的干容重均值达到 $28.5kN/m^3$，最大吸水率除角砾（集块）熔岩稍大外（1.79%），其余均介于 0.17%～0.19%。岩石的单轴湿抗压强度普遍大于 100MPa，属坚硬岩，其中以玄武岩类最高，均值达 146MPa 以上，属极坚硬岩类；角砾（集块）熔岩湿抗压强度均值亦达 108MPa，属坚硬岩类。从静弹模上看，玄武岩类为 79.8GPa（平均），角砾熔岩 52.2GPa，由此可见，坝区岩石是一套容重大、吸水率低的高强度、高模量岩石。

表 4.21   溪洛渡坝区岩石物理力学性质（据中国水电顾问集团成都勘测设计研究院，1995 年资料）

岩石类型	相对密度	干容重/(kN/m³)	普通吸水率/%	最大吸水率/%	干抗压/MPa	湿抗压/MPa	软化系数	静弹模/GPa	静变模/GPa	纵波速/(m/s)
含斑玄武岩	2.88～2.95 (2.93)	27.5～28.5 (28.5)	0.06～0.74 (0.155)	0.08～0.70 (0.19)	110～351 (228)	98～250 (177.5)	0.78	69.6～91.6 (84.7)	59.2～93.4 (83)	3010～6530 (6375.6)
斑状玄武岩	2.84～2.98 (2.93)	27.4～28.8 (28.5)	0.18～0.56 (0.17)	0.07～0.56 (0.19)	84～366.5 (206)	80～190 (146)	0.71	62.9～92.3 (79.8)	55.4～88.1 (76.7)	2850～6440 (6201.5)
致密玄武岩	2.93～2.99 (2.96)	28.2～29.1 (28.6)	0.03～0.27 (0.13)	0.06～0.41 (0.176)	120.4～441.8 (265)	80～301.2 (169.5)	0.64	63.0～97.2 (84.4)	69.5～90.7 (80.9)	4390～6480 (5560)
角砾（集块）熔岩	2.81～3.02 (2.90)	24.1～28.1 (26.7)	0.18～5.67 (1.73)	0.46～6.08 (1.79)	87.4～257.2 (143.7)	60～170 (108.3)	0.75	25.6～63.0 (52.2)	22～75.3 (48.4)	4930～6590 (5893)

注：括号内均为均值。

4.5.2　岩体的力学参数

在坝区不同岩性和不同风化带的岩体中进行了现场变形试验和抗剪（断）强度试验，根据试验结果，岩体的力学性质具有以下特征：

（1）坝区岩体多数表现为弹性或弹－塑性变形特点，其永久变形小，变形模量高。

（2）受浅表生改造的影响，风化卸荷带岩体的变形模量低，尤其以强风化夹层和古风化层最为明显。随着风化卸荷由强变弱，岩体变形模量逐渐增大。

（3）岩石的矿物成分对变形参数有影响，如玄武质熔岩的变形参数高出含凝灰质角砾熔岩约 45.6%～47.2%。

（4）66 组岩体原位抗剪试验表明，微新岩体和弱风化下段岩体的剪应力-变形曲线大多具有明显峰值，表现为脆性破坏类型；弱风化上段、强卸荷岩体、层内错动集中发育带、强风化夹层的剪应力-变形曲线大多没有明显峰值，为塑性破坏类型。

采用点群集中小值平均法和优定斜率法分别整理岩体的变形试验和抗剪试验成果，并通过类比分析和考虑边坡岩体的特点，最后提出不同类别的边坡岩体的力学参数如表 4.22 所示。

表 4.22　坝区边坡岩体力学参数表（据中国水电顾问集团成都勘测设计研究院资料整理）

岩体类别	变形模量（E_0）建议值		抗剪断强度建议值		抗剪强度建议值	
	水平/GPa	垂直/GPa	f'	C'/MPa	f	C/MPa
微新玄武岩	17～26	12～24	1.35	2.5	1.08	0
弱下玄武岩	11～16	10～12	1.22	2.2	0.98	0
弱上玄武岩	5～7	4～6	1.20	1.4	0.96	0
强卸荷玄武岩	3～4	2.5～3.5	1.0	1.0	0.82	0
LC 集中发育带	0.9～2	0.5～1	0.70	0.50	0.56	0
强风化夹层	0.5～0.8	0.3～0.5	0.35	0.05	0.30	0

4.5.3　结构面的力学参数

按照结构面形状分类，在坝区层间、层内错动带及陡裂面中开展了原位变形试验和抗剪强度试验，其中，结构面剪切试验共做了 37 组。根据试验结果，结构面的力学性质具有以下特征：

（1）结构面基本表现为塑-弹性变形特点，荷载作用下的初始变形和永久变形大，变形模量低。

（2）结构面的剪应力-变形曲线大多没有明显峰值，为塑性破坏类型。

（3）从理论上讲，各类结构面应无内聚力存在，但由于结构面存在起伏差，特别是层间层内错动带产状变化大，且有破碎带物质充填，在较高正应力和剪应力的作用下，剪切带的凸起体会被剪断，破碎带物质的联结会被破坏，因此，剪切试验中结构面仍表现出较小的 C 值。

同样，采用点群集中小值平均法和优定斜率法分别整理结构面的变形试验和抗剪试验成果，并通过类比分析和考虑边坡岩体的特点，最后提出不同性状类型的结构面的力学参数如表 4.23 所示。

表 4.23　坝区结构面力学参数表（据中国水电顾问集团成都勘测设计研究院资料整理）

大类	亚类		风化状态	错动强度	变模建议值 E_0 (V) /GPa	强度参数建议值			
	工程类型	代号				抗剪断强度		抗剪强度	
						f'	C'/MPa	f	C/MPa
刚性结构面	单条陡倾裂隙		微-新			0.98	0.20	0.78	0
			弱风化			0.75	0.15	0.60	0
软弱结构面	裂隙岩块型	A	弱-微风化	微弱	1.3～2.2	0.55	0.25	0.47	0
	含屑角砾型	B1	微风化	较强	0.8～1.0	0.51	0.20	0.43	0
		B2	弱风化			0.44	0.10	0.37	0
		B3	强风化			0.43	0.08	0.36	0
	岩屑角砾型	C1	弱风化	强	0.3～0.5	0.40	0.07	0.34	0
		C2	强风化			0.35	0.05	0.30	0

4.6　边坡水文地质特征

4.6.1　拱肩槽边坡水文地质特征

坝址区地下水流系统，受地形地貌、地层岩性、地质构造、岩体的风化卸荷和特定的水文地质条件的影响，可分为第四系孔隙水流系统、玄武岩裂隙水流系统和阳新灰岩裂隙-溶隙水流系统。拱肩槽边坡岩体中的地下水主要以裂隙水为主。

裂隙水分布于两岸拱肩槽玄武岩中。玄武岩成层发育，总体上透水性除河谷周边受风化卸荷作用影响的范围内较大外，其余均较微弱，加上分布于 $P_2\beta_{11}$、$P_2\beta_{13}$、$P_2\beta_{14}$ 层顶部的紫红色凝灰岩层起着相对隔水作用，使裂隙介质中地下水垂向补给极其微弱，因此，玄武岩中的地下水主要分布于玄武岩层间、层内错动带及节理裂隙中，多以脉状水形式储存，水量极小，其补给主要来自地表冲沟玄武岩出露段降水入渗补给，谷肩上部第四系孔隙水流少量下渗补给及谷坡卸荷带雨季侧向补给，沿层间、层内错动带向河谷方向排泄。

通常在卸荷带内，岩体透水性明显增大，地下水呈不连续的裂隙网状分布。卸荷带以里为脉状含水，水量极少，总体上为一个含水性较弱的岩层。

平硐调研表明，地下水量左岸略多于右岸。两岸谷坡岩体，水平深度约 50～70m，岩体以中等透水为主，部分强透水和弱透水；水平深度约 50～100m，以弱透水为主，其间的层间、层内错动带及影响带、裂隙密集带，呈中等透水；100～150m 以里的微风化-新鲜岩体除个别段为弱透水外，绝大部分为吕荣值 Lu<1 的微透水特征。

坝址区地下水一般无色、无味、透明。玄武岩裂隙水的矿化度为 0.15～0.25g/L，pH 为 6.8～8.5，总碱度 4.5～12.5 德国度，均不含侵蚀性 CO_2。

4.6.2　进水口边坡水文地质特征

左右岸进水口地带地下水类型为玄武岩熔岩裂隙水。由于进水口处于缓倾构造部位，坡顶又广被 P_2x 泥质粉砂岩夹铝土质页岩的相对隔水层覆盖，加之河谷深切，补给水源有限，排泄条件良好，因此，总体上两岸地下水补给江水，地下水位埋藏较深。

进水口边坡各勘探平硐地下水特征情况见表 4.24。由表可以看出，左岸岩体透水性高于右岸，右岸平硐一般呈湿润-渗水，左岸则多为湿润-滴水；由浅入深，地下水情况由湿润、滴水变为干燥；高高程硐内地下水较中高程硐内地下水丰富，在边坡上部出现集中滴水，甚至线状流水。此外，在对平硐地下水调查过程中，发现卸荷带内多处沿陡倾裂隙、层间层内错动带出现滴水甚至流水的现象。

表 4.24　进水口边坡各平硐地下水特征

硐号	岸别	层位	高程/m	硐深/m	地下水情况
39	右岸	8	533.77	151.2	0～28m 散状滴水；28～58m 浸水或滴水；58～85m 湿润；85～151.2m 干燥
55	右岸	8	537.68	149.6	0～4.5m 干燥；18～49m 湿润，4.5～65m 渗滴水，局部集中滴水；65～89m 干燥，89～93m 渗水，93～149.5m 干燥
57	右岸	8	541.86	101.3	0～9.5m 干燥；9.5～45m 湿润，局部散状滴水，其中 23～25m 左壁浸水，29～35m 右壁浸水；45～72m 湿润；72～101.3m 干燥，局部湿润，支 0～39.6m 湿润，局部滴水
47	右岸	7	553.84	102.1	0～35m 干燥；35～65m 潮湿-滴水；65～102.1m 干燥
89	右岸	11	620	150	0～25m 湿润；25～39m 浸水，局部滴水；39～73m 湿润；73～150m 干燥，局部湿润或滴水
58	左岸	9	535.6	151.3	0～10m 湿润；10～48m 滴水或渗水；48～59m 湿润；59～151.3m 干燥
60	左岸	9	543.92	154.4	0～45m 散状滴水、渗水，其中 7～12m 集中滴水，局部线状流水；45～99m 湿润，沿 LC 局部滴水；99～154.4m 干燥
44	左岸	10	544.64	103	0～38m 个别滴水；38～103m 干燥
96	左岸	12	621.42	134.7	0～20m 湿润；20～40m 滴水；40～49m 干燥，部分湿润；49～65.5m 滴水，部分流水；65.5～102.5m 湿润，局部渗水；102.5～134.7m 干燥
98	左岸	12		154.1	0～30m 湿润，局部滴水（12m，19m，28～30m）
46	左岸	12	616.26	120	0～10m 湿润；10～37m 集中滴水；37～106m 湿润，偶见滴水；106～120m 干燥

　　进水口边坡范围的层间、层内错动带和陡倾角裂隙,可以构成地下水运移的通道,连通成地下水局域网。但由于裂隙多为闭合状态,且多较短小,上部又有相对隔水层覆盖,因此,地下水在平硐内多为湿润-滴水,只有少数地段出现线状流水的情况,对进水口边坡稳定性影响不大。

4.7　边坡变形破坏特征

4.7.1　拱肩槽边坡变形破坏特征

　　研究中,主要通过现场地表调查和勘探平硐的编录等方法和手段,开展溪洛渡坝区边坡岩体的变形破裂现象的调查和研究。

　　溪洛渡坝区拱肩槽部位,构造作用轻微,岩体以似层状、块状结构为主,主要控制性结构面为层间和层内错动带。因此,边坡岩体的变形破裂受上述岩体结构的控制。据调查,拱肩槽部位未见大规模的变形体,坡体表部主要变形破裂模式有卸荷式倾倒变形、滑移-拉裂、滑移-压致拉裂、冒落式滑塌等。

　　从地表调查资料看,坝区自然边坡岩体的变形破裂规模较小,陡壁地段波及深度一般在2～5m。如右岸第11岩流层附近,陡壁处出现的倾倒变形危岩体,估计波及深度2～3m;右岸PD7下游侧,岩体沿中倾角裂隙滑移,出现滑移拉裂变形迹象,其波及深度约5m。值得注意的是,右岸拱肩槽410m高程以下,岩体的表生卸荷作用较强烈,且平硐中发现有滑移-压致拉裂变形形成的卸荷拉裂岩体（如PD35）,其波及深度最大可达60m。这类变形迹象在陡倾结构面与缓倾结构面（多为层内错动带）的交汇部位形成弧形压碎带,并有次生泥充填;拉裂带较为新鲜,局部充填岩块、岩屑或角砾,一般无次生泥充填,呈渗水-湿润状态。

　　在拱肩槽一带的平硐中,还发现一些张裂缝,可分为两种类型:一种是近地表的张裂缝（B）,另一种发育于平硐较深部位（A）。平硐调查资料揭示,张裂缝多沿陡倾角裂隙张开,近地表者（B）一般发育在表生卸荷带范围内,张开的延续性较好,较深部位的张裂缝（A）以局部架空张开为主,其发育范围受岩体浅生改造范围的制约。表4.25为拱肩槽边坡岩体中揭示的一些主要张裂缝,第3章的研究表明,较深部位的张裂缝（A）为浅生改造的结果,与边坡在重力场下的变形破裂无关。

表4.25　拱肩槽边坡岩体主要张裂缝一览表

硐号	位置/m	主　要　特　征	类　型
PD5	0+80.7	出现张裂缝,该缝追踪LC1错动带发育,产状为N40°～50°W/NE∠70°～80°,张裂缝带宽1～50cm,一般10～20cm,带内物质以岩块角砾为主,普遍见白色方解石脉（厚度0.5～1mm）,局部方解石脉表面有泥膜。带内张开缝宽1～5cm,张裂面严重锈染,在上游侧支硐拐弯处见张开缝中有黄色泥膜充填	A

续表

硐号	位置/m	主　要　特　征	类型
PD63	0+52	张裂缝贯三壁，起伏粗糙，强风化，湿润，局部滴水，张开宽度 10cm 左右，其内充填有岩块和岩屑。在上游壁有两个明显的张裂缝，其间岩体破碎；下游壁张裂缝外侧可见裂缝与缓裂呈弧形相交，在陡缓交际部位有次生泥充填。张裂缝内侧发育 LC6，上、下游壁 LC6 均与 G8 相交，但切穿 G8 带向外侧趋于消失	B
	0+62	沿 G9（带宽 15～40cm）张开，张开度 4～15cm，迹长大于 5m，缝内见岩块、角砾，缝壁及充填物呈强风化，渗水。裂缝在上下游壁均贯穿至硐底，上游壁有追踪发育特征	B
	0+64.5	沿 G10（带宽 15～30cm）张开，与 G11 形成宽约 1.5m 的松弛带。裂缝张开度 3～8cm，起伏粗糙，缝壁强锈，渗水-湿润，贯通至硐底	B
	0+66	与 G10 形成 1.5m 宽的松弛带。带内张裂缝贯通至硐底，宽 2～6cm，充填岩块、角砾及岩屑，起伏粗糙，强风化，渗水-湿润	B
PD51	0+48	张裂缝宽 1～4cm，缝壁中等锈染，湿润，局部滴水，无充填，起伏粗糙，追踪发育。两壁硐顶处受限于 LC9-3（红色标记，缓倾山内），裂缝外侧发育缓倾山外的 LC9-1，附近岩体嵌合较好，并有 C8 发育	A
PD35	0+25	出现滑移压致拉裂现象。滑移面为 LC3 层内错动带或缓倾裂隙，拉裂面追踪 N60°W/NE∠70°～80°陡倾角裂隙发育，张开宽度 2～10cm，裂面新鲜，压碎带呈弧形，无次生泥充填	B
	0+20	有滑移压致拉裂变形迹象，压碎带呈弧形，后部拉裂缝宽 10～20cm，局部充填岩块，无次生泥	B
PD32	0+135	该裂隙带由岩块、角砾及少量岩屑组成，强风化，局部充填有钙膜，起伏粗糙，干燥，局部张开 0.5～1.5cm，最大可测深度 20cm，空腔最大宽度 6cm。裂隙带受限于缓倾角错动带 LC6-8	A

4.7.2　进水口边坡变形破坏特征

　　进水口天然边坡未发现蠕变拉裂体和特殊组合的不稳定体，边坡变形破坏迹象不明显。开挖边坡多以厚层块状岩体为主，风化卸荷作用不强烈，平硐内也未发现变形体和较大规模的不利组合。仅在局部地段，发现有一些崩落的块石，平硐内有张开的裂缝等小规模变形破坏迹象。

　　在进水口边坡地表部位未见大规模的变形体，仅见到小规模滑移-拉裂、冒落式滑塌迹象，波及深度 3～4m。在进水口陡壁下缓坡地带，可见到多处崩塌滑落的块石，块径一般为 2～3m，大者可达 4～5m，且右岸堆积的块石较左岸多。此外在进水口开挖部分的缓坡地带，也可见到一些崩塌滑落的块石。这是层间层内错动带及陡倾卸荷裂隙的切割组合形成冒落式滑塌的结果。由于进水口边坡部位风化卸荷不强烈，这种冒落式滑塌的波及深度小于 5m。在进水口地带还可见到沿层内错动带和中倾外的裂隙滑移，沿陡倾角裂隙拉裂的滑移-拉裂式变形迹象。如左岸 PD58 平硐上游侧，岩体沿 LC 滑移，后缘拉裂，拉裂缝宽 5～30cm，变形体体积约 50～60m³。

进水口边坡部位平碉内未见大规模的变形体，也未发现明显的边坡变形迹象。在进水口平碉中主要发现有一些张裂缝，可分为两种类型：一种是近地表的张裂缝，另一种则发育于平碉较深部位。

在进水口边坡平碉近地表部位，卸荷带内的裂隙大多张开，张开度一般为 1～2mm，集中卸荷部位局部可达 100mm 以上，如 PD55 的 18m 处，有一条产状为 N50°W/NE∠79°的裂缝，张开度达到 150～450mm。这些张裂缝一般局部充填有岩屑或岩屑夹泥，充填物胶结较差，隙壁多为强锈—中锈，起伏粗糙，沿张裂缝多有渗水现象，甚至为线状滴水。这些张裂缝的形成与表生改造的卸荷作用密切相关，在 5～10m 以外，部分卸荷裂隙可在重力作用下发展为滑移-拉裂或冒落式危岩体。

在左右岸进水口的平碉深部也可见到局部张开的裂缝，在岩体中形成凹腔，其具体情况如下所述：

（1）在右岸进水口下部 PD87 的 255m 深处，见到一编号为 g1 的张裂缝，产状为 N45°～60°E/NW∠50°～65°。在 g1 的碉顶出露部位，可见到四处架空空腔，宽度为 5cm 左右，带中物质破碎成片状—板状，厚度 1cm 左右，结构松弛。g1 与一条缓倾坡外的错动带在碉底呈转角相交，其附近岩体破碎，呈三角形，裂隙呈肘状。在相交带内，斑晶风化强烈。与 g1 相交的错动带在 g1 外侧厚度大（7cm 左右），错动明显，由岩屑、角砾及少量断续分布的泥组成，在 g1 内侧厚度变小（2mm 左右），错动不明显，由岩屑及钙膜组成。

（2）在 PD87 支碉 205m 深处的 150 号裂密带，产状为 N40°E/SE∠77°，也发现有类似现象，裂密带宽度 62cm，共 8 条裂隙，间距 5～8cm。裂密带内有 5 处凹腔，凹腔长度一般 15cm，最大 45cm，宽度一般 2～5cm，最大 15cm，可测深度一般 10～15cm，最大 30cm，凹腔周围岩体紧密。裂密带下游侧缓倾下游的缓倾角错动带发育。裂密带受限于一条缓倾角错动带，两者相交处呈弧形转角，并有一扩容带。裂密带下游侧（扩容带侧）缓倾角错动带错动比上游侧明显。

（3）在左岸进水口边坡下部 PD60 的 75m 处，有一编号为 HC 的张裂缝，产状为 N50°W/NE∠79°，松弛带宽 30～70cm，一般宽 50～60cm，带内可见 2～5cm 的张开缝，并有四个凹腔。带内物质呈强风化，由岩块、角砾及少量岩屑组成，潮湿。下部受限于一条缓倾角错动带，该错动带内未见次生泥，在 HC 外侧部分被强烈锈染，厚度 5cm 左右，HC 内侧部分基本为裂隙，错动不明显。

（4）在右岸进水口边坡下部 PD39 的 133m 处，有一产状为 N15°E/SE∠68°的张裂缝，裂隙松弛张开，在碉顶形成 4 处凹槽，凹槽张开宽度 4～15cm，可测深度 60cm，未见次生泥充填，裂缝下部受限于 LC$_1$（N40°～50°E/SE∠10°～15°），缝壁强烈锈染。

由前面第 3 章的分析可知，PD39、PD60，PD87 平碉深部的松弛张开现象是浅生改造作用的结果，与边坡变形无关。

第二篇 岩质工程高边坡稳定性分析与评价

　　工程边坡稳定性研究是一项复杂的系统工程。只有采用综合集成的途径和方法，不断深化对边坡性态的认识，才能逐渐逼近边坡稳定性的真实状态。本篇对岩质工程高边坡稳定性从三个层次上进行系统研究。第一，将边坡岩体质量分级与边坡稳定性相联系，通过定性分级和定量分级相结合的方式，从宏观上把握工程边坡的稳定性，为边坡的经验设计提供科学依据；第二，采用地质分析与判断、二维和三维有限元仿真模拟的方法，对工程边坡的整体稳定性进行分析和评价；第三，采用层次性分析的基本原理和复杂块体理论，搜索、分析和评价工程边坡的局部稳定性。

第 5 章　工程高边坡岩体质量分级

5.1　概　　述

边坡岩体质量分级是宏观稳定性评价和经验设计的基础，在工程边坡稳定性研究中具有广泛的应用前景。合理的岩体质量分级，对于客观反映边坡岩体的固有属性、深入认识岩体力学特性和合理选取参数、制定岩体工程设计和施工方案、采取合理的工程处理措施是十分重要的。

岩体质量分级在地下工程、地基（坝基）工程等领域的应用较为广泛。目前，国内外常用的综合岩体质量分级方法有南非学者 Z. T. Bieniawski 的 RMR 法、Barton 的 Q 系统法、我国的 BQ 法（工程岩体分级标准，国标）、水利水电围岩工程地质分类法、隧道围岩工程地质分类法等。在边坡工程领域，探索与边坡稳定性相联系的岩体质量分级方法始于 20 世纪 80 年代。1985 年 Romana 在 RMR 岩体质量分类法的基础上，通过几个依赖于结构面—边坡面产状关系、边坡破坏模式、边坡开挖方法等的参数，提出了用于边坡岩体质量分级的 SMR（slope mass rating）方法。这种方法可直接根据岩体质量分级结果来评价边坡的宏观稳定性，确定边坡的破坏形式及加固方法，在岩质边坡的稳定性研究中得到了一定的推广和应用。20 世纪 90 年代，我国水电部门的学者针对 SMR 的不足，引入边坡高度修正系数和结构面条件修正系数，提出了具有我国特色的边坡岩体质量分级的 CSMR 法（孙东亚等，1997），并将其初步应用于我国的水电工程边坡中。目前，边坡岩体质量分级仍处于探索阶段，需要结合重大工程高边坡的实践，使其得到丰富、发展和完善。

本章采用定性分级与定量分级相结合的思路，针对溪洛渡工程高边坡的具体情况，提出边坡岩体质量分级的现场定性分级法和修正的 CSMR 分级法，并将其应用于溪洛渡工程高边坡中。在此基础上，进一步探讨模糊综合评判法在边坡岩体质量分级中的应用。

5.2　现场定性分级

在野外地质调查判断过程中，对坝区边坡岩体质量进行了初步定性分级。针对溪洛渡坝区地质特点，选用了对岩体质量起控制作用的风化与卸荷、岩体结构和岩体紧密程度三大控制因素，并考虑优势结构面与边坡的关系，辅以地下水状况和结构面性状，将坝区边坡岩体质量分为 5 大级 7 个亚级，具体分级标准如表 5.1 所示。

根据上述原则和标准，在野外调查中，对边坡岩体质量进行了定性分级，各平硐具体分级结果见表 5.14。

表 5.1　坝区边坡岩体质量野外分级标准

岩级	亚级	岩体结构类型	岩 体 基 本 特 征	岩体风化	RQD /%	Vp /(m/s)
I		整体块状结构	岩体坚硬完整，新鲜，局部微风化，结构面不发育，裂隙间距>100cm，裂面新鲜，少量轻度锈染，不发育LC。不存在对边坡稳定性不利的结构面	新鲜	>90	>5500
II		块状结构	岩体坚硬完整，无卸荷。裂隙一般发育1~2组，裂面较新鲜，部分轻度锈染，间距50~100cm，局部可见隐裂隙发育，偶见单条LC发育，平碉可见延伸长度一般3~10m，个别大于10m（完整石英绿帘石条带），无明显影响带。偶见对边坡稳定性不利的裂隙，无对边坡稳定性不利的错动带	微-新	85~95	5000~5500
III	III₁	次块状结构，局部镶嵌结构	①岩体较完整，弱风化下段，无卸荷，裂隙一般发育2~3组，间距30~50cm，LC间距>3m，有一至两组对边坡稳定性不利的优势裂隙，无可构成控制性滑移面的错动带；②微-新岩体内，镶嵌状结构，层内错动带较发育，如P₂β₅、P₂β₆和P₂β₈层中部LC发育带，影响带厚度一般10~30cm，间距1.5~3m。有一至两组对边坡稳定性不利的优势裂隙，无可构成控制性滑移面的错动带	弱下段，部分微-新	65~95	4500~5200
	III₂	镶嵌结构	①弱风化上段，弱卸荷岩体，镶嵌结构为主，部分次块状结构，裂隙发育一般3~4组，间距10~30cm，LC间距>3m；②弱风化下段、无卸荷岩体，次块状或紧密镶嵌结构。层内错动带相对较发育，错动带间距1.5~3m；③微-新岩体内无卸荷的碎裂-镶嵌结构岩体，层内错动带发育，LC间距0.6~1.5m；①、②、③同时满足：存在两组对边坡稳定性不利的优势裂隙或1条可构成控制性滑移面的错动带	弱上段，部分弱下段	45~90	3500~4300
IV	IV₁	镶嵌-碎裂结构	①弱上段强卸荷岩体，裂隙较发育，间距<10cm，张开松弛，部分裂隙充填次生泥，透水性强，岩体较破碎；②弱上段弱卸荷岩体，镶嵌结构，裂隙发育，LC较发育成带岩体；③弱下或微-新岩体，镶嵌-碎裂结构，裂隙很发育，组数多，层内错动带集中发育；①、②、③同时满足：存在两组以上对边坡不利的优势裂隙或存在1~2条可构成控制性滑移面的错动带	弱上段，部分弱下段	35~85	2500~3500
	IV₂	碎裂结构	弱风化上段，局部弱下内的LC集中发育带岩体，岩体破碎。存在两组以上对边坡不利的优势裂隙或存在2~3条可构成控制性滑移面的错动带	弱上段	25~40	2000~3000
V		散体结构	强风化夹层破碎带，岩体极破碎，呈角砾和岩屑状，在一定围压状态下角砾间较紧密，但开挖后即快速松弛成松散状，透水性强	强风化	0	<2000

5.3　修正的 CSMR 法分级

5.3.1　CSMR 分级方法简介

　　CSMR 分类体系是 RMR-SMR 系统的一种应用，是在执行国家"八五"科技攻关项目时，由中国水利水电边坡工程登记小组于 1997 年发展起来的分类体系。它是在 RMR-SMR 体系的基础上，引入高度修正系数和结构面条件修正系数，提出的一种用于边坡岩体质量评价的方法——CSMR 分类体系。其具体表达式如下：

$$CSMR = \xi RMR - \lambda(F_1 \times F_2 \times F_3) + F_4 \tag{5.1}$$

式中，ξ 指高度修正系数，$\xi = 0.57 + 0.43 (Hr/H)$；H 为边坡高度（m），$Hr = 80m$；λ 为结构面条件系数，其取值见表 5.2；RMR 就是 Bieniawski 提出的岩体质量得分；F_1 指边坡中不连续面倾向与边坡倾向间关系调整值；F_2 指不连续面倾角大小调整值；F_3 指边坡中不连续面倾角与边坡倾角间关系调整值；F_4 是指通过工程实践经验获得的边坡开挖方法调整参数。

表 5.2　结构面条件系数 λ（孙东亚等，1997）

结构面条件	断层、夹泥层	层面、贯通裂隙	节理
λ	1.0	0.9～0.8	0.7

　　式（5.1）中，RMR 的评分标准见表 5.3。对于表 5.3 中的"不连续面特征"这一项有更详细的取分说明，见表 5.4 所示。

表 5.3　边坡岩体质量 RMR 分类因素及评分标准（Bieniawski，1976）

	参　数	评　分　标　准				
1	岩石单轴抗压强度/MPa	＞250	100～250	50～100	25～50	＜25
	评　分	13～15	10～13	5～10	2～5	0～2
2	岩石质量指标 RQD/%	90～100	75～90	50～75	25～50	＜25
	评　分	18～20	15～18	10～15	5～10	0～5
3	裂面间距/cm	＞200	60～200	20～60	6～20	＜6
	评　分	15～20	12～15	8～12	5～8	＜5
4	裂面特征	表面很粗糙，不连续，未张开，岩壁未风化	稍粗糙，张开度＜1mm，岩壁微风化	稍粗糙，张开度＜1mm，岩壁强风化	光滑或充填物厚度＜5mm 或张开度为 1～5mm，连续	软弱充填物厚度＞5mm 或张开度＞5mm，连续
	评　分	25～28	22～28	15～22	8～15	＜8
5	地下水	干燥	湿润	潮湿	渗水～滴水	涌水
	评　分	11～15	8～11	5～8	0～5	0

表 5.4　不连续面特征分类指导（Bieniawski，1976）

参　数	得　分				
不连续面长度/m	<1 6	1~3 4	3~10 2	10~12 1	>20 0
张开度（间隙）/mm	无 6	<0.1 5	0.1~1.0 4	1~5 1	>5 0
粗糙度	很粗糙 6	粗糙 5	稍粗糙 3	平滑 1	镜面 0
充填物厚度/mm	无 6	硬质充填		软质充填	
		<5 4	>5 2	<5 2	>5 0
风化	未风化 6	微风化 6	弱风化 6	强风化	全风化 0

　　注：有些特征是相互抵触的，如：若有充填物存在，就不再讨论粗糙度，因为它的影响将被充填物的影响所掩盖，在这类情况下，请直接使用表 5.3。

　　F_1、F_2、F_3 的取值情况见表 5.5。由表 5.5 可见：F_1 的值取决于不连续面与边坡面的走向的相近程度，它的值域为 1.00（当两者近于一致时）到 0.15（当两者夹角大于 30°时，破坏的可能性很小），经验发现，F_1 还可由关系式 $F_1 = (1 - \sin A)^2$ 求得。式中，A 指不连续面倾向与边坡倾向间的夹角大小。

表 5.5　不连续面产状调整值（Romana，1991）

条　件		很有利	有利	一般	不利	很不利
P T P/T	$\|\alpha_j - \alpha_s\|$ $\|\alpha_j - \alpha_s - 180°\|$ F_1	>30° 0.15	30°~20° 0.40	20°~10° 0.70	10°~5° 0.85	<5° 1.00
P	$\|\beta_j\|$	<20°	20°~30°	30°~35°	35°~45°	>45°
P	F_2	0.15	0.40	0.70	0.85	1.00
T	F_2	1	1	1	1	1
P	$\beta_j - \beta_s$	>10°	10°~0°	0°	0°~(−10°)	<−10°
T	$\beta_j + \beta_s$	<110°	110°~120°	>120°		
P/T	F_3	0	6	25	50	60

　　P：平面破坏；T：倾倒破坏；α_s：边坡倾向；α_j：不连续面倾向；β_s：边坡倾角；β_j：不连续面倾角

　　平面破坏模式中 F_2 由不连续面倾角大小确定。其值由 1.00（当不连续面倾角大于 45°时）变化到 0.15（当不连续面小于 20°时）。经验表明 F_2 还可由关系式 $F_2 = \tan^2\beta_j$ 求得。式中，β_j 指不连续面倾角值。若为倾倒破坏模式，则 F_2 的值始终为 1.0。

　　F_3 反映了不连续面倾角与边坡面倾角间的关系。当发生平面破坏时，F_3 就是指不连续面在边坡面上完全出露的可能性。

　　为了消除表 5.5 中的 F_1、F_2、F_3 的各个取值间隔分值的急剧变化，可以分别由图 5.1、图 5.2、图 5.3 和图 5.4 经插值而获得它们的值（Romana，1991）。

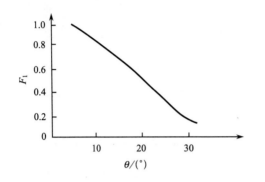

图 5.1　连续面-边坡倾向组合 θ 与 F_1 关系曲线
$$\theta=|\alpha_j-\alpha_s|/P\ \text{或}\ |\alpha_j-\alpha_s-180°|/T$$

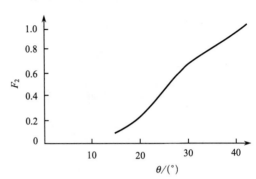

图 5.2　边坡倾角与 F_2 关系曲线
$$\theta=|\beta_j|$$

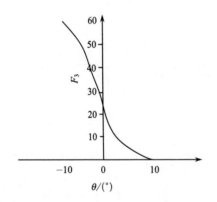

图 5.3　不连续面-边坡倾角组合
θ 与 F_3 关系曲线
$$\theta=\beta_j-\beta_s/P$$

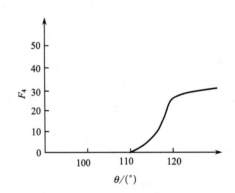

图 5.4　不连续面-边坡倾角组合
θ 与 F_3 关系曲线
$$\theta=\beta_j+\beta_s/T$$

　　式（5.1）中的 F_4 的取值情况如表 5.6 所示。

表 5.6　边坡开挖方法调整值（Romana，1991）

开挖方法	自然边坡	预裂爆破	光面爆破	一般方式或机械开挖	欠缺爆破
F_4	+15	+10	+8	0	−8

　　RMR 的值由表 5.3 中各参数得分值相加而获得。再把它与 F_1、F_2、F_3 和 F_4 经式（5.1）组合起来即可求得 CSMR 的值。以 20 分为间隔，划分 5 个级别，即得到如表 5.7 所示的 CSMR 系统边坡岩体质量分级结果描述及评价。

表 5.7　CSMR 分级描述表（Romana，1991）

级别	V	IV	III	II	I
CSMR	<20	21～40	41～60	61～80	>81
稳定性	很坏	坏	一般	好	很好
破坏形式	大型平面或类似土体	节理构成平面或大楔体	一些不连续面构成平面或楔体	一些块体	无
加固	重新开挖	大力加固或重新设计	系统加固	点状加固	不需

注：更详细的分级表参见表 5.8。

　　在实际工作中，应首先对边坡进行区段划分。在每一个区段内，再分别对每一组不连续面，计算其对应的 CSMR 值。把获得的最小的 CSMR 值作为该段边坡的最终结果值。在实际工作中，地下水状况应设为各个区段最坏的可能情况进行计算。

　　参照 SMR 方法提出的各稳定级边坡加固措施，可根据最终的 CSMR 值的大小设计适宜的边坡或采取重新设计、重新开挖等工程措施来加固边坡。如表 5.8 所示。

表 5.8　各稳定级边坡加固方法（Romana，1991）

级别	CSMR	加固方法
I a	>91	不需要
I b	81～90	一般不需要
II a	71～80	点状锚固（有时不需要，或开挖大脚沟）；设挡石栅
II b	61～70	设脚沟或挡石栅；网点锚固或系统锚固
III a	51～60	设脚沟和（或）网点锚固系统喷射混凝土锚固
III b	41～50	系统锚固，加预应力长锚杆，全面挂网喷射混凝土；设坡脚挡墙式混凝土齿墙，且加脚沟
IV a	31～40	预应力长锚杆，系统喷射混凝土；设坡脚砌石挡墙和（或）混凝土墙，或重建；做好深部排水
IV b	21～30	系统的加强喷射混凝土；设坡脚砌石挡墙或（和）混凝土墙，或重新设计，开挖；做好深部排水
V a	11～20	重力式挡墙或预应力锚杆挡墙，或重新设计，开挖

注：通常在同一段边坡中，采用多种加固方式。"重新设计，开挖"一般不用于 SMR 值大于 30 的边坡中，因其工作量太大，可代之以削坡减载，排水等。

5.3.2　对 CSMR 法的修正

　　通过对 CSMR 法的深入分析和试用结果，发现 CSMR 法存在以下不足：① F_3 所占的权重过大，即当边坡角比结构面倾角大 10°时，无论岩体和结构面的强度多高，岩体均要降低 60 分（三个级别），都是不稳定的，这与边坡的实际情况是不相吻合的；②当结构面的起伏粗糙，结合紧密，性状较好时，可使其综合摩擦角增大，抗剪强度增加。而在前述分析中，结构面条件系数 λ 的取值只考虑了结构面的规模大小，而未考虑结构面性状特征等对边坡稳定性的影响，显然是不完善的。

在分析总结以往边坡岩体质量分级的工程实例和实际经验的基础上，结合溪洛渡工程高边坡的实际情况，对 CSMR 分类法中的 F_3 和 λ 的分类与取值进行了以下修正：

（1）对 F_3 的修正：经过分析溪洛渡的工程实际情况可知，该地区结构面多起伏粗糙，产状变化较大。因此，结合这种实际情况并考虑到其他工程边坡的应用实践，对 F_3 的取值进行了以下修正：当结构面产状很不利时，F_3 取为 30（表 5.5 中取 60）；当结构面与坡面平行时，F_3 取 10（表 5.5 中取 25）；当不连续面倾角小于边坡倾角时，且两者夹角≤10°时，F_3 取 25（表 5.5 中取 50）。

（2）对 λ 的修正：既考虑结构面规模对边坡稳定性的影响，又考虑结构面性状特征对边坡稳定性的影响，并结合溪洛渡层间层内错动带的工程性状及裂隙节理的性状特征，对结构面修正系数 λ 进行了以下修正：当结构面为层间层内错动带时，λ 取 $0.95\sim1.05$。其中层间层内错动带为含屑角砾型时，λ 取 1.0，为岩屑角砾型时，结构面性状较差，对边坡稳定不利，λ 取 1.05，而当层间层内错动带为裂隙岩块型时，结构面性状较好，结合紧密，对边坡稳定有利，因此 λ 取 0.95。当结构面为贯通的长大裂隙时，λ 取 $0.8\sim0.9$，其中裂隙平直光滑取为 0.9，起伏粗糙取为 0.8。而当结构面为短小节理时，λ 取 $0.65\sim0.75$，裂隙张开，则较易形成切割面，故 λ 取 0.75，裂隙闭合时，λ 取 0.65。具体修正情况见表 5.9、表 5.10 所示。

表 5.9　结构面条件系数 λ 修正后的取值

结构面条件	层间、层内错动带			贯通裂隙		节理	
	岩屑角砾型	含屑角砾型	裂隙岩块型	平直光滑	起伏粗糙	张开	闭合
λ	1.05	1.0	0.95	0.9	0.8	0.75	0.65

表 5.10　对 F_3 取值的修正

P	$\beta_j\sim\beta_s$	>10°	10°~0°	0°	0°~（−10°）	<−10°
T	$\beta_j+\beta_s$	<110°	110°~120°	>120°		
P/T	F_3	0	6	10	25	30

5.3.3　分类计算参数选取

（1）根据已有单轴抗压强度试验数据，以及点荷载强度等资料，结合不同岩性和风化状况，对岩体单轴抗压强度的取值如下：一般强风化岩体中，玄武质岩取 20~50MPa，角砾熔岩取 10~30MPa，弱风化上段岩体，玄武岩取 50~100MPa，角砾熔岩取 40～80MPa，弱风化下段岩体，玄武岩取 80～150MPa，角砾熔岩取 60～120MPa，微新岩体，玄武岩取 120～350MPa，角砾熔岩取 100～250MPa。

（2）RQD 的取值一般以平硐实测数据为准，在某一段岩体中，如有 n 个 RQD 值，则取其平均值 $RQD = \sum_{i=1}^{n}(RQD_i)/n$。

（3）裂隙间距以野外实测数值及室内分析相结合，综合得出其取值范围。

（4）裂面特征是一较为复杂的分级因素，它包含了若干个次级因素，其中裂面的粗糙度以整段的平均特征来定义，如整体起伏粗糙为主，那么局部的平直光滑，平直粗糙可不予考虑；张开度主要考虑卸荷状况和平硐实测的数据情况；裂面胶结度主要结合充填物的性状考虑。结构面的连续性，对层间层内错动带来说，其延伸长度是主要的，而对裂隙则主要考虑其贯通性。裂面风化程度主要根据野外的划分确定。

（5）地下水状态分为干燥、湿润、潮湿、滴水-渗水、涌水等级别，并给予了相应的分值。但是，有时在某一区段内，整体干燥，局部滴水或潮湿，此时，根据整体状况，将地下水状态设为该区段最坏的可能情况进行计算。

（6）拱肩槽边坡为不规则边坡，不同区段边坡开挖高度可能不一致，为计算方便，将边坡开挖高度取为实际开挖高度的平均值。

（7）根据拱肩槽和进水口高边坡的布置情况，确定出开挖边坡的总体产状。右岸拱肩槽上、下游侧边坡产状分别为 N6°E/SE∠73°、N16°E/NW∠73°，左岸拱肩槽上、下游侧边坡产状分别为 N77°E/SE∠73°、N70°E/NW∠73°；左右岸进水口塔后边坡的产状分别为 N48°W/SW∠73°、N60°W/NE∠73°。为计算上的方便，开挖坡比统一取为1∶0.3。

（8）在同一区段内，可能同时存在多条层间层内错动带及几组优势裂隙。计算中，首先分别针对每一条层间层内错动带及每组优势裂隙求出多个 CSMR 值，然后从中选出最小的 CSMR 值作为最终结果。

5.3.4　修正 CSMR 法分类过程及结果

首先，根据研究区的风化卸荷与岩体结构特征，沿平硐轴走向把边坡分成若干个区段。同一区段内，岩石类型、不连续面发育特征、岩石强度、RQD 等应大致相同。其次，通过工程地质勘察及现场测量等获取每一区段内的进行 CSMR 计算所需的参数。在此基础上，计算 CSMR 的值。然后据表 5.7 进行边坡岩体质量分级。

根据分级结果，参照 ROMANA 推荐的分级描述表（表 5.7），结合工程实际，可进行边坡的宏观稳定性评价。最后，根据 ROMANA 推荐的加固方法（表 5.8），可进行边坡的加固方案设计。

采用以上方法，对拱肩槽边坡和进水口边坡岩体质量进行分级，所得结果见表 5.14。

5.4　模糊综合评判法分级

5.4.1　方法原理

边坡是一种自然地质体，其工程性质因时间、空间而异，十分复杂。这种变异性和复杂性容易造成人们对边坡性质及稳定性认识上的差异，给边坡稳定性分析带来很大困难。大量的力学实验和工程实践表明，边坡性质及稳定性的界限不是很清楚，具有相当的模糊性。因此，用模糊数学的方法，将能较为合理的解决这一问题。由于评判因素较多，为使各种影响因素尽可能的参与评定并克服部分因素间相互牵连给权值分配带来的困难，反映出事物各种影响因素的不同层次性，本书试图采用多级综合评判模型对拱肩槽和进水口高边坡岩体质量进行分级。

1. 建立一级模型的基本思路

（1）确定两个有限论域，即评判因素集合 U_i 和评价集合 V，有

$$U_i = \{U_{i1}, U_{i2}, \cdots, U_{im}\}$$
$$V = \{v_1, v_2, \cdots, v_q\}$$

（2）用 V 对 U_i 中诸因素分别进行评价，得到模糊评判矩阵 R_i。记为

$$\begin{bmatrix} r_{11} & r_{12} & \cdots & r_{1m} \\ \vdots & \vdots & & \vdots \\ r_{n1} & r_{n2} & \cdots & r_{nm} \end{bmatrix}$$

（3）根据各因素在实际问题中的重要程度进行"权"的分配，记为

$$R_i = A_i = (a_{i1}, a_{i2}, \cdots, a_{in})$$

且

$$\sum_{j=1}^{n} a_{ij} = 1$$

式中，a_{ij} 为第 j 个因素对应的权。

（4）模糊变换，求一级综合评判结果 B_i：

$$B_i = A_i \cdot R_i \tag{5.2}$$

2. 二级模糊综合评判

将每一个 U_i 作为一个元素，B_i 作为它的单因素评判，又可构成评判矩阵

$$R = \begin{bmatrix} B_1 \\ B_2 \\ \vdots \\ B_S \end{bmatrix} = \begin{bmatrix} b_{11} & b_{12} & \cdots & b_{1m} \\ b_{21} & b_{22} & \cdots & b_{2m} \\ \vdots & \vdots & & \vdots \\ b_{31} & b_{32} & \cdots & b_{3m} \end{bmatrix}$$

它是 $\{U_1, U_2, \cdots, U_s\}$ 单因素评判矩阵，用 U_i 作为 U 的一部分，反映了 U 的某类

属性，可以按它们的重要程度给出权重分配：

$$A = (a_1, a_2, \cdots, a_i)$$

于是有二级综合评判结果：

$$B = A \cdot R \tag{5.3}$$

3. 多级模糊综合评判

如果在第一步将 U 划分为 m 个子集时，感到 m 的值仍然偏大，这时可按更高一层的某种属性再将 m 分细，得到更高层次的因素集，然后再按第 1、2 步进行。以此类推，可构成多级的综合评判模型。

最后，采用最大隶属度原则确定模糊综合评判的最终结果。

5.4.2 模糊评判模型

结合溪洛渡拱肩槽和进水口高边坡的具体情况，确定边坡岩体质量分级综合模糊评判框图如图 5.5 所示。

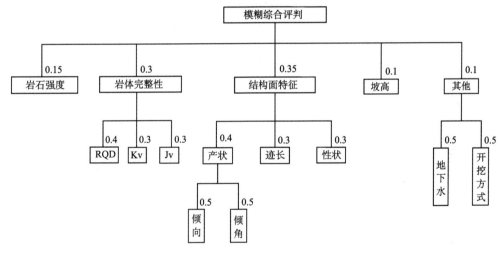

图 5.5 模糊评判框图

1. 因素集的构成

根据溪洛渡拱肩槽和进水口高边坡的具体情况，模糊综合评判主要考虑了 10 个因素，采用 3 级综合评判模型（图 5.5）。因素集分为 5 个方面，分别考虑了岩石自身强度，岩体完整性，边坡结构面特征，坡高及其他方面的影响。其中，岩石自身强度用岩石单轴抗压强度来表征，岩体结构完整性用岩石质量指标 RQD 值、完整性系数 Kv 值、体积节理数 Jv 值表征，边坡结构面特征用结构面产状、迹长、性状来表征。此外，还考虑了地下水及开挖方式对边坡稳定性的影响。

2. 权重的取值

拱肩槽和进水口边坡中结构面较发育,岩体结构对边坡稳定性起主要控制作用,因此,其权重最大,结构面特征的权重取为 0.35,岩体完整性因素的权重取为 0.3。此外,根据对边坡稳定性控制作用的大小,对岩石强度、坡高及其他因素确定权值分别为 0.15、0.1、0.1;次一级评价因素的权重取值详见图 5.5。

3. 影响因素的等级划分

结合拱肩槽和进水口高边坡的具体情况,在确定边坡岩体质量级别的众多评价因素中,仅考虑了岩石自身强度、岩体完整性、边坡结构面特征、坡高及其他方面的影响。尽管各评价因素的值有大小之分,但在一定的区间范围内,因素的性质及对边坡岩体质量的影响程度是大致相同的。而且,在实际当中各因素的取值本身就有一定范围,故应将各个评价因素按照一定的标准划分为若干等级来考虑,以更接近实际。现参考 CSMR 分级与野外定性分级的一些标准,将各评价因素进行单因素分级,共分为 5 个等级,如表 5.11 所示。

表 5.11   单因素分级标准表

单因素		级数	I	II	III	IV	V
岩石强度		Rw/MPa	>250	100~250	50~100	25~50	<25
岩石完整性		Kv	>0.8	0.8~0.5	0.5~0.35	0.35~0.2	<0.2
		RQD/%	90~100	75~90	50~75	25~50	<25
		Jv/(条/m³)	<1	1~3	3~10	10~30	>30
结构面特征	产状	倾向	倾向相反	90~60	60~45	45~20	<20
		倾角	0~15	80~90	60~80	15~40	40~60
	迹长		<1	1~3	3~10	10~20	>20
	性状		刚性结构面	裂隙岩块型	含屑角砾型	岩屑角砾型(弱风化)	岩屑角砾型(强风化)
坡高			<30	30~60	60~90	90~120	>120
其他	地下水		干燥	湿润	潮湿	渗水	涌水
	开挖方式		自然边坡	预裂爆破	光面爆破	一般方式或机械开挖	欠缺爆破

4. 各评价因素对其等级的隶属函数

各评价因素的等级只取决于因素值的大小,所以,该隶属函数是线性的。具体原则为:以等级的界限值为参考点,对划分不相一致的区段或从界限值往两侧适当延伸一段区间,其隶属度从 0~1 直线变化,其余区段内的隶属度为 1。这样可充分考虑各个等级间的过渡性。例如，Rw 和 Kv 的隶属函数如图 5.6 所示。

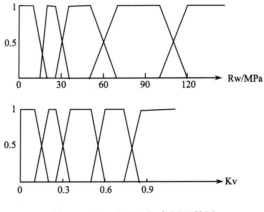

图 5.6　Rw 和 Kv 的隶属函数图

5.4.3　评 判 结 果

模糊综合评判法的分类过程及参数选取原则与修正的 CSMR 分级方法类似，在此不再赘述。

根据以上方法和原则，采用模糊综合评判法对拱肩槽和进水口高边坡岩体质量进行分级，所得结果见表 5.14。

5.5　综 合 分 级

5.5.1　不同分类方法结果分析

通过对 CSMR 分级、模糊综合评判分级及野外分级结果的统计分析，得到拱肩槽和进水口边坡中各级边坡岩体的水平分类长度和所占比例如表 5.12、表 5.13 所示。由此可知：

表 5.12　拱肩槽边坡分级结果中各级岩体所占比例

类　　别		左 岸 拱 肩 槽					右 岸 拱 肩 槽				
		I	II	III	IV	V	I	II	III	IV	V
CSMR 分级	长度/m	422.3	1072.9	590.3	40	0	686.2	837.4	480.5	157	0
	比例/%	19.9	50.5	27.8	1.9	0	31.8	38.8	22.2	7.3	0
模糊评判 分级	长度/m	159.5	1392.7	525.3	48	0	476.8	884.2	579.5	214	22
	比例/%	7.5	65.5	24.7	2.3	0	21.9	40.6	26.6	9.8	1
野外分级	长度/m	103.7	1058.4	552.7	223.2	0	254.9	743.7	893.5	269	0
	比例/%	5.4	54.6	28.5	11.5	0	11.8	34.4	41.3	12.5	0

表 5.13 进水口边坡分级结果中各级岩体所占比例

类 别		左 岸 进 水 口					右 岸 进 水 口				
		Ⅰ	Ⅱ	Ⅲ	Ⅳ	Ⅴ	Ⅰ	Ⅱ	Ⅲ	Ⅳ	Ⅴ
CSMR 分级	长度/m	0	164.9	320.5	178	0	0	283.6	192	29	0
	比例/%	0	24.9	48.3	26.8	0	0	56.2	38.1	5.8	0
模糊评判 分级	长度/m	16.3	336.6	180.5	70	60	0	313.6	162	10	19
	比例/%	2.5	50.7	27.2	10.6	9.0	0	62.1	32.1	2	3.8
野外分级	长度/m	40.3	218.6	318	86.5	0	44.6	221	177	62	0
	比例/%	6.1	33	47.9	13	0	8.8	43.8	35.1	12.3	0

（1）拱肩槽和进水口高边坡岩体质量等级以Ⅱ、Ⅲ级为主，除拱肩槽右岸边坡Ⅱ、Ⅲ级岩体占60%～75%外，其余边坡Ⅱ、Ⅲ级岩体所占比例均大于75%。这说明拱肩槽和进水口高边坡岩体的整体稳定性较好，大部分处于稳定与较稳定状态。

（2）Ⅳ类（CSMR＝21～40）岩体一般分布在边坡浅表部位，约在平硐口至硐深25m范围内，个别地段较深。

（3）在分级结果中，Ⅰ、Ⅱ、Ⅲ三个等级的边坡岩体分别处于稳定性很好、稳定性好和稳定性较好的状态，Ⅳ类则属于稳定性较差的情况。由表5.12的分析结果可以看出，拱肩槽右岸边坡中Ⅰ、Ⅱ、Ⅲ类岩体所占比例小于左岸，而Ⅳ类岩体所占比例较左岸大，因此，拱肩槽左岸边坡的整体稳定性优于右岸，这与野外调查分析的结果是一致的。由表5.13分析可知，左岸进水口边坡中Ⅳ、Ⅴ类岩体所占比例比右岸大，因此，左岸边坡岩体整体稳定性略差于右岸。

（4）同一平硐内，随着硐深的加深，边坡岩体质量逐渐变好，边坡稳定程度提高，局部由于层间层内错动带及裂隙的影响，稳定性较差。

（5）三种分级方法所得的宏观稳定性结论是一致的。仔细分析发现，CSMR分级结果与模糊综合评判分级结果都略优于野外分级结果，原因可能有以下几个方面：野外分类中，对风化卸荷考虑是通过间接指标体现的；对结构面发育程度仅用的是优势方向裂隙来判别；野外现场分类具有直观性，且偏于保守等。

5.5.2 综合分级原则及结果

三种分级方法的分级结果基本接近或相同，但少数也有差别，故对边坡岩体质量分级结果进行综合统一是必要的。综合分级的原则如下：

（1）若三种分级结果一致，则以该分级结果为准；

（2）若三种分级结果并不完全一致，只有其中两种分级结果相同，则以两种分级结果一致的为准；

（3）若三种分级结果各不相同，则应结合野外地质特征判定。据实际情况，重新描述、分析判定，或相互对比、综合判定。

边坡岩体综合分级结果见表5.14，统计分析可知：在拱肩槽高边坡中，左岸边坡

Ⅰ、Ⅱ、Ⅲ、Ⅳ、Ⅴ级岩体所占的比例分别为 6.9%、61.5%、30.5%、1.2%、0%；右岸边坡Ⅰ、Ⅱ、Ⅲ、Ⅳ、Ⅴ级岩体所占的比例分别为 18.4%、39.4%、32.9%、9.4%、0%；边坡岩体多处于稳定及较稳定状态，较不稳定区段很少。由此可见，拱肩槽高边坡岩体质量较好，可利用程度较高，边坡稳定性好。其中，左岸边坡稳定程度优于右岸。在进水口边坡岩体中，左岸进水口边坡Ⅰ、Ⅱ、Ⅲ、Ⅳ、Ⅴ级岩体所占的比例分别为 2.5%、34.5%、43.5%、19.6%、0%；右岸进水口边坡Ⅰ、Ⅱ、Ⅲ、Ⅳ、Ⅴ级岩体所占的比例分别为 0%、56.2%、38.1%、5.8%、0%；边坡岩体也大多处于稳定及较稳定状态，较不稳定区段很少。由此可见，进水口高边坡岩体质量较好，可利用程度较高，边坡稳定性好。其中，左岸边坡稳定程度略差于右岸。

表 5.14　边坡岩体质量分级结果表

岸别	边坡类型	位置	硐号	段号	桩号/m	长度/m	控制结构面	控制性结构面产状	野外分级	CSMR级别	模糊评判级别	综合分级
左岸	拱肩槽	上游侧	12	1	0～24	24	LX1	EW/S∠80°	4	3	3	3
左岸	拱肩槽	上游侧	12	2	24～39	15	LX1	N80°W/SW∠78°	3	3	3	3
左岸	拱肩槽	上游侧	12	3	39～78	39	LX1	EW/S∠25°	3	3	2	3
左岸	拱肩槽	上游侧	12	4	78～96	18	LX2	N65°E/SE∠12°	2	2	2	2
左岸	拱肩槽	上游侧	12	5	96～130	34	无	无	2	2	2	2
左岸	拱肩槽	上游侧	12	6	130～141	11	无	无	3	2	2	2
左岸	拱肩槽	上游侧	12	7	141～155	14	无	无	2	2	1	2
左岸	拱肩槽	上游侧	50	1	0～25	25	LX3	N20°W/SW∠45°	2	4	3	3
左岸	拱肩槽	上游侧	50	2	25～42	17	LC7-2	N70°E/SE∠17°	3	3	3	3
左岸	拱肩槽	上游侧	50	3	42～70	28	LX1	N70°W/SW∠78°	3	2	2	2
左岸	拱肩槽	上游侧	50	4	70～154.1	84.1	无	无	2	2	2	2
左岸	拱肩槽	上游侧	62	1	0～39	39	无	无	4	3	3	3
左岸	拱肩槽	上游侧	62	2	39～75	36	LX1	N78°W/SW∠82°	3	3	3	3
左岸	拱肩槽	上游侧	62	3	75～155	80	LX1	EW/S∠78°	2	3	2	3
左岸	拱肩槽	上游侧	62	4	155～203	48	LX1	EW/S∠78°	1	2	2	2
左岸	拱肩槽	上游侧	70	1	0～7	7	LX1	N82°W/SW∠78°	4	3	3	3
左岸	拱肩槽	上游侧	70	2	7～15	8	LX1	N65°E/NW∠70°	3	3	3	3
左岸	拱肩槽	上游侧	70	3	15～36.5	21.5	LX1	N80°E/SE∠62°	3	3	2	3
左岸	拱肩槽	上游侧	70	4	36.5～62	25.5	LX1	N80°E/SE∠63°	2	3	2	2
左岸	拱肩槽	上游侧	70	5	62～133.2	71.2	LX1	N75E/SE∠75°	2	2	2	2
左岸	拱肩槽	上游侧	76	1	0～31.2	31.2	LX1	EW/S∠75°	4	3	3	3
左岸	拱肩槽	上游侧	76	2	31.2～49	17.8	LX2	EW/S∠9°	3	3	3	3
左岸	拱肩槽	上游侧	76	3	49～76	27	LX2	EW/S∠75°	3	2	2	2
左岸	拱肩槽	上游侧	76	4	76～96	20	LX1	N20°W/SW∠75°	3	2	2	2

续表

岸别	边坡类型	位置	碉号	段号	桩号/m	长度/m	控制结构面	控制性结构面产状	野外分级	CSMR级别	模糊评判级别	综合分级
左岸	拱肩槽	上游侧	76	5	96~151.7	55.7	LX1	N80°W/SW∠80°	1	2	1	1
左岸	拱肩槽	上游侧	82	1	0~15	15	LX2	N25°W/SW∠78°	4	4	3	4
左岸	拱肩槽	上游侧	82	2	15~32	17	LX3	N22°E/SE∠36°	3	3	2	3
左岸	拱肩槽	上游侧	82	3	32~57	25	LX1	N45°E/NW∠80°	2	2	2	2
左岸	拱肩槽	上游侧	82	4	57~85	28	LX3	EW/S∠35°	3	3	3	3
左岸	拱肩槽	上游侧	82	5	85~113	28	LX1	N55°E/SE∠70°	2	3	2	2
左岸	拱肩槽	上游侧	82	6	113~135	22	LX1	N55°E/SE∠82°	3	2	2	2
左岸	拱肩槽	上游侧	82主支	1	0~38	38	LX1	N62°E/NW∠60°	2	3	2	2
左岸	拱肩槽	上游侧	82主支	2	38~65	27	LX1	N70°E/NW∠50°	2	3	2	2
左岸	拱肩槽	上游侧	82主支	3	65~137.8	72.8	LX1	N80°E/SE∠75°	3	3	3	3
左岸	拱肩槽	下游侧	02	1	0~8	8	LX2	EW/N∠25°	4	3	2	3
左岸	拱肩槽	下游侧	02	2	8~22	14	LC6-2(LC6-1)	N50°W/NE∠23°	3	1	2	2
左岸	拱肩槽	下游侧	02	3	22~50	28	LX2	N85°E/NW∠62°	2	2	2	2
左岸	拱肩槽	下游侧	02	4	50~115	65	LX2	N80°W/NE∠7°	2	2	2	2
左岸	拱肩槽	下游侧	02	5	115~144	29	LX3	SN/W∠80°	2	2	2	2
左岸	拱肩槽	下游侧	02	6	144~173	29	C6-1	N45°E/NW∠13°	3	2	2	2
左岸	拱肩槽	下游侧	02	7	173~280.5	106.5	LC7-1	N60°W/NE∠13°	2	2	2	2
左岸	拱肩槽	下游侧	26	1	0~29	29	LX3	N60°E/SE∠82°	4	2	3	3
左岸	拱肩槽	下游侧	26	2	29~40	11	LX1	EW∠90°	3	2	3	3
左岸	拱肩槽	下游侧	26	3	40~54	14	LX1	N45°W/SW∠80°	3	1	2	2
左岸	拱肩槽	下游侧	26	4	54~102	48	LX1	N45°W/SW∠80°	2	1	2	2
左岸	拱肩槽	下游侧	30	1	0~27	27	LX3	EW/S∠80°	4	3	3	3
左岸	拱肩槽	下游侧	30	2	27~48	21	LX1	N30°W/NE∠80°	3	2	2	2
左岸	拱肩槽	下游侧	30	3	48~101.9	53.9	LX2	N30°W/SW∠80°	2	2	2	2
左岸	拱肩槽	下游侧	36	1	0~16.5	16.5	LX2	N55°E/NW∠75°	2	2	3	3
左岸	拱肩槽	下游侧	36	2	16.5~35	18.5	LX2	N50°W/SW∠80°	3	3	3	3
左岸	拱肩槽	下游侧	36	3	35~50	15	LX2	EW∠90°	3	2	4	3
左岸	拱肩槽	下游侧	36	4	50~120	70	LX2	EW/S∠80°	3	1	2	2
左岸	拱肩槽	下游侧	36	5	120~150.4	30.4	LX2	N50°W/SW∠60°	2	1	2	2
左岸	拱肩槽	下游侧	56	1	0~13	13	LX2	N50°E/SE∠75°	4	2	3	3
左岸	拱肩槽	下游侧	56	2	13~26	13	LX1	EW/S∠80°	3	2	3	3

续表

岸别	边坡类型	位置	硐号	段号	桩号/m	长度/m	控制结构面	控制性结构面产状	野外分级	CSMR级别	模糊评判级别	综合分级
左岸	拱肩槽	下游侧	56	3	26～60	34	LC6-1	N85°W/SW∠25°	3	1	2	2
左岸	拱肩槽	下游侧	56	4	60～108	48	无	无	2	1	1	1
左岸	拱肩槽	下游侧	68	1	0～22	22	LX3	N55°E/SE∠75°	3	3	3	3
左岸	拱肩槽	下游侧	68	2	22～45	23	LC6-2-1	N50°E/NW∠25°	3	3	4	3
左岸	拱肩槽	下游侧	68	3	45～69	24	LX2	N70°E/NW∠15°	3	3	3	3
左岸	拱肩槽	下游侧	68	4	69～85	16	LX3	N80°W/NE∠30°	3	2	2	2
左岸	拱肩槽	下游侧	68	5	85～110	25	LX3	N82°E/NW∠15°	3	2	2	2
左岸	拱肩槽	下游侧	68	6	110～126	16	无	无	2	1	1	1
左岸	拱肩槽	下游侧	68	7	126～151.8	25.8	LC7-5 (LC7-8)	N72°W/NE∠10°	2	1	1	1
左岸	拱肩槽	下游侧	80	1	0～20	20	无	无	4	2	3	3
左岸	拱肩槽	下游侧	80	2	20～30	10	无	无	3	3	3	3
左岸	拱肩槽	下游侧	80	3	30～40	10	无	无	4	2	4	4
左岸	拱肩槽	下游侧	80	4	40～49	19	无	无	3	1	2	2
左岸	拱肩槽	下游侧	80	5	49～83	34	无	无	2	1	2	2
左岸	拱肩槽	下游侧	80	6	83～107	24	无	无	2	1	2	2
左岸	拱肩槽	下游侧	80	7	107～114	7	无	无	2	1	2	2
左岸	拱肩槽	下游侧	80	8	114～145	31	无	无	3	1	2	2
左岸	拱肩槽	下游侧	80	9	145～152.1	7.1	无	无	3	1	2	2
右岸	拱肩槽	上游侧	31	1	0～10	10	LX3	N50°W/SW∠85°	4	4	4	4
右岸	拱肩槽	上游侧	31	2	10～50	40	LC9-8 (LC9-6)支	N25°E/SE∠25°	3	3	3	3
右岸	拱肩槽	上游侧	31	3	50～64	14	LX2	N20°W/NE∠25°	3	3	3	3
右岸	拱肩槽	上游侧	31	4	64～85	21	LX2	N50°E/SE∠40°	2	2	2	2
右岸	拱肩槽	上游侧	31	5	85～101.9	26.9	C8-1	N10°W/NE∠8°	1	2	1	1
右岸	拱肩槽	上游侧	33	1	0～24	24	LX2	N55°W/NE∠80°	4	4	3	4
右岸	拱肩槽	上游侧	33	2	24～49	25	LC6-3	N25°E/SE∠5°	3	3	1	3
右岸	拱肩槽	上游侧	33	3	49～66	17	LX1	N45°W/NE∠56°	3	3	3	3
右岸	拱肩槽	上游侧	33	4	66～82	16	LX1	N70°E/NW∠78°	2	2	2	2
右岸	拱肩槽	上游侧	33	5	82～98	16	LX1	N47°W/NE∠80°	3	2	2	2
右岸	拱肩槽	上游侧	33	6	98～119.5	21.5	LX1	SN/E∠7°	2	2	1	2
右岸	拱肩槽	上游侧	35	1	0～26	26	LX3	N20°E/SE∠75°	4	4	3	4
右岸	拱肩槽	上游侧	35	2	26～61	35	LX2	SN/E∠7°	3	3	3	3
右岸	拱肩槽	上游侧	35	3	61～79	18	LX2	N30°E/SE∠69°	2	3	3	3

续表

岸别	边坡类型	位置	硐号	段号	桩号/m	长度/m	控制结构面	控制性结构面产状	野外分级	CSMR级别	模糊评判级别	综合分级
右岸	拱肩槽	上游侧	35	5	79～102.5	23.5	无	无	2	2	1	2
右岸	拱肩槽	上游侧	37	1	0～10	10	LX2	N20°W/SW∠80°	2	4	4	4
右岸	拱肩槽	上游侧	37	2	10～38	28	C7	N25°E/SE∠15°	4	4	3	3
右岸	拱肩槽	上游侧	37	3	38～63	25	LX2	N30°W/NE∠70°	3	3	3	3
右岸	拱肩槽	上游侧	37	4	63～132	69	LX2	N50°W/NE∠65°	2	2	2	2
右岸	拱肩槽	上游侧	37	5	132～152.5	20.5	无	无	2	2	1	2
右岸	拱肩槽	上游侧	49	1	0～37	37	LX3	N25°E/NW∠80°	2	4	4	4
右岸	拱肩槽	上游侧	49	2	37～53	16	LX1	N30°W/NE∠72°	4	3	3	3
右岸	拱肩槽	上游侧	49	3	53～68	15	LX1	N20°W/NE∠80°	3	3	3	3
右岸	拱肩槽	上游侧	49	4	68～80	12	C9	N3°W/NE∠5°	3	2	1	2
右岸	拱肩槽	上游侧	53	1	0～5	5	LX1	N50°W/SW∠82°	4	3	3	3
右岸	拱肩槽	上游侧	53	2	5～62	47	LC12-1	N15°E/SE∠16°	3	3	4	3
右岸	拱肩槽	上游侧	53	3	62～105	43	LX1	N70°W/SW∠88°	3	3	2	3
右岸	拱肩槽	上游侧	53	4	105～130	25	LX1	N70°W/SW∠88°	3	2	2	2
右岸	拱肩槽	上游侧	53	5	130～205	75	LX3	N70°E/SE∠28°	3	2	2	2
右岸	拱肩槽	上游侧	63	1	0～22	22	LX1	N20°E/SE∠22°	4	4	5	4
右岸	拱肩槽	上游侧	63	2	22～67	45	LC5-5	N10°E/SE∠7°	3	3	3	3
右岸	拱肩槽	上游侧	63	3	67～80	13	LX1	N30°W/NE∠80°	3	3	2	3
右岸	拱肩槽	上游侧	63	4	80～105	25	LC5-8 (LC5-11)	N70°W/NE∠15°	3	2	2	2
右岸	拱肩槽	上游侧	63	5	105～141	36	LC5-10-1 (LC5-20)	N63°W/NE∠10°	2	2	2	2
右岸	拱肩槽	上游侧	63	6	141～151	10	无	无	1	1	1	1
右岸	拱肩槽	上游侧	71	1	0～10	10	LX1	N35°W/NE∠80°	4	3	3	3
右岸	拱肩槽	上游侧	71	2	10～49.5	39.5	LX1	N40°E/NW∠72°	3	3	3	3
右岸	拱肩槽	上游侧	71	3	49.5～153	103.5	LX1	N40°W/NE∠70°	2	2	2	2
右岸	拱肩槽	下游侧	07	1	0～23	23	无	无	4	3	4	4
右岸	拱肩槽	下游侧	07	2	23～50	27	LX2	N70°W/SW∠45°	3	2	2	2
右岸	拱肩槽	下游侧	07	3	50～150	100	LX2	N50°W/NE∠52°	3	1	3	3
右岸	拱肩槽	下游侧	07	4	150～232	82	LX1	N25°W/SW∠75°	2	1	2	2
右岸	拱肩槽	下游侧	11	1	0～50	50	LC6-1	N59°E/NW∠19°	4	3	4	4
右岸	拱肩槽	下游侧	11	2	50～87	37	LC6-1	N59°E/NW∠19°	3	2	4	3
右岸	拱肩槽	下游侧	11	3	87～119	32	无	无	2	1	1	1
右岸	拱肩槽	下游侧	11	4	119～152	33	无	无	1	1	1	1

续表

岸别	边坡类型	位置	硐号	段号	桩号/m	长度/m	控制结构面	控制性结构面产状	野外分级	CSMR级别	模糊评判级别	综合分级
右岸	拱肩槽	下游侧	11	5	152~190	38	LC6-10	N80°W/NE∠14°	2	1	2	2
右岸	拱肩槽	下游侧	11	6	190~300	110	无	无	2	1	1	1
右岸	拱肩槽	下游侧	11	7	300~447	147	无	无	1	1	1	1
右岸	拱肩槽	下游侧	21	1	0~37	37	LX1	N70°E/SE∠80°	3	2	3	3
右岸	拱肩槽	下游侧	21	2	37~46	9	LX2	EW/N∠40°	3	2	3	3
右岸	拱肩槽	下游侧	21	3	46~85	39	LX1	N70°E/SE∠80°	3	1	2	2
右岸	拱肩槽	下游侧	21	4	85~100.4	15.4	无	无	2	1	1	1
右岸	拱肩槽	下游侧	69	1	0~45	45	LX2	N35°W/NE∠78°	4	2	3	3
右岸	拱肩槽	下游侧	69	2	45~65	20	LX2	N10°E/NW∠80°	3	2	3	3
右岸	拱肩槽	下游侧	69	3	65~97	32	LX1	N40°E/NW∠15°	2	1	2	2
右岸	拱肩槽	下游侧	69	4	97~135	38	LX1	N50°E/NW∠70°	2	1	2	1
右岸	拱肩槽	下游侧	69	5	135~150.2	15.2	LX1	N50°E/NW∠70°	2	1	2	2
右岸	拱肩槽	下游侧	75	1	0~10	10	LX1	N85°E/SE∠85°	3	2	2	2
右岸	拱肩槽	下游侧	75	2	10~38	28	LC7-1	N70°W/SW∠18°	3	2	3	3
右岸	拱肩槽	下游侧	75	3	38~45	7	LC7-2	SN/W∠25°	4	2	2	2
右岸	拱肩槽	下游侧	75	4	45~113	68	LC7-4	N20°E/NW∠23°	3	2	2	2
右岸	拱肩槽	下游侧	75	5	113~148	35	LX1	N80°E/SE∠78°	2	2	2	2
右岸	拱肩槽	下游侧	75	6	148~181.5	33.5	无	无	2	2	2	2
左岸	进水口	上游侧	44	1	0~38	38	LX1	EW/S∠83°	3	4	3	3
左岸	进水口	上游侧	44	2	38~68	30	LX2	N25°W/SW∠70°	2	3	2	2
左岸	进水口	上游侧	44	3	68~103	35	无	无	2	2	2	2
左岸	进水口	上游侧	46	1	0~60	60	LX1	N40°W/SW∠75	3	4	5	4
左岸	进水口	上游侧	46	2	60~106	46	LX1	N60°W/SW∠80°	3	3	3	3
左岸	进水口	上游侧	46	3	106~120	14	LC12-6	N52°E/SE∠62°	2	3	3	3
左岸	进水口	塔后	58	1	0~10	10	LX3	N55°W/SW∠65°	3	4	3	3
左岸	进水口	塔后	58	2	10~36	26	LX1	N55°W/SW∠75°	3	3	3	3
左岸	进水口	塔后	58	3	36~64	28	LX1	N55°W/SW∠75°	2	2	2	2
左岸	进水口	塔后	58	4	64~85	21	LC9-2-1	N70°E/SE∠14°	2	2	2	2
左岸	进水口	塔后	58	5	85~109	24	LX1	N65°W/SW∠65°	1	3	2	2
左岸	进水口	塔后	58	6	109~135	26	LX3	N45°W/SW∠65°	2	2	2	2
左岸	进水口	塔后	58	7	135~151.3	16	无	无	1	2	1	1
左岸	进水口	塔后	60	1	0~30	30	LX2	N25°W/SW∠55°	4	4	4	4
左岸	进水口	塔后	60	2	30~77	47	LX1	N25°W/SW∠75°	3	3	3	3
左岸	进水口	塔后	60	3	77~122	45	LX1	N35°W/SW∠65°	3	3	3	3

续表

岸别	边坡类型	位置	硐号	段号	桩号/m	长度/m	控制结构面	控制性结构面产状	野外分级	CSMR级别	模糊评判级别	综合分级
左岸	进水口	塔后	60	4	122～154.4	32	LX1	N45°W/SW∠25°	2	2	2	2
左岸	进水口	塔后	96	1	0～40	40	LX3	N65°W/SW∠15°	4	4	4	4
左岸	进水口	塔后	96	2	40～49	9	LX1	SN/W∠15°	3	3	3	3
左岸	进水口	塔后	96	3	49～65.5	17	LX2	SN/W∠15°	4	3	3	3
左岸	进水口	塔后	96	4	65.5～102.5	37	无	无	3	3	2	3
左岸	进水口	塔后	96	5	102.5～134.7	32	LX2	SN/W∠15°	2	2	2	
右岸	进水口	上游侧	57	1	0～19	19	LX1	EW/N∠55°	4	4	5	4
右岸	进水口	上游侧	57	2	19～63	44	LC8-4	N40°W/NE∠32°	3	3	3	3
右岸	进水口	上游侧	57	3	63～101.3	38	LX2	N35°E/SE∠25°	2	2	2	2
右岸	进水口	塔后	39	1	0～15	15	LC8-3	N48°W/NE∠10°	4	3	3	3
右岸	进水口	塔后	39	2	15～28	13	LC8-6	N38°W/NE∠15°	3	3	3	3
右岸	进水口	塔后	39	3	28～83	55	LX1	N45°W/NE∠78°	2	2	2	2
右岸	进水口	塔后	39	4	83～151.2	69	LX3	N15°W/NE∠65°	2	2	2	2
右岸	进水口	塔后	55	1	0～18	18	LC8-1	N60°E/NW∠8°	4	3	3	3
右岸	进水口	塔后	55	2	18～39	21	LC8-3 (LC8-4)	N75°W/NE∠14°	3	3	3	3
右岸	进水口	塔后	55	3	39～65	26	LX3	N75°W/NE∠35°	3	3	3	3
右岸	进水口	塔后	55	4	65～87	22	LX2	N35°E/SE∠65°	2	2	2	2
右岸	进水口	塔后	55	5	87～105	18	LX3	N55°W/NE∠75°	3	2	2	2
右岸	进水口	塔后	55	6	105～149.6	45	无	无	1	2	2	2
右岸	进水口	下游侧	47	1	0～10	10	LX1	N35°E/NW∠27°	4	4	4	4
右岸	进水口	下游侧	47	2	10～35	25	LX2	N80°E/SE∠82°	3	3	3	3
右岸	进水口	下游侧	47	3	35～65	30	LX1	N80°E/SE∠82°	3	3	2	3
右岸	进水口	下游侧	47	4	65～102.1	37	LX2	N60°E/SE∠82°	2	2	2	2

第6章 工程边坡整体稳定性分析与评价

工程边坡整体稳定性是边坡设计首先关心的重大问题，它对工程可行性论证、经济指标等有重要影响。

坝区拱肩槽边坡部位谷坡高陡，绝大部分基岩裸露，坡面完整，谷肩高程均在800m以上。开挖边坡为向上游突出的曲面，左岸上游侧开挖边坡高度55～200m，最高可达250m，出现在440m拱圈一带；下游侧开挖边坡高度20～60m。右岸上游侧开挖边坡高度110～190m，最高可达227m，出现在440m拱圈一带；下游侧开挖边坡坡高30～70m。进水口边坡谷肩高程均在850m以上，形成了490～510m高的自然边坡。左岸进水口边坡开挖坡高120～145m，上部接100多米高的陡壁。右岸进水口边坡开挖坡高120～160m，从上游向下游逐渐降低。

如此高陡的边坡，一旦整体失稳，将对溪洛渡水电站的施工及运行产生重大影响，而由此引起的直接和间接经济损失，以及造成的社会影响，更是不可估量。因此，对拱肩槽边坡和进水口边坡的整体稳定性进行系统的分析与评价，具有极其重要的实际意义。在坝区边坡岩体结构形成演化分析、工程边坡稳定条件研究以及边坡宏观稳定性岩体质量分级的基础上，以下采用地质分析与判断、有限元模拟等方法，对边坡整体稳定性进行深入系统的分析与评价。

6.1 地质分析与判断

6.1.1 拱肩槽边坡

通过现场调研和室内分析，初步查明了拱肩槽边坡的工程地质条件。以此为基础，逐项分析了边坡的稳定条件（表6.1）。由表6.1可知：

（1）拱肩槽部位自然边坡高340～490m，两岸谷坡对称，坡型完整。谷底坡度较缓，为25°～30°；550～610m高程，坡度中等，为40°～50°；其余部分坡度较陡，多为60°～75°。工程边坡形态为向上游突出的曲面，坡比与自然边坡接近，坡高20～250m，明显小于自然边坡高度。

（2）拱肩槽边坡由4～13层高强度的玄武岩和角砾（集块）熔岩组成。风化和表生卸荷作用不强烈，无强风化带，以夹层式和裂隙式风化为主。卸荷深度一般25～50m，风化深度50～70m。边坡中地下水不发育，以裂隙水为主，无统一地下水位。

（3）边坡岩体宏观上呈块状、似层状和板裂状结构，岩体质量较好。第5章边坡稳定性的岩体质量分级结果表明，水平深度150m以外，以Ⅱ、Ⅲ类岩体为主，分别占50.4%、31.7%，宏观上总体处于稳定和较稳定状态。

表 6.1 拱肩槽边坡整体稳定性判断

边坡 稳定条件		左岸边坡	右岸边坡
坡型及坡高	自然斜坡	谷底高程 360m 左右，谷肩高程：左岸 700m 左右，右岸 850m，形成 340～490m 高的自然斜坡。两岸谷斜坡对称，410m 高程以下，坡度 25°～30°；410～550m 形成陡坡，坡度 70°～75°；550～610m 高程，坡度 40°～50°；610m 至谷肩，坡度 50°～60°。坡形完整，无大规模斜坡失稳形貌	
	工程边坡	边坡形态为向上游突出的曲面。上游侧边坡总体走向 N77°E，下游侧总体走向 N70°E。上游侧边坡高度 55～200m，最高可达 250m，出现在 440m 拱圈一带，下游侧边坡高 20～60m	边坡形态为向上游突出的曲面。上游侧边坡总体走向 N6°E，下游侧总体走向 N16°E。上游侧边坡高度 110～190m，最高可达 227m，出现在 440m 拱圈一带，下游侧边坡高 30～70m
		坡比与自然斜坡接近	
岩 性		4～13 层高强度的玄武岩和角砾（集块）熔岩	
风化与卸荷		风化和表生卸荷作用不强烈。无强风化带，以夹层式和裂隙式风化为主，在水平深度 50m 以外，错动带多为强风化夹层。卸荷深度一般 25～50m，低高程和高高程缓坡带比中高程陡坡带卸荷深度深	
		除上游边坡脚部位为微新岩体外，边坡大部分处于风化卸荷带内。弱风化上段水平深度 20～40m，弱风化下段水平深度 40～60m	除上游边坡脚部位为微新岩体外，边坡大部分处于风化卸荷带内。弱风化上段水平深度 30～50m，弱风化下段水平深度 60～80m
岩体结构	结构类型	宏观上呈块状、似层状和板裂状，且在表部结构类型变化频繁。板状结构受限于层间层内错动带	宏观上为块状、似层状结构，板裂状结构少见
	控制性结构面	层间错动带不构成滑移控制面；层内错动带也未构成大规模的不利组合体	层间错动带不构成下游边坡的滑移控制面，在上游侧其总体走向与边坡交角较小，且倾向相同，但由于倾角很缓，又波状起伏，产状变化较大，不可能构成大规模的不利组合体。层内错动带未见构成大规模不利组合体
水文地质		裂隙水，无统一地下水位。左岸比右岸水量多	
		平硐内多为湿润、渗水-干燥，卸荷带及松弛结构面多为线状流水	平硐内多为湿润-干燥，局部呈线状流水
边坡岩体质量		岩体稳定性质量较好，大多数区段处于稳定及较稳定状态，水平深度 150m 以外，以Ⅱ、Ⅲ类岩体为主，分别占 50.4%、31.7%，Ⅰ、Ⅳ类岩体分别占 12.6%、5.3%	
		Ⅰ.6.9%、Ⅱ.61.5%、Ⅲ.30.5%、Ⅳ.1.2%	Ⅰ.18.4%、Ⅱ.39.4%、Ⅲ.32.9%、Ⅳ.9.4%

稳定条件＼边坡	左 岸 边 坡	右 岸 边 坡
变形破坏迹象	未发现大规模的变形体；平硐内未见明显的斜坡变形迹象；自然斜坡陡壁表部2～3m内有冒落式滑塌迹象	未见大规模的变形体；平硐内未见明显的斜坡变形迹象；部分平硐中的深部张裂缝系浅生改造的结果，与斜坡变形无关；斜坡表部见滑移-拉裂、滑移-压致拉裂和冒落式滑塌迹象，陡壁带波及深度3～5m
自然整体稳定性	稳定	稳定
工程边坡整体稳定性	稳定	稳定

（4）根据调查判断，左岸层间错动带总体上不可能构成滑移控制面，层内错动带也未构成大规模的不利组合体。右岸层间错动带不构成下游边坡的滑移控制面，在上游侧其总体走向与边坡交角较小，且倾向相同，但由于倾角很缓，又波状起伏，产状变化较大，不可能构成大规模的不利组合体。右岸层内错动带也未见构成大规模不利组合体。岩体中的裂隙短小，裂面粗糙，且受限于层间层内错动带发育。

（5）两岸均未发现大规模的变形体，平硐内未见明显的斜坡变形迹象。陡坡段斜坡的表部的变形破坏模式多为冒落式滑塌和滑移-拉裂，且波及深度很浅，仅为2～5m。右岸部分平硐中的深部张裂缝系浅生改造的结果，与斜坡变形无关。

综上所述，拱肩槽边坡岩体强度高，质量好，风化卸荷不强烈，无大规模的滑移控制面存在，自然边坡坡型完整，未见大规模的变形体，工程边坡坡比与自然边坡接近，因此，拱肩槽边坡整体处于稳定状态。

6.1.2　进水口边坡

通过对厂房进水口边坡稳定条件的逐项分析（表6.2），可以得到如下认识：

（1）进水口一带自然斜坡高490～510m，两岸谷坡基本对称，坡形完整，无大规模一次性斜坡失稳形貌。从谷底自谷肩形成"缓—陡—缓—陡—缓"的台阶状坡形，缓坡段坡角为25°～40°，陡坡段坡角为65°～80°。工程边坡坡高120～160m，明显小于自然斜坡的高度，虽然边坡下部（0～50m）为直坡，但总体坡度与自然斜坡接近。

（2）进水口边坡由7～12层高强度的玄武岩和角砾（集块）熔岩组成。边坡岩体风化和表生卸荷作用不强烈，以夹层式和裂隙式风化为主，除沿部分层间层内错动带存在一定厚度的强风化夹层以外，未见强风化带分布。边坡风化深度一般为60～100m。边坡卸荷特征表现为，以沿结构面的集中式卸荷为主，体积扩容式卸荷为辅。右岸强卸荷深度一般为5～15m，弱卸荷深度一般为25～40m；左岸强卸荷深度一般为2～12m，局部地段达20m（如PD96），弱卸荷深度一般为30～40m，局部地段达65m（如PD96）。边坡中地下水以裂隙水为主，无统一地下水位。

表 6.2 进水口边坡整体稳定性判断

边坡 稳定条件		左岸边坡	右岸边坡
坡型及 坡高	自然斜坡	谷底高程 360m 左右,谷肩高程:左岸 870m 左右,右岸 850m。形成 490～510m 高的自然斜坡。两岸谷坡基本对称,460m 以下,坡度 25°～35°;460～600m 形成陡坡,坡度 65°～70°;600～700m,坡度 35°～40°;700～780m,为陡壁,坡度 70°～80°;780m 至谷肩多被第四系覆盖,坡度 30°～40°。 坡形完整,无大规模一次性斜坡失稳形貌	
	工程边坡	进水塔后边坡走向 N48°W,坡高 120～145m,坡脚高程 518m,坡高 0～50m 为直坡,50m 以上总体坡比为 1:0.3。上、下游侧边坡走向 N42°E	进水塔后边坡走向 N60°W,坡高 120～160m,坡脚高程 518m,坡高 0～40m 为直坡,40m 以上总体坡比为 1:0.3。上、下游侧边坡走向 N30°E
		坡比与自然斜坡接近	
岩性		7～12 层高强度的玄武岩和角砾(集块)熔岩	
风化与卸荷		风化和表生卸荷作用不强烈,以夹层式和裂隙式风化为主。除沿部分层间层内错动带有强风化夹层以外,未见强风化带分布。卸荷深度一般 25～40m,低高程和高高程缓坡带比中高程陡坡带卸荷深度深	
		坡高 0～50m 为微新岩体,50m 以上坡体表部处于风化卸荷带内。弱风化上段水平深度 30～40m,弱风化下段水平深度 60～100m	坡高 0～40m 为微新岩体,40m 以上坡体表部处于风化卸荷带内。弱风化上段水平深度 25～40m,弱风化下段水平深度 50～70m
岩体结构	结构类型	宏观上块状结构发育	宏观上块状结构为主
	控制性结构面	层间错动带不构成滑移控制面;层内错动带也未构成大规模的不利组合体	层间错动带总体倾山外,但倾角缓,产状变化大,延伸有限,不能构成大规模不利组合体。层内错动带也不能构成大规模不利组合体
水文地质		裂隙水,无统一地下水位	
		平硐内多为湿润、渗水-干燥,局部呈线状流水	平硐内多为湿润、渗水-干燥
边坡岩体质量		岩体稳定性质量较好,大多数区段处于稳定及较稳定状态,水平深度 150m 以外,以 II、III 类岩体为主,分别占 45.3%、40.8%,I、IV 类岩体分别占 1.2%、12.7%	
		I.2.5%、II.34.5%、III.43.5%、IV.19.6%	I.0%、II.56.2%、III.38.1%、IV.5.8%
变形破坏迹象		未见大规模的变形体;平硐内未见明显的斜坡变形迹象;PD60 平硐 0+76m 的松弛现象是浅生改造的结果,与斜坡变形无关;坡体表部见滑移-拉裂、冒落式滑塌迹象,陡壁带波及深度 3～4m	未见大规模的变形体;平硐内未见明显的斜坡变形迹象;PD39 平硐中 0+133m 的陡裂张现象是浅生改造的结果,与斜坡变形无关;坡体表部见冒落式滑塌迹象,陡壁带波及深度 3～5m
自然整体稳定性		稳定	稳定
工程边坡整体稳定性		稳定	稳定

（3）边坡岩体宏观上以块状结构为主，岩体质量较好。水平深度 150m 以外，边坡岩体稳定性质量以 Ⅱ、Ⅲ 类为主，分别占 45.3%、40.8%，总体处于稳定和较稳定状态。

（4）调查表明，左岸层间错动带不能构成边坡的滑移控制面，层内错动带也未构成大规模的不利组合体。右岸层间错动带总体倾山外偏下游，但倾角缓，产状变化大，延伸有限，不能构成大规模不利组合体，层内错动带也不能构成大规模不利组合体。边坡中裂隙短小，不能构成大规模失稳块体的切割边界。

（5）两岸边坡中均未见大规模的变形体，平硐内也未见明显的斜坡变形迹象。PD60 平硐 0+76m 的松弛现象以及 PD39 平硐中 0+133m 的陡裂张开现象是浅生改造的结果，与斜坡变形无关。坡体表部虽然发育滑移-拉裂和冒落式滑塌变形破坏迹象，但工程边坡所在的陡壁带波及深度仅 3~5m。

综上所述，厂房进水口天然斜坡坡型完整，未发现大规模的变形体和特殊组合的不稳定体，斜坡变形破坏迹象不明显。开挖边坡多以厚层块状岩体为主，风化卸荷作用不强烈，岩体强度高，质量好。因此，进水口边坡整体处于稳定状态。

6.2　自重应力场作用下的有限元分析

在前面地质分析判断的基础上，为了进一步研究拱肩槽及进水口自然边坡和工程边坡的整体稳定性，并分析不同开挖坡比对边坡整体稳定性的影响，对拱肩槽和进水口高边坡进行了自重应力场作用下的平面有限元分析。

6.2.1　计 算 模 型

6.2.1.1　模型概化

为了在计算模型中既反映拱肩槽和进水口高边坡岩体的非均质性，又使计算能够顺利进行，首先采用概化方式对地质原型进行了合理的简化。由前述分析可知，角砾熔岩与致密玄武岩的物理力学参数差别不大，因此，在平面有限元计算中将各大层玄武岩考虑为一种材料，不再对致密玄武岩和角砾熔岩进行细分。岩体的风化卸荷特征对边坡稳定性影响较大，且不同风化、卸荷状态的岩体力学参数差别较大，因此，根据岩体的风化、卸荷特征，将边坡岩体分为强卸荷岩体、弱上风化岩体、弱下风化岩体、微新岩体等力学单元，各力学单元均概化为均质各向同性介质。边坡岩体中的层间错动带由于延伸较长，在边坡整体稳定性分析中具有控制意义，计算模型中用接触面单元予以单独考虑。层内错动带和裂隙仅对边坡的局部稳定性有控制意义，在边坡整体稳定性的有限元计算中不单独考虑，其影响用适当降低岩体力学参数的办法来考虑。

根据概化剖面、地形特征以及初始应力场特征，确定了各个计算模型的范围及边界条件。拱肩槽边坡以径向剖面作为建模依据，其右侧边界以河谷中心线为界，左侧边界考虑至谷肩平台内一定范围，模型底边界考虑至茅口组灰岩，并向下延伸至 0m 高程线作为底线，以消除边界效应对分析结果的影响。进水口边坡以纵 2 剖面作为建模依据，其右侧边界同样以河谷中心线为界，左侧边界考虑至谷肩平台内一定范围，模型底边界考虑至茅口组灰岩，并向下延伸至 50 米高程线作为底线。各个计算模型的左右侧边界和底部边界均采用约束边界。

由于在垂直于计算剖面的方向上可看作位移为零的约束边界，因此，计算模型可简化为平面应变问题。采用弹塑性有限元法对计算模型进行计算，屈服准则采用摩尔-库仑准则。

6.2.1.2　岩体力学参数选取

根据第 4 章边坡岩体物理力学参数建议值（表 4.22 和表 4.23），结合工程地质类比分析，确定计算模型中各种介质的物理力学参数如表 6.3 所示。

表 6.3　计算模型岩土体物理力学参数

序号	介质类型	容重 γ /(MN/m³)	弹性模量 E/MPa	泊松比 μ	内聚力 C/MPa	摩擦角 φ/(°)	残余内聚力 C_r/MPa	残余内摩擦角 φ_r/(°)	抗拉强度 σ_t/MPa
1	第四系	0.02	500	0.33	0.1	34	0	26	0
2	强卸荷玄武岩	0.023	4000	0.28	1.0	45	0	39	0
3	弱上玄武岩	0.024	6000	0.26	1.4	48	0	42	0.5
4	弱下玄武岩	0.025	13000	0.23	2.2	50	0	44	1.5
5	微鲜玄武岩	0.026	18000	0.2	2.5	53	0	47	2.2
6	茅口组灰岩	0.025	16000	0.22	2.3	52	0	46	2.0
7	层间错动带				0.1	25	0	19	0

6.2.2　计 算 方 案

为了研究工程高边坡的整体稳定性和不同开挖坡比方案的可行性，采用平面有限单元法对边坡的应力应变特征进行了模拟分析。左右岸分别取 3 个径向剖面进行计算，右岸为 R400（表示右岸 400m 高程的径向剖面）、R480、R590，左岸为 L400、L440、L560，拟定的三种开挖坡比方案见表 6.4。进水口左右岸分别取纵 2 剖面进行计算，其

表 6.4　拱肩槽边坡开挖坡比方案表

方案	边坡类型	坡高/m	微新岩体	弱下岩体	弱上岩体	备注
方案一	岩质边坡	<60	1:0.25	1:0.35		每50～60m高设一级3m宽的马道
		60～80	1:0.25	1:0.40		
		80～150	1:0.25	1:0.45		
		>150	1:0.25	1:0.55		
	覆盖层边坡		1:1.25～1:1.5			
方案二	岩质边坡		1:0.25		1:0.5	
方案三	岩质边坡		1:0.25		1:0.35	

表 6.5　进水口边坡开挖坡比方案表

方　案	边坡类型	微新岩体	弱下岩体	弱上岩体	备　注
方案一	岩质边坡	直坡	1∶0.25	1∶0.35～1∶0.4	在607.5m高程设一级宽9m的马道
方案二	岩质边坡	直坡	1∶0.3	1∶0.3	

拟定坡比方案见表6.5。为再现高边坡在开挖过程中的应力场、位移场的变化，模拟边坡逐步开挖的过程，沿马道将边坡开挖过程分成4～5个阶段进行。

6.2.3　右岸拱肩槽边坡计算结果分析

6.2.3.1　R400 径向剖面

1. 应力特征分析

图6.1～图6.5分别为R400径向剖面边坡开挖结束后的应力场特征图。由此可见，随着边坡开挖，坡体内的应力场不断调整，边坡坡面附近，最大主应力方向由竖直变为与开挖坡面近似平行，最小主应力方向由水平变为近似垂直于坡面，上游测边坡下部坡面附近的最大主应力明显大于下游测边坡（图6.1）。在层间错动带上盘和卸荷充分的坡体开挖面附近出现拉应力（图6.3～图6.5）。随着边坡的开挖，拉应力区域随之有所增大，剪应力逐渐向边坡开挖坡脚部位集中（图6.2），而在其他部位的集中程度减弱。

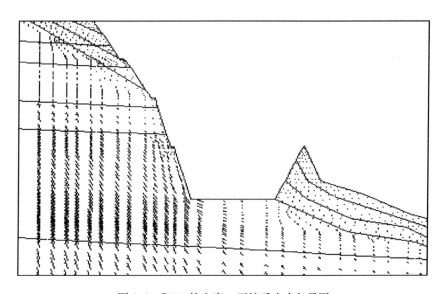

图 6.1　R400 按方案一开挖后应力矢量图

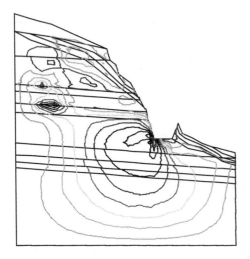

图 6.2　R400 按方案一开挖后剪应力图

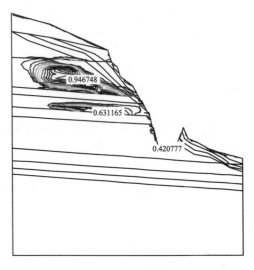

图 6.3　R400 按方案一开挖后拉应力图
（单位：MPa）

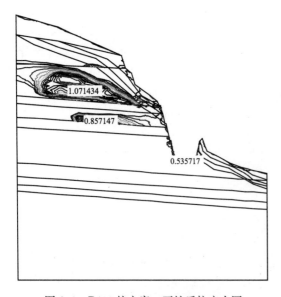

图 6.4　R400 按方案二开挖后拉应力图
（单位：MPa）

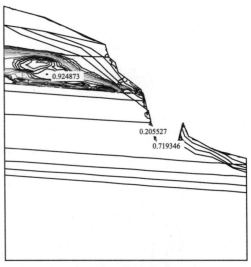

图 6.5　R400 按方案三开挖后拉应力图
（单位：MPa）

　　方案比较：三种开挖方案的应力场演化具有相同的趋势，只是量级略有不同。按方案一开挖后拉应力主要分布于上游侧边坡 C7-3、C9-1、C12-1 层间错动带上盘及开挖边坡附近（图 6.3），上游侧开挖坡面附近松弛卸荷深度为 2～14m，下游侧开挖坡面附近松弛卸荷深度一般在 1m 左右，开挖边坡底面附近松弛卸荷深度 7m 左右；按方案二开挖后拉应力主要分布在上游侧边坡 C7-3、C9-1 错动带中部上盘、C12-1 错动带上盘及边坡面附近局部部位（图 6.4），开挖坡面附近的松弛卸荷深度，上游侧为 2～14m，下游侧 3m 左右，开挖边坡底面附近 6m 左右；按方案三开挖后拉应力主要分布于上游侧边坡 C9-1、C12-1 上盘及边坡开挖线附近（图 6.5），开挖坡面附近的松弛卸荷深度一般在 2～16m。其中，按方案二开挖后拉应力出现区域最大，按方案三开挖后拉应力出现区域最小，但二者的差别并不大。

2. 位移特征分析

边坡开挖后坡面附近各典型特征点的位移值如图 6.6 所示。由此可见，边坡开挖卸荷后，导致开挖面附近一定范围内岩体产生向临空面方向的位移，其中以边坡开挖线附近位移最大，以垂直位移为主，垂直位移方向向上，表现为应力释放后的卸荷回弹。层间错动带上的点一般产生向坡外的位移，且位移量较大，这可能与层间错动带的回弹错动有关。

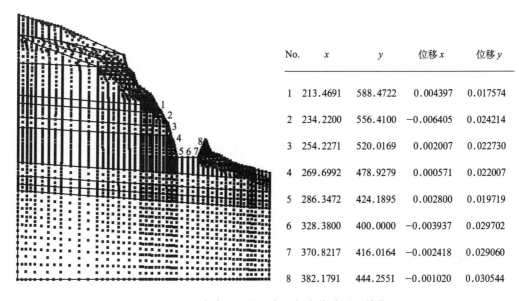

No.	x	y	位移 x	位移 y
1	213.4691	588.4722	0.004397	0.017574
2	234.2200	556.4100	−0.006405	0.024214
3	254.2271	520.0169	0.002007	0.022730
4	269.6992	478.9279	0.000571	0.022007
5	286.3472	424.1895	0.002800	0.019719
6	328.3800	400.0000	−0.003937	0.029702
7	370.8217	416.0164	−0.002418	0.029060
8	382.1791	444.2551	−0.001020	0.030544

图 6.6　R400 按方案一开挖后各选择点位移图（单位：m）

三个方案具有相同的位移分布规律，位移量相差不大，无数量级方面的差异。其中，按方案一开挖后 x 方向（水平方向）位移最大值出现在上游侧边坡开挖线附近 C9-1 错动带上盘，为 6.6mm，位移方向指向临空面，y 方向（垂直方向）位移最大值出现在下游侧边坡开挖线顶部，为 3.1cm，位移方向向上。按方案二开挖后 x 方向位移最大值为 6.2mm，出现在边坡上游侧开挖面附近 C9-1 错动带下部，位移方向指向临空面，y 方向位移最大值为 3cm，出现在下游侧边坡开挖面顶部，位移方向向上；按方案三开挖后，x 方向位移最大值出现在下游侧边坡开挖面顶部，为 1.3cm，位移方向指向临空面，y 方向位移最大值也在该处，为 3.6cm，位移方向向上。

3. 破坏区分析

破坏区的范围一般出现在层间错动带上盘，与拉应力出现的部位相对应，但范围比拉应力的分布范围小得多。随着工程边坡的开挖，破坏域也有所增加，在边坡开挖面附近局部范围零星出现破坏域（图6.7～图6.9）。

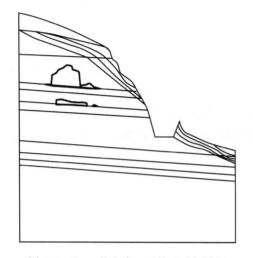

图6.7　R400按方案一开挖后破坏域图

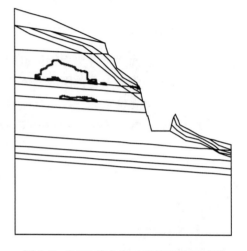

图6.8　R400按方案二开挖后破坏域图

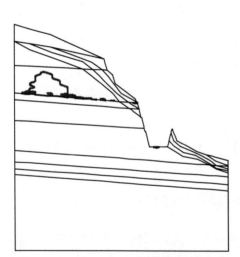

图6.9　R400按方案三开挖后破坏域图

三种方案中，按方案一开挖后破坏域主要出现在上游侧边坡C7-3、C9-1上盘，在上游侧开挖边坡上部也出现小范围的局部破坏域。按方案二开挖后，破坏域出现的部位与方案一几乎相同。按方案三开挖后，破坏域主要出现在上游侧边坡C9-1错动带上盘，在C7-3的上盘未见破坏域，上游侧开挖边坡坡面顶部及坡脚附近出现小范围破坏域。

6.2.3.2　R480径向剖面

1. 应力特征分析

图6.10～图6.13分别为径向剖面R480高边坡全部开挖结束后的应力场特征图。计算结果表明，不同开挖方案的边坡应力场分布特征与R400径向剖面相似。开挖后工程边坡拉应力主要出现在上游侧边坡C12-1、C9-1错动带上盘。随着工程边坡的开挖，拉应力区域有所增大，并在开挖边坡面附近局部范围内出现拉应力。剪应力主要集中于边坡坡面线由陡变缓部位，随着边坡开挖，剪应力逐渐向边坡开挖坡脚部位集中，而在其他部位的集中程度减弱。

各种开挖方案的应力场分布及演化具有相同的趋势，只是在数量上略有不同。剪应力集中部位及集中程度无明显差异。开挖边坡面卸荷松弛带深度，在上游侧开挖边坡附近为2～13m，下游侧开挖边坡附近为2～10m，开挖边坡底面附近一般为10m左右。

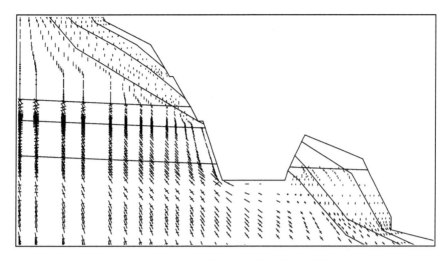

图 6.10　R480 按方案一开挖后应力矢量图

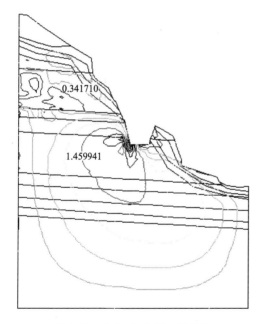

图 6.11　R480 按方案一开挖后
剪应力图（单位：MPa）

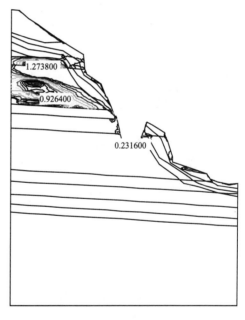

图 6.12　R480 按方案一开挖后
拉应力图（单位：MPa）

2. 位移特征分析

根据数值模拟结果，得到 R480 剖面按方案二开挖后各选择点位移值如图 6.14 所示。由此可见，边坡开挖卸荷后，导致开挖面附近一定范围内岩体产生向临空面方向的位移，其中以边坡开挖线附近位移最大，以垂直位移为主，垂直位移方向向上，表现为应力释放后的卸荷回弹。层间错动带附近的点一般产生向坡外的位移，且位移量较大，

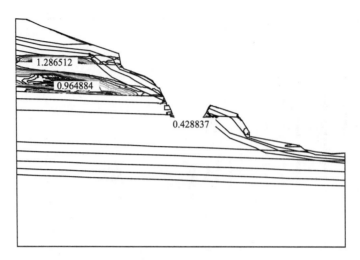

图 6.13　R480 按方案二开挖后拉应力图（单位：MPa）

这可能与层间错动带在边坡开挖后的局部回弹错动有关。

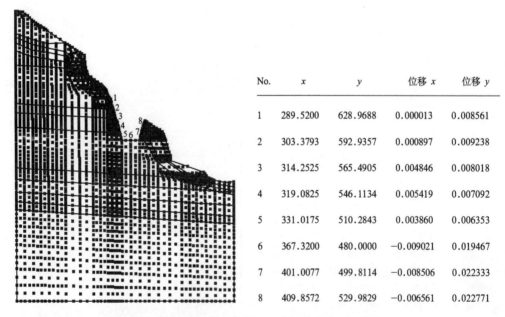

No.	x	y	位移 x	位移 y
1	289.5200	628.9688	0.000013	0.008561
2	303.3793	592.9357	0.000897	0.009238
3	314.2525	565.4905	0.004846	0.008018
4	319.0825	546.1134	0.005419	0.007092
5	331.0175	510.2843	0.003860	0.006353
6	367.3200	480.0000	−0.009021	0.019467
7	401.0077	499.8114	−0.008506	0.022333
8	409.8572	529.9829	−0.006561	0.022771

图 6.14　R480 按方案二开挖后各选择点位移图（单位：m）

　　边坡按各种方案开挖后，具有相同的位移分布规律，且位移量相差不大。按方案一开挖后，x 方向位移最大值为 8.8mm，其方向指向临空面，出现在开挖边坡坡脚附近；y 方向最大位移为 2.4cm，出现在下游侧开挖边坡的弱上风化带内，位移方向指向 y 轴的正方向。按方案二开挖后，x 方向位移最大值也出现在开挖边坡坡脚，量值为 9mm，位移方向指向临空面，y 方向最大位移值出现在下游侧边坡坡比变化的拐点处，为 2.3cm，位移方向向上。

3. 破坏区分析

边坡开挖后，破坏区主要出现在拉应力分布区，但范围小于拉应力分布区域。破坏区主要出现在层间错动带 C12-1、C9-1 的上盘（图 6.15、图 6.16），随着工程边坡的开挖，其范围也有所增加，但仍主要出现在 C12-1、C9-1 的上盘。边坡坡面附近未出现破坏域（图 6.15、图 6.16）。各种方案开挖后破坏域出现的范围基本一致，无明显差别。

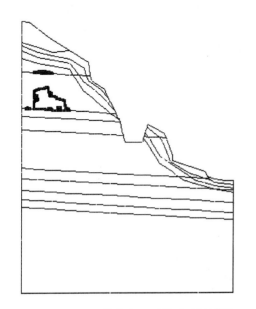 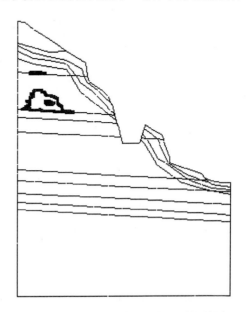

图 6.15　R480 按方案一开挖后破坏域图　　　图 6.16　R480 按方案二开挖后破坏域图

6.2.3.3　R590 径向剖面

R590 径向剖面计算结果中，应力、位移与破坏域的分布规律与 R400、R480 基本相同。通过对三种方案开挖后的计算结果进行对比分析可知，边坡开挖后具有相近的应力场、位移场分布规律，在拉应力分布范围上无明显区别，破坏域分布部位、分布范围也基本一致。开挖边坡的松弛卸荷深度在上游侧为 2～15m，下游侧为 20～30m，边坡底面附近一般在 7～10m。按方案一开挖后，x 方向位移最大值为 1.7cm，出现在边坡下游侧开挖面顶部，位移方向指向临空面；y 方向最大位移值为 1.7cm，出现在上游侧开挖边坡的强卸荷带内。按方案二开挖后，x 方向位移最大值为 6.9mm，位于边坡下游侧开挖面顶部，y 方向位移最大值为 1.2cm，出现在边坡开挖底线上。开挖后边坡的破坏域主要分布于上游侧开挖边坡的 C10-1 上盘，在 C7-1、C12-1 附近亦零星分布，开挖边坡坡面附近未出现破坏域。由此可知，三种开挖方案对边坡的应力场、位移场分布影响不大，开挖边坡中的破坏域范围也无明显差别。

6.2.4 左岸拱肩槽边坡计算结果分析

6.2.4.1 L400 径向剖面

1. 应力特征分析

图 6.17～图 6.21 分别为径向剖面 L400 高边坡全部开挖结束后的应力场特征图。由此可见，随着边坡开挖，坡面附近最大主应力方向变为与开挖坡面近于平行，最小主应力方向变为近似垂直于坡面（图 6.17）。在层间错动带上盘和卸荷充分的坡体开挖面附近出现拉应力，随着边坡的开挖，拉应力区域有所增大，但拉应力区的范围明显比右岸拱肩槽边坡小（图 6.19～图 6.21）。坡体中的剪应力逐渐向边坡开挖坡脚部位集中，而在其他部位的集中程度减弱（图 6.18）。

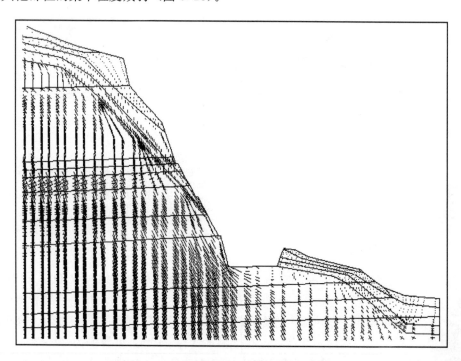

图 6.17 L400 按方案一开挖后应力矢量图

开挖后边坡的拉应力主要出现在上游侧边坡中 C9-2、C10-2、C11 及 C12-2 层间错动带上盘的局部位置。随着边坡的开挖，在开挖边坡面附近局部范围内也出现了拉应力，尤其是层间错动带与坡面交汇部位的拉应力区域较其他坡面位置略大（图 6.19～图 6.21）。三种开挖方案边坡具有相同的应力场分布及演化规律，只是在应力数值上略有差异，但差别很小，其中开挖方案三的拉应力区域相对较小。开挖边坡面附近松弛卸荷带深度，在上游侧开挖边坡附近为 2～25m，下游侧开挖边坡附近为 2～7m，边坡开挖底面附近一般 10m 左右。

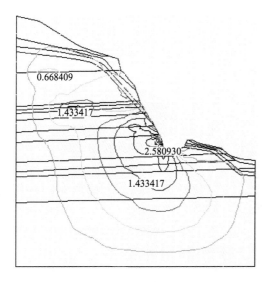

图 6.18　L400 按方案一开挖后的
剪应力图（单位：MPa）

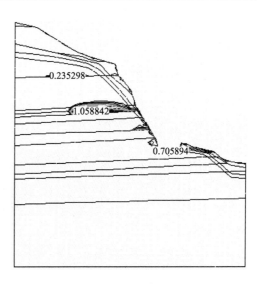

图 6.19　L400 按方案一开挖后的
拉应力图（单位：MPa）

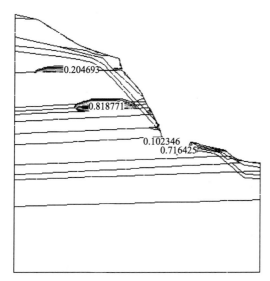

图 6.20　L400 按方案二开挖后的
拉应力图（单位：MPa）

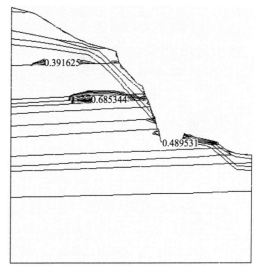

图 6.21　L400 按方案三开挖后的
拉应力图（单位：MPa）

2. 位移特征分析

边坡开挖卸荷后，坡面附近一定范围内的岩体产生向临空面方向的位移，其中以边坡开挖线附近位移最大。一般水平位移量小于垂直位移量（图 6.22），水平位移的方向指向临空面，垂直位移方向向上，表现为应力释放后的卸荷回弹。坡面层间错动带附近的点一般产生向坡外的位移，且位移量较大。这与层间错动带的回弹错动有关。

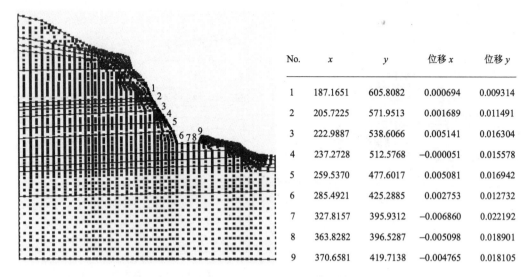

No.	x	y	位移 x	位移 y
1	187.1651	605.8082	0.000694	0.009314
2	205.7225	571.9513	0.001689	0.011491
3	222.9887	538.6066	0.005141	0.016304
4	237.2728	512.5768	−0.000051	0.015578
5	259.5370	477.6017	0.005081	0.016942
6	285.4921	425.2885	0.002753	0.012732
7	327.8157	395.9312	−0.006860	0.022192
8	363.8282	396.5287	−0.005098	0.018901
9	370.6581	419.7138	−0.004765	0.018105

图 6.22 L400 按方案一开挖后的各选择点位移图（单位：m）

按三个方案开挖后开挖边坡具有相同的位移分布规律，且位移量相差不大。按方案一开挖后，x 方向位移最大值及 y 方向最大位移均出现在开挖边坡底部，分别为 6.8mm、2.2cm（图 6.22）；按方案二开挖后，x 方向位移最大值及 y 方向最大位移也出现在开挖边坡底部，分别为 9mm、2cm；按方案三开挖后，x 方向位移最大值及 y 方向最大位移同样出现在开挖边坡底部，分别为 9.4mm、2.1cm。

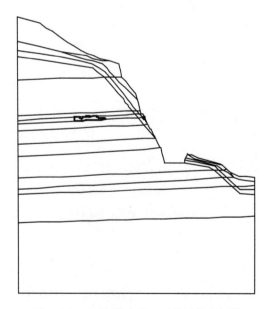

图 6.23 L400 按方案一开挖后的破坏域

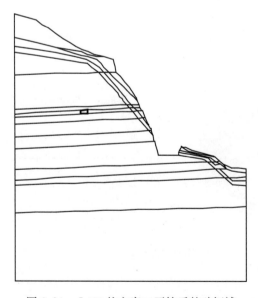

图 6.24 L400 按方案二开挖后的破坏域

3. 破坏区分析

破坏区主要出现在拉应力分布范围内，但破坏域明显小于拉应力区域。破坏区主要出现在层间错动带 C9-2 的上盘，随着边坡的开挖，其范围也有所增加，并在开挖面附近出现零星破坏域（图 6.23～图 6.25）。总体上，左岸的破坏区范围明显小于右岸。

按三种方案开挖后破坏域出现的范围基本一致，无明显差别。其中，按方案一开挖边坡面附近局部出现很小的破坏域。按方案二开挖后，边坡附近未出现破坏域。按方案三开挖后，边坡底部出现少量破坏域。三种方案中，按方案二开挖破坏域最小。

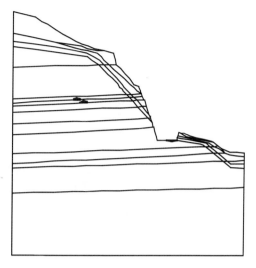

图 6.25　L400 按方案三开挖后的破坏域

6.2.4.2　L440 径向剖面

1. 应力特征分析

计算结果表明，边坡开挖后，在开挖面附近一定范围内，最大主应力与坡面近于平行，最小主应力与坡面近与垂直（图 6.26）；在开挖坡面的马道附近及坡脚部位，出现应力集中（图 6.27）；在开挖边坡上游侧坡面层间错动带附近、下游侧边坡及其坡脚附近有拉应力分布，但范围较小，且仅在局部地段出现（图 6.28～图 6.30）。

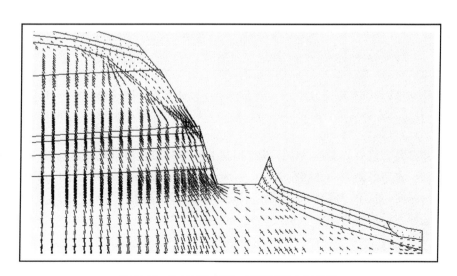

图 6.26　L440 按方案一开挖后应力矢量图

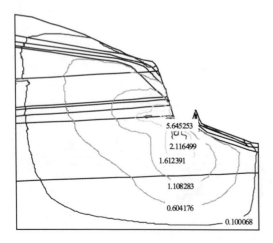

图 6.27　L440 按方案三开挖后的
剪应力图（单位：MPa）

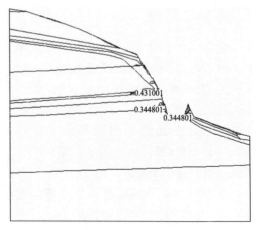

图 6.28　L440 按方案一开挖后的
拉应力图（单位：MPa）

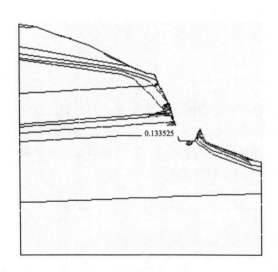

图 6.29　L440 按方案二开挖后的
拉应力图（单位：MPa）

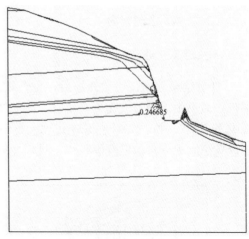

图 6.30　L440 按方案三开挖后的
拉应力图（单位：MPa）

　　按三种方案开挖后的工程边坡，具有相同的应力分布及演化规律，且出现拉应力的部位相同，拉应力区的大小无明显差别，剪应力的集中情况也较一致。开挖边坡坡面附近松弛卸荷深度，在上游侧开挖边坡附近为 2～20m，下游侧开挖边坡附近为 2～10m，开挖边坡底部附近局部为 10～15m。

　　2. 位移特征分析

　　边坡开挖卸荷后，开挖面附近一定范围内岩体产生向临空面方向的位移，其中以边坡开挖线附近位移最大。按三个方案开挖后开挖边坡具有相同的位移分布规律，且位移量相差不大。按方案一开挖后，x 方向位移最大值为 2.7cm，y 方向最大位移为 4.8cm，位移最大值均出现在下游侧开挖边坡顶部（图 6.31）；按方案二开挖后，x 和 y 方向位移最大值也均出现在下游侧开挖边坡顶部，分别为 2.9cm 及 4.6cm；按方案三开挖后，x、y 方向最大位移值均出现在上游侧开挖边坡的坡面上，分别为 2.6cm 及 3.8cm。

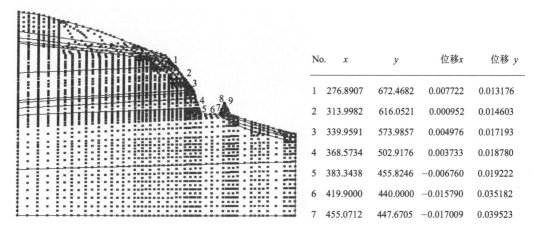

No.	x	y	位移x	位移y
1	276.8907	672.4682	0.007722	0.013176
2	313.9982	616.0521	0.000952	0.014603
3	339.9591	573.9857	0.004976	0.017193
4	368.5734	502.9176	0.003733	0.018780
5	383.3438	455.8246	−0.006760	0.019222
6	419.9000	440.0000	−0.015790	0.035182
7	455.0712	447.6705	−0.017009	0.039523

图 6.31　L440 按方案一开挖后的各选择点位移图（单位：m）

3. 破坏区分析

计算结果表明，三种坡比方案开挖后形成的工程边坡，破坏域分布范围均很小，仅在开挖边坡附近存在零星破坏域，按方案一开挖后甚至不存在破坏域。

三种坡比方案中，按方案一开挖形成的工程边坡不存在破坏域；按方案二开挖后仅在开挖边坡局部存在零星破坏域，范围极小；按方案三开挖后，破坏域仅出现在开挖边坡下游侧坡面上部（图 6.32）。

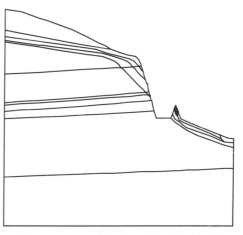

图 6.32　L440 按方案三开挖后的破坏域

6.2.4.3　L560 径向剖面

L560 径向剖面的计算结果表明，边坡应力、位移场的分布规律与 L400、L440 基本相同。通过对按不同坡比方案开挖后的计算结果进行对比分析可知，按方案一、方案二开挖后，边坡具有相同的应力场、位移场分布规律，仅开挖边坡附近的局部出现拉应力，且范围很小。边坡开挖坡面附近松弛卸荷深度一般为 2～25m，其中，上游侧开挖边坡一般为 3～15m，下游侧开挖边坡松弛卸荷深度为 15～25m，开挖边坡底面附近为 2～14m。按方案一开挖后，x 方向最大位移值为 5.5mm，出现在边坡上游侧开挖面的 C9-2 错动带附近，位移方向指向临空面，y 方向最大位移值为 2.0cm，出现在下游侧边坡开挖面，方向向上；按方案二开挖后，x 方向最大位移值为 9.0mm，位于边坡上游侧开挖面的 C12-2 错动带附近，y 方向位移最大值为 2.0cm，出现在边坡下游侧开挖面上，位移方向均指向临空面。按方案一、方案二开挖后，均未发现破坏域。

6.2.5 进水口边坡计算结果分析

6.2.5.1 右岸进水口

1. 应力特征分析

图 6.33～图 6.36 分别为右岸进水口高边坡全部开挖结束后的应力场特征图，由此可见，随着边坡的开挖，坡体内的应力场不断调整，边坡坡面附近，最大主应力方向与开挖坡面近似平行，最小主应力方向近似垂直于坡面，在坡脚和边坡形状突变部位出现应力集中。在层间错动带上盘和卸荷充分的坡体开挖面附近局部出现拉应力，随着边坡的开挖，拉应力区域随之有所增大。

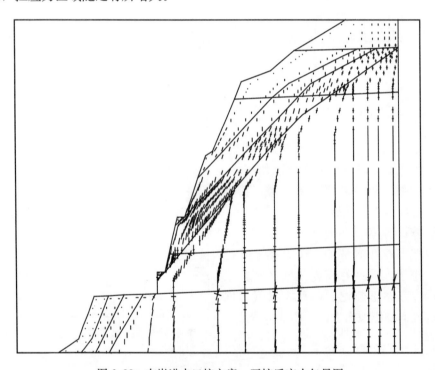

图 6.33 右岸进水口按方案一开挖后应力矢量图

方案比较：按两种坡比开挖后，边坡的应力场演化具有相同的趋势，只是量级略有不同。按方案一开挖后拉应力主要分布于 C4、C7、C8 层间错动带上盘及开挖边坡附近（图 6.35），边坡中下部开挖坡面附近的松弛卸荷带与错动带附近的松弛卸荷相贯通，边坡底面附近松弛卸荷深度约 11m；按方案二开挖后拉应力出现部位与方案一基本相同（图 6.36），拉应力的出现区域与方案一也差别不大，开挖边坡坡底附近松弛卸荷的深度略大于方案一。

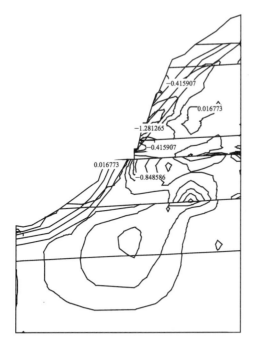

图 6.34 右岸进水口按方案一开挖后
剪应力图（单位：MPa）

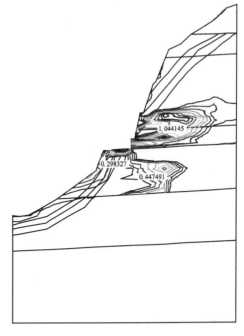

图 6.35 右岸进水口按方案一开挖后
拉应力图（单位：MPa）

2. 位移特征分析

根据数值模拟结果，得到开挖后坡面特征点的位移值如图 6.37 所示。由此可见，边坡开挖后，坡体表面一定范围内的岩体产生向临空面方向的位移，表现为应力释放后的卸荷回弹，其中以边坡开挖线附近位移最大，以垂直位移为主，垂直位移方向指向上。坡面层间错动带上的点一般产生向坡外的位移，且位移量较大。

两种坡比方案相比较，坡体具有相同的位移分布规律，位移量相差不大，无数量级差异。其中，按方案一开挖后 x 方向位移最大值出现在开挖坡脚附近，为 1cm，位移方向指向临空面，y 方向位移最大值出现在开挖马道上，为 2.3cm，位移方向指向上。按方案二开

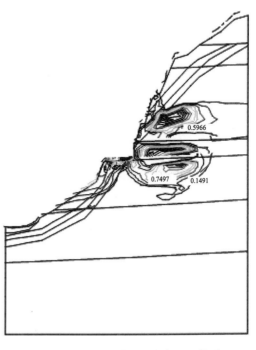

图 6.36 右岸进水口按方案二开挖后
拉应力图（单位：MPa）

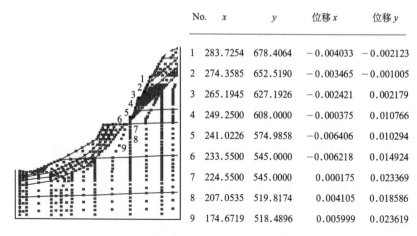

No.	x	y	位移 x	位移 y
1	283.7254	678.4064	−0.004033	−0.002123
2	274.3585	652.5190	−0.003465	−0.001005
3	265.1945	627.1926	−0.002421	0.002179
4	249.2500	608.0000	−0.000375	0.010766
5	241.0226	574.9858	−0.006406	0.010294
6	233.5500	545.0000	−0.006218	0.014924
7	224.5500	545.0000	0.000175	0.023369
8	207.0535	519.8174	0.004105	0.018586
9	174.6719	518.4896	0.005999	0.023619

图 6.37　右岸进水口按方案一开挖后各选择点位移图（单位：m）

挖后 x 方向位移最大值为 1.8cm，出现在边坡开挖面附近 C8 错动带下部，位移方向指向临空面，y 方向位移最大值为 2.2cm，出现在开挖边坡底面上，位移方向向上。

3. 破坏区分析

开挖后坡体破坏区的范围一般出现在错动带上盘，与拉应力出现范围基本一致，随着工程边坡的开挖，破坏区范围也有所增加，在边坡开挖面附近局部范围零星出现破坏域（图 6.38、图 6.39）。

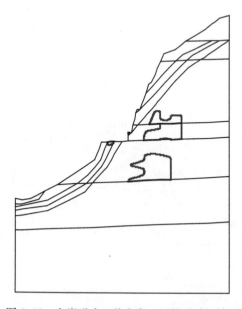

图 6.38　右岸进水口按方案一开挖后破坏域图

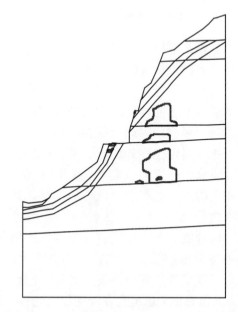

图 6.39　右岸进水口按方案二开挖后破坏域图

两种方案中，破坏域均出现在 C4、C7、C8 错动带上盘及开挖边坡附近局部范围内，破坏区域差别不大。

6.2.5.2　左岸进水口

1. 应力特征分析

图 6.40～图 6.43 为左岸进水口高边坡全部开挖结束后的应力场特征图。计算结果表明，不同开挖方案的边坡应力场分布特征与右岸进水口相似，开挖后边坡拉应力主要出现在开挖边坡下部和底部表面附近，拉应力的分布范围大大小于右岸边坡。随着开挖的进行，拉应力区域随之有所增大；剪应力逐渐向边坡开挖坡脚部位集中，而在其他部位的集中程度有所减弱。

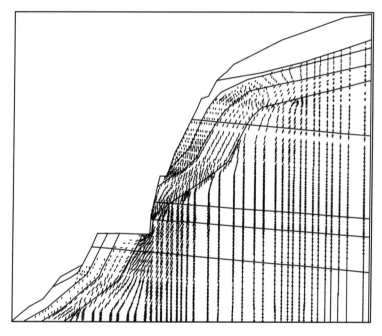

图 6.40　左岸进水口按方案一开挖后应力矢量图

方案比较：两种开挖方案的应力场演化具有相同的趋势，只是量级略有不同。按方案一开挖后，开挖坡面附近松弛卸荷深度一般为 1m，在层间错动带附近可达到 21m，开挖边坡底面附近松弛卸荷深度约 7m；按方案二开挖后，开挖坡面附近的松弛卸荷深度一般为 2m，在层间错动带附近可达到 20m，开挖边坡底面附近 7m；按方案一开挖后拉应力出现区域较大，但差别不大。

2. 位移特征分析

边坡开挖卸荷后，坡体表部产生向临空面方向的位移，其中以边坡开挖线附近位移最大，以垂直位移为主，垂直位移方向向上，表现为应力释放后的卸荷回弹。坡面层间错动带上的点一般产生向坡外的位移，且位移量较大。

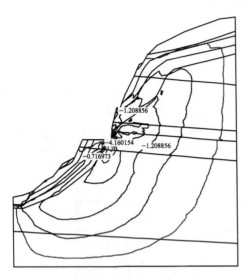

图 6.41 左岸进水口按方案一开挖后
剪应力图（单位：MPa）

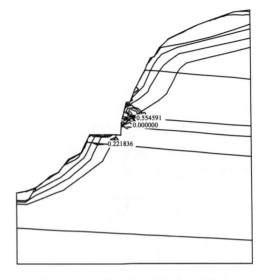

图 6.42 左岸进水口按方案一开挖后
拉应力图（单位：MPa）

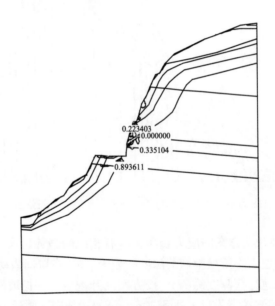

图 6.43 左岸进水口按方案二开挖后拉应力图（单位：MPa）

两种坡比开挖方案坡体具有相同的位移分布规律，位移量无数量级方面的差异。其中，按方案一开挖后 x 方向位移及 y 方向位移的最大值均出现在边坡开挖底面上，分别为 1.5cm、2.7cm（图 6.44）。按方案二开挖后，x 方向及 y 方向位移最大值均出现在边坡开挖底面上，分别为 1.5cm、2.6cm。

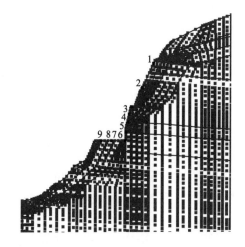

No.	x	y	位移 x	位移 y
1	206.2963	723.3975	-0.000644	0.001405
2	175.5688	661.0715	-0.002134	0.000835
3	143.4142	608.7829	-0.001767	0.004276
4	138.6375	588.2839	-0.004710	0.002084
5	133.9568	568.1967	-0.004825	0.002695
6	129.1903	540.8186	-0.001059	0.001241
7	127.7000	517.6000	0.009053	0.006578
8	88.2596	517.9804	0.014462	0.024379
9	59.9316	518.2537	0.014588	0.026931

图 6.44　左岸进水口按方案一开挖后各选择点位移图（单位：m）

3. 破坏区分析

由图 6.45、图 6.46 可见，两种开挖方案形成的边坡的破坏域都仅仅分布在坡体内的错动带附近，且范围非常小。

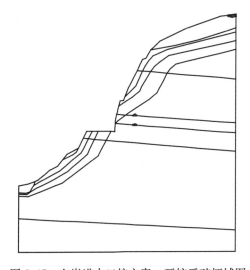

图 6.45　左岸进水口按方案一开挖后破坏域图

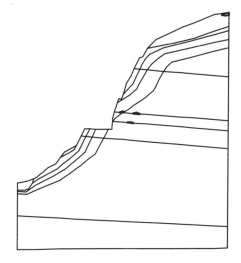

图 6.46　左岸进水口按方案二开挖后破坏域图

两种坡比方案中，按方案一开挖后几乎未发现破坏域，按方案二开挖后，破坏域零星出现在局部的层内错动带附近。

6.2.6　小　　结

通过上述数值模拟分析，可以得到如下主要认识：

（1）工程边坡开挖后，导致边坡附近岩体的应力发生重分布，边坡面附近最大主应力方向与开挖坡面近似平行，最小主应力方向近似垂直于坡面；在层间错动带上盘和开挖坡体表面一带容易出现拉应力，尤其是层间错动带在坡面的出露部位往往拉应力区较其他坡面位置大，这说明层间错动带在边坡开挖后局部地带会发生回弹错动；随着边坡的开挖，剪应力逐渐向开挖边坡坡脚部位集中，而在其他部位的集中程度减弱。

（2）边坡开挖卸荷后，开挖面附近一定范围内的岩体产生向临空面方向的位移，其中以边坡开挖线附近位移最大，表现为应力释放后的卸荷回弹。层间错动带附近和拱肩槽下游侧边坡顶部的位移量较其他部位大，但自重应力场条件下坡面的位移量总体较小。拱肩槽边坡的位移量值为几毫米到几厘米，最大不超过 5cm；进水口边坡的位移量值最大不超过 3cm。

（3）根据边坡的位移场和拉应力的分布特征，初步获得边坡开挖后的卸荷松弛深度。总体而言，拱肩槽边坡的卸荷松弛深度介于 2～30m，低拱圈边坡的松弛深度小于中、高拱圈边坡的松弛深度，边坡底部的松弛深度小于上部的松弛深度；进水口边坡的卸荷松弛深度为 2～21m。

（4）左右岸拱肩及进水口边坡开挖后，坡体中的破坏区主要分布在层间错动带上盘及开挖边坡坡面的局部地带，破坏区主要与拉应力区相对应，但破坏区明显小于拉应力分布区。本次弹塑性有限元计算中选择的破坏准则为 Morh-Columb 准则，由于破坏区岩体的应力有一个方向为拉应力，因此，边坡岩体的破坏性质为张剪性破坏。计算结果还表明，右岸边坡中出现的拉应力区域及破坏域明显大于左岸。这可能与右岸层间错动带缓倾坡外有关。

（5）值得指出的是，边坡开挖后，由于应力重分布而引起的岩体变形破坏是一个相当复杂的过程。当边坡岩体的应力状态超过塑性破坏准则后，首先发生的应该是沿岩体中不利结构面和节理网络的错动，从而使边坡岩体产生变形，释放应力。在边坡的表部，这种错动和应力释放将导致表层的松弛，形成卸荷带；在边坡内部，这种错动和应力的释放由于受到围限必将表现得很微小，而且过程是缓慢的和渐进性的，因此，岩体强度不可能大幅度降低。这就是说，对于边坡内部层间错动带上盘出现的破坏域，我们更多的应理解为岩体中沿结构面的微小错动和应力调整，而不是力学意义上的张剪性破坏，岩体强度大幅度丧失。基于上述认识，并考虑到计算结果岩体中的破坏域不大、呈局部分布的特点，可以认为，拱肩槽边坡在三种开挖坡比方案情况下，进水口边坡在拟订的两种开挖坡比条件下整体均处于稳定状态。

（6）弹塑性有限元分析表明，对于拱肩槽边坡拟定的三种开挖坡比方案及进水口边坡的两种开挖坡比方案而言，不同的开挖方案对于边坡岩体内应力场、位移场的分布影响不大，且在位移量值、拉应力区及破坏域范围方面也无明显区别，边坡整体处于稳定状态。因此，工程边坡开挖坡比可以在上述坡比方案中选取。结合溪洛渡边坡的实际情况，考虑到施工中的开挖量及施工的难易程度，推荐边坡开挖坡比如下：①拱肩槽边坡，微新、弱下风化岩体内 1：0.25，弱上风化岩体内 1：0.35～1：0.45；②进水口边

坡，微新岩体内取为直坡，弱下岩体的开挖坡比为 1∶0.25，弱上岩体的开挖坡比为
1∶0.35～1∶0.4。

6.3　构造应力场作用下的有限元分析

为了进一步模拟拱肩槽高边坡在构造应力条件下的整体稳定状态，采用推荐开挖坡
比方案，分别在左右岸拱肩槽和左右岸进水口边坡中选择代表性剖面开展构造应力作用
下的平面有限元模拟分析。

6.3.1　计 算 模 型

选择拱肩槽边坡的 R400、L440 径向剖面和进水口边坡的右纵 2、左纵 2 剖面作为
建模依据。在建立计算模型时，工程地质模型的概化、模型范围及介质物理力学参数等
与自重应力场下的计算模型基本一致，开挖方案选用所推荐的坡比方案。计算模型中，
将层间错动带作为等厚度的弱面单元处理，其力学参数选取如表 6.6 所示。

表 6.6　计算模型层间错动带物理力学参数

介质类型	弹性模量 E/MPa	泊松比 μ	容重 γ /(MN/m³)	内聚力 C/MPa	摩擦角 φ/(°)	残余内聚力 C_r/MPa	残余内摩擦 角 φ_r/(°)	抗拉强度 σ_t/MPa
层间错动带	800	0.3	0.021	0.1	25	0	19	0

计算模型的底边界和右侧边界（河床中心）均为约束边界，左侧边界（谷肩侧边
界）为应力边界，施加由岩体自重应力和构造应力叠加而成的地应力。边界地应力的确
定过程如下：依据坝区地应力场的反演成果（柴贺军，2001），获取计算模型边界处的
主应力，并利用应力坐标变换公式，求得计算模型方向的应力分量，进一步沿高程回归
分析得到边界应力与高程的线性关系式，即：

右岸拱肩槽边界地应力：$y=-0.0232x+23.25$

左岸拱肩槽边界地应力：$y=-0.0163x+14.954$

右岸进水口边界地应力：$y=-0.0136x+13.635$

左岸进水口边界地应力：$y=-0.0138x+12.587$

式中，y 为边界应力；x 为高程。

6.3.2　拱肩槽边坡计算结果分析

6.3.2.1　R400 径向剖面

1. 应力特征分析

图 6.47～图 6.54 分别为构造应力场作用下径向剖面 R400 高边坡开挖前后的应力

场特征图。计算结果表明，随着边坡开挖，坡体内的应力场不断调整，在层间错动带及开挖面附近集中，且应力值逐渐增大，在开挖边坡附近的集中程度增强。开挖面附近，最大主应力表现为与坡面近似平行，最小主应力近似垂直于坡面（图 6.48）。随着工程边坡开挖，剪应力逐渐向边坡下部和坡脚部位集中（图 6.54），尤其在马道和坡脚部位应力集中程度较高，而在其他部位的应力集中程度减弱。边坡开挖后，拉应力主要出现在开挖边坡面附近及第四系堆积体内（图 6.50）。

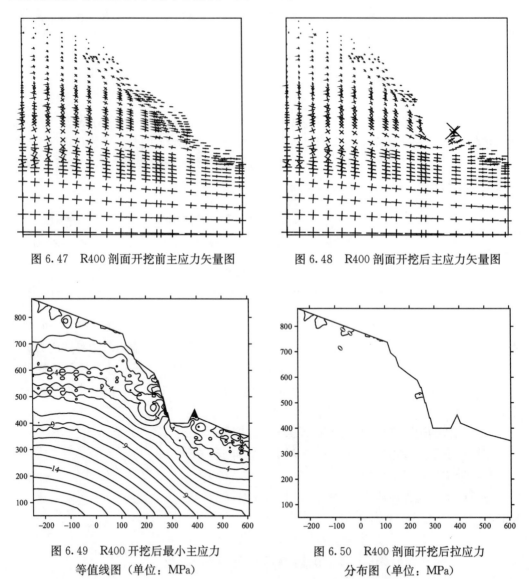

图 6.47　R400 剖面开挖前主应力矢量图　　　　图 6.48　R400 剖面开挖后主应力矢量图

图 6.49　R400 开挖后最小主应力　　　　图 6.50　R400 剖面开挖后拉应力
等值线图（单位：MPa）　　　　分布图（单位：MPa）

自然斜坡的最大主应力值在开挖边坡附近为 5～10MPa，边坡开挖后，在边坡面附近应力值在 3～20MPa，最大应力出现在坡脚附近；自然斜坡的最小主应力在开挖边坡附近为 1～4MPa，开挖后在开挖边坡面附近应力量值变为 −1～5MPa，其应力集中程度较最大主应力弱，且局部有拉应力分布；剪应力值在边坡开挖前的坡面附近为 2～4MPa，开挖后开挖坡面附近量值变为 1～7.5MPa。在开挖边坡面附近，最大的松弛卸荷带深度约为 30m。

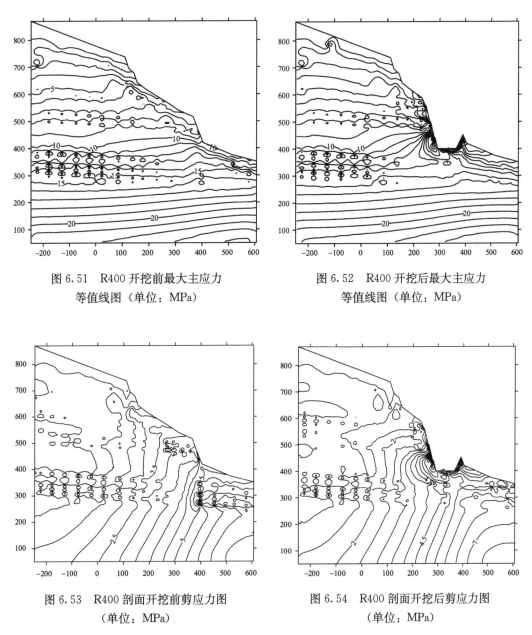

图 6.51　R400 开挖前最大主应力
等值线图（单位：MPa）

图 6.52　R400 开挖后最大主应力
等值线图（单位：MPa）

图 6.53　R400 剖面开挖前剪应力图
（单位：MPa）

图 6.54　R400 剖面开挖后剪应力图
（单位：MPa）

2. 位移特征分析

边坡开挖后，坡体向临空面方向产生卸荷回弹，其中开挖面附近位移最大，合位移矢量一般在 1～26cm，位移量大于 10cm 的点多分布在下游侧边坡开挖面上，其余部位位移量一般小于10cm。构造应力场作用下，坡面位移的大小较自重应力场下的位移约大一个数量级。层间错动带向坡外的位移量较大，这与层间错动带强度较低，边坡开挖后产生回弹错动有关。

3. 破坏区分析

边坡开挖后破坏区主要出现在边坡表部的层间错动带及开挖边坡坡脚附近（图6.55、图6.56）。从破坏形式上看，主要为剪切破坏，此外，还有部分拉破坏和多种组

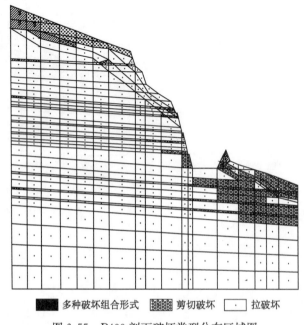

■ 多种破坏组合形式　　▨ 剪切破坏　　□·拉破坏

图 6.55　R400 剖面破坏类型分布区域图

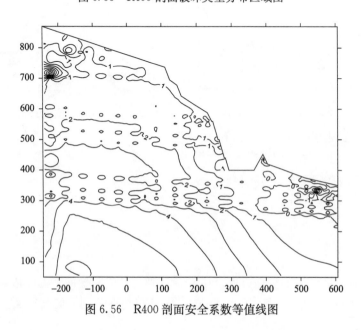

图 6.56　R400 剖面安全系数等值线图

合破坏形式。其中，在开挖边坡附近主要发生剪切破坏，局部有拉张破坏。对于这些破坏域应该理解为主要沿结构面的微小错动及应力调整，而不是岩体强度的大幅度降低。值得注意的是，图 6.55、图 6.56 中，左右侧边界附近的大面积破坏区主要是边界效应的影响，不应是真的有大范围的破坏区。

6.3.2.2　L440 径向剖面

1. 应力特征分析

图 6.57～图 6.64 为径向剖面 L440 高边坡开挖前后的应力场特征图。边坡应力场分布特征与 R400 剖面相似。由于层间错动带微倾山内，因此，在开挖边坡附近几乎无拉应力分布。边坡开挖前最大主应力在边坡附近量值为 3～10MPa，开挖后在开挖坡面附近应力集中，最大主应力量值为 2～17MPa（图 6.59、图 6.60）；边坡开挖前最小主应力在坡面附近为 1～4MPa，开挖后在开挖坡面附近量值仍为 1～4MPa（图 6.61）；边坡开挖前剪应力在边坡附近量值为 1.5～3MPa，开挖后在开挖边坡附近其量值为 1～6.5MPa，在边坡坡脚及开挖边坡面的马道附近集中（图 6.63、图 6.64）。由此可见，边坡开挖后，剪应力和最大主应力的集中程度较高，其最大值几乎为开挖前相应应力值的 2 倍。

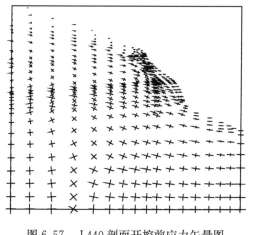

图 6.57　L440 剖面开挖前应力矢量图

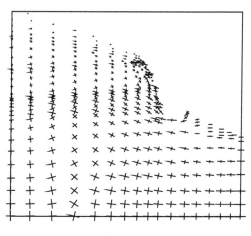

图 6.58　L440 剖面开挖后应力矢量图

2. 位移分析

边坡开挖后，坡体向临空面方向产生卸荷回弹，其中以开挖面附近位移最大，合位移矢量值一般为 1～20cm。计算表明，坡面位移量大于 10cm 的点多分布在下游侧开挖边坡，而在其余部位的位移量一般小于 10cm。同样，坡面位移较自重应力场下的位移量大一个数量级。

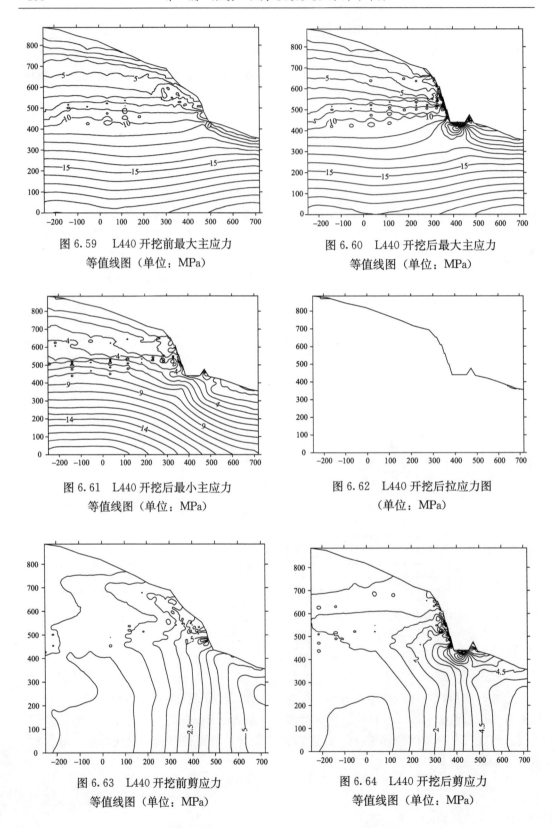

图 6.59 L440 开挖前最大主应力
等值线图（单位：MPa）

图 6.60 L440 开挖后最大主应力
等值线图（单位：MPa）

图 6.61 L440 开挖后最小主应力
等值线图（单位：MPa）

图 6.62 L440 开挖后拉应力图
（单位：MPa）

图 6.63 L440 开挖前剪应力
等值线图（单位：MPa）

图 6.64 L440 开挖后剪应力
等值线图（单位：MPa）

3. 破坏区分析

边坡开挖后，破坏区主要出现在边坡表部、层间错动带及开挖边坡坡脚附近（图 6.65、图 6.66）。图 6.65 中左右侧边界附近的大面积破坏区主要是受边界效应的影响，

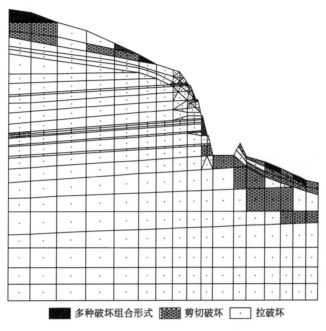

多种破坏组合形式　　剪切破坏　　拉破坏

图 6.65　L440 剖面破坏类型分布图

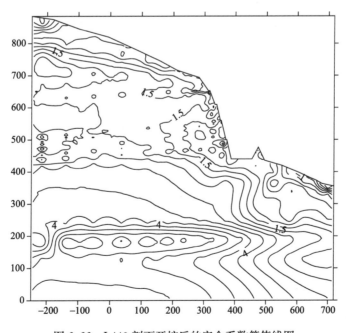

图 6.66　L440 剖面开挖后的安全系数等值线图

而不是真的有大范围的破坏区。从破坏形式上看，主要有剪切破坏和拉破坏两种形式，局部存在多种破坏形式的组合。对于这些破坏域应理解为主要沿结构面的微小错动及应力调整，而不是岩体强度的大幅度降低。

6.3.3   进水口边坡计算结果分析

6.3.3.1   右岸进水口

1. 应力特征分析

计算结果表明，随着边坡开挖，坡体内的应力逐渐向开挖坡脚部位和边坡底部集中（图6.67～图6.70），且应力值逐渐较大，而在其他部位的应力集中程度减弱。拉应力主要出现在开挖边坡面附近及第四系堆积体内。边坡开挖前最大主应力值在边坡附近为1～4MPa，开挖后，在开挖边坡面附近集中，应力值在2～10MPa；边坡开挖前最小主应力值在边坡附近为0.2～0.6MPa，开挖后在开挖边坡面附近集中，量值大多在0.8～1.2MPa，局部出现拉应力（应力值为负）；剪应力值在边坡开挖前的坡面附近为0.5～1.5MPa，开挖后开挖坡面附近量值在0.5～4MPa。

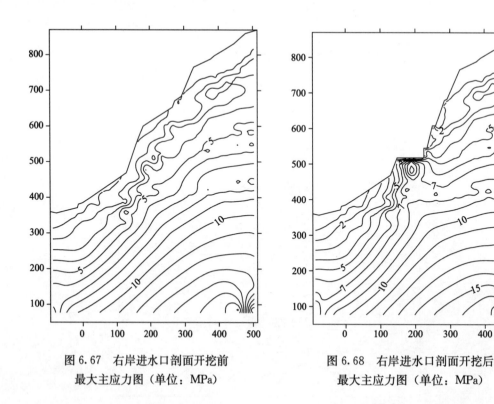

图6.67   右岸进水口剖面开挖前   图6.68   右岸进水口剖面开挖后
　最大主应力图（单位：MPa）　　　　　最大主应力图（单位：MPa）

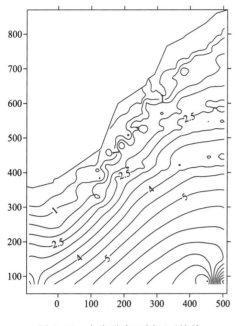

图 6.69　右岸进水口剖面开挖前
剪应力图（单位：MPa）

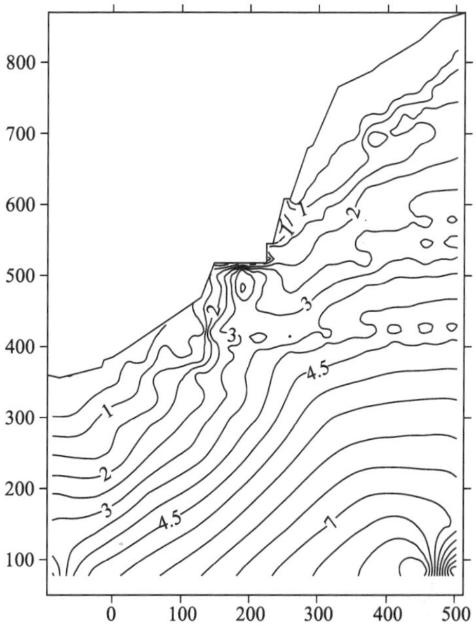

图 6.70　右岸进水口剖面开挖后
剪应力图（单位：MPa）

2. 位移特征分析

边坡开挖后，坡体向临空面方向产生卸荷回弹（图 6.71），其中坡面附近位移最大，合位移矢量一般在 1～23cm，位移量大于 10cm 的点多分布在边坡开挖面附近，其余部位位移量一般小于 10cm。与自重应力场作用下的位移量比较，构造应力场作用下坡体的位移约超出一个数量级。

3. 破坏区特征

边坡开挖后坡体的破坏区域主要出现在坡面层间错动带及开挖边坡坡脚附近，另外在第四系堆积体中也存在破坏域。破坏形式主要表现为剪切破坏和张剪性破坏，此外，还有部分拉破坏和多种组合破坏形式。

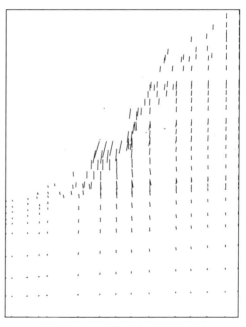

图 6.71　右岸进水口剖面开挖后
位移矢量图（放大 500 倍）

6.3.3.2　左岸进水口

1. 应力特征分析

计算结果表明，边坡应力场分布特征与右岸进水口相似。开挖前坡体最大主应力在边坡附近量值为0.53～2MPa，开挖后在开挖坡面附近应力集中，量值为1.2～3.2MPa（图6.72、图6.73）；边坡开挖前最小主应力在坡面附近为0.4～0.7MPa，开挖后在开挖坡面附近量值仍为0.2～0.8MPa，坡面局部出现拉应力；边坡开挖前剪应力在坡面附近量值为0.25～1.2MPa，开挖后变为0.4～1.6MPa，在开挖边坡坡脚及马道附近产生应力集中（图6.74、图6.75）。

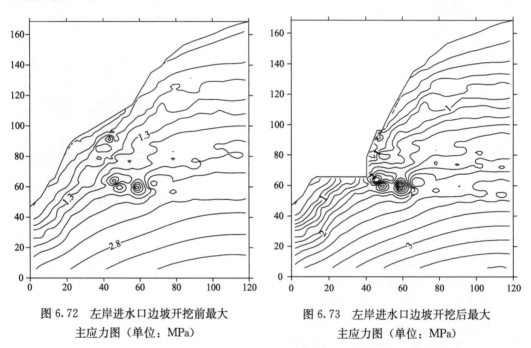

图6.72　左岸进水口边坡开挖前最大　　　　图6.73　左岸进水口边坡开挖后最大
　　　　主应力图（单位：MPa）　　　　　　　　　　主应力图（单位：MPa）

2. 位移特征

边坡开挖后，开挖面附近位移最大，合位移矢量值一般为1～14cm，位移量大于10cm的点多分布在开挖边坡附近，而在其余部位的位移量一般小于10cm。坡体的位移量较自重应力场下的位移大一个数量级左右。层间错动带上的点一般产生向坡外的位移，且位移量较大，这与应力调整时层间错动带的回弹错动有关。

3. 破坏区分析

边坡开挖后，仅仅出现少量破坏区。破坏区主要发育在坡面层间错动带及开挖边坡坡脚附近。从破坏形式上看，在开挖边坡附近主要发生拉破坏和张剪性破坏。对于这些破坏域应该理解为主要沿结构面的微小错动及卸荷回弹，而不是岩体强度的大幅度降低。

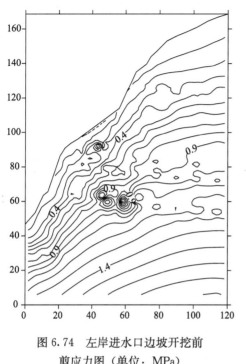

图 6.74　左岸进水口边坡开挖前
剪应力图（单位：MPa）

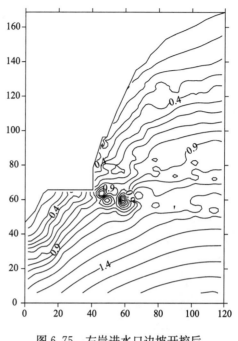

图 6.75　左岸进水口边坡开挖后
剪应力图（单位：MPa）

6.3.4　小　　结

（1）无论在自重应力场还是在构造应力场作用下，左岸拱肩槽和进水口边坡的应力大小和应力集中程度均比右岸小，坡体表部的拉应力区及破坏域分布范围也明显小于右岸，边坡开挖后的位移左岸也小于右岸。因此，从应力分布的特点看，左岸边坡的整体稳定性优于右岸。

（2）工程边坡开挖后，导致最大主应力和剪应力增加，并在坡面附近产生应力集中，而最小主应力的量值却变化不大。一般情况下，边坡开挖后最大主应力和剪应力的最大值是开挖前最大主应力和剪应力的最大值的两倍。计算结果表明，右岸拱肩槽边坡的地应力大于左岸拱肩槽边坡，右岸边坡的最大主应力为 2～20MPa，左岸边坡的最大主应力为 2～17MPa，左右岸边坡的最小主应力均小于 5MPa。对比自重应力场作用下边坡的应力值可知，构造应力场作用下边坡的地应力约为自重应力场下的两倍。因此，边坡稳定性研究中应该考虑构造应力对稳定性的影响。

（3）对比自重应力场及构造应力场下的有限元分析结果可知，构造应力场作用下边坡中拉应力区的范围远远小于自重应力场作用下的模拟结果。这是由于计算模型中对层间错动带的处理不同造成的，自重应力场作用下的计算模型将层间错动带作为接触面单元考虑，而在构造应力场作用下的计算模型将层间错动带作为具有一定厚度的弱面单元考虑。虽然对层间错动带不同的处理方法带来了计算结果的差异，但计算成果至少说明层间错动带对坡体拉应力分布和松弛卸荷具有重要的控制作用。根据地质分析与判断，层间错动带多起伏粗糙、产状和性状均变化较大。因此，边坡开挖后坡体内出现大范围的拉应力区和卸荷松弛带是不可能的。

（4）自重应力场下拱肩槽开挖边坡附近的位移量最大可达 5cm，构造应力场下的最大位移量则可达 26cm；进水口边坡的最大位移量在自重应力场条件下为 3cm，在构造应力场条件下的最大位移为 23cm。由于坝区岩体中实际存在一定量级的构造应力，因此，估计拱肩槽和进水口边坡开挖后的位移量一般应在 10～20cm。

（5）平面有限元计算中，由于建模不可能与地质原型一致，其结果与实际情况有一定差异，但基本能反映工程边坡的总体应力场、位移场及边坡稳定性状况。由高边坡在自重应力场和构造应力场作用下的有限元分析可知，工程边坡开挖后，虽然坡体应力会发生重分布，在坡面和层间错动带附近可能有拉应力分布，坡脚出现剪应力集中现象，但是，坡体的整体位移量不大，也没有大范围的破坏区出现。因此，工程边坡整体上应该处于稳定状态，仅仅在临空面——开挖坡面附近及岩体弱面——层间错动带附近发生局部的松弛和破坏。

6.4　拱肩槽边坡的三维有限元模拟

拱肩槽边坡坡型复杂，实际上是一个空间受力结构。为了深化和验证上述对拱肩槽高边坡稳定性的认识，进一步采用三维有限元方法模拟拱肩槽开挖过程，研究高边坡应力场特征和变形规律。

6.4.1　计 算 模 型

根据对坝区地质环境和拱肩槽边坡稳定条件研究得到的地质原型，建立图 6.76 所示的计算模型。为减小边界效应的影响，模型范围取得较大，上游边界截至Ⅰ线以上 500m，下游取至Ⅲ线以下 500m，左岸边界截至谷肩以左 500m，右岸取至谷肩以右 500m，底面边界取到高程为 0m 的位置。模型结构方面，为便于三维模拟计算的实现，对地质原型进行了合理概化，得到表 6.7 中的三种介质类型。

表 6.7　模型介质物理力学参数

介质类型	弹性模量/MPa	泊松比 μ	容重/(MN/m^2)	内聚力/MPa	内摩擦角/(°)	抗拉强度/MPa
玄武岩	15000	0.22	0.025	2.2	50	1.5
灰岩	16000	0.22	0.025	2.3	52	2.0
层间错动带	800	0.3	0.021	0.1	25	0

计算模型的下游边界、左岸边界和底面边界分别设以 x、y、z 方向的面约束，河谷岸坡为自由边界。

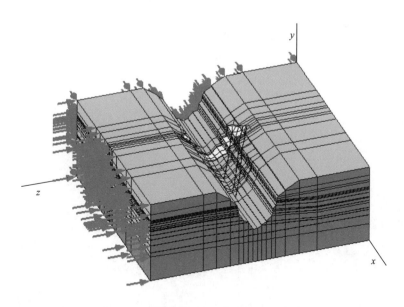

图 6.76　拱肩槽边坡三维有限元计算模型

根据地应力实测及反演资料，σ_1 方向为 N65°W 与河流走向 S50°~60°E 相近，σ_3 方向为 S25°W，因此，上游边界施加 σ_1 方向的边界荷载，右岸边界加以 σ_3 方向的荷载，荷载大小根据地应力场反演结果获得的回归方程确定：

$$\sigma_1 = -0.0253Y + 25.423 \qquad （式中 Y 表示高程）$$

$$\sigma_3 = -0.0136Y + 13.635 \qquad （式中 Y 表示高程）$$

模拟计算按 1 : 0.3 的总体坡比，分四步开挖拱肩槽，总共分五个阶段计算：

第一阶段：开挖前，自然边坡初始状态模拟；

第二阶段：拱肩槽开挖第一步（高程 600m 至坡顶）；

第三阶段：拱肩槽开挖第二步（高程 510~600m）；

第四阶段：拱肩槽开挖第三步（高程 410~10m）；

第五阶段：开挖完成（高程 332~410m）。

6.4.2　计算结果分析

限于篇幅，三维有限元计算成果与二维有限元计算结果相同的部分不再重述，以下重点分析三维有限元模拟获得的新认识。

6.4.2.1　自然边坡初始应力场特征

由图 6.77 可见，岸坡岩体最大主应力为压应力，基本上具有从谷肩往下逐渐增大的特点，但在两岸岸坡中部层间错动带较密集的位置应力有所降低，在谷底压应力有明显的应力集中现象，量级为 35MPa 左右。岸坡岩体最小主应力主要为压应力，在坡体

表面局部地形凸起部位出现少量拉应力（图 6.78）。最小主应力在斜坡地带的量级为
1～2.4MPa，并具有从谷肩往下逐渐增大，从岸坡内部往外逐渐减小的特点。

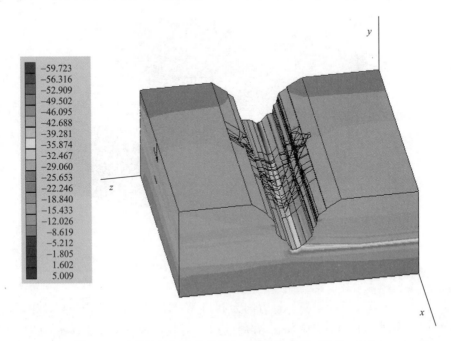

图 6.77　自然边坡初始状态最大主应力分色图（单位：MPa）

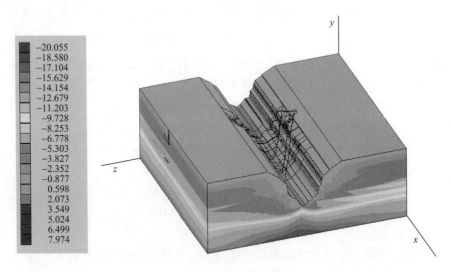

图 6.78　自然边坡初始状态最小主应力分色图（单位：MPa）

总之，由于河谷地形的影响，斜坡地带岩体的应力发生了重分布，地形变化大的部
位和河谷底部应力集中现象明显。

6.4.2.2　工程边坡应力场特征

（1）三维有限元计算表明，随着边坡的开挖，坡体应力场发生重分布。与二维有限元计算结果一样，边坡坡脚部位发生应力集中，尤其拱肩槽上游边坡坡脚更明显，最大主应力可以达到 21～28MPa（图 6.80）。除此之外，坡型突变处、上下游边坡与拱肩正边坡交接部位、工程边坡与自然斜坡交接部位，在开挖过程中及成坡后始终存在较大的应力集中（图 6.79、图 6.80）。由于应力集中部位往往容易发生变形破坏，因此，施工过程中，应采取光面爆破等措施，减轻坡体应力集中的程度。

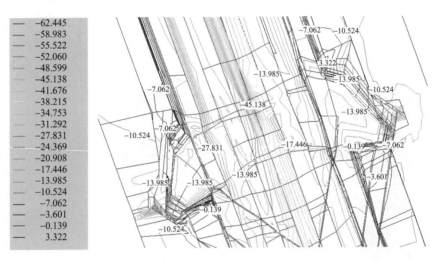

图 6.79　开挖第二阶段最大主应力等值线图（俯视）（单位：MPa）

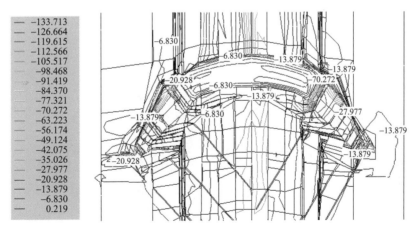

图 6.80　开挖完成后最大主应力等值线图（俯视）（单位：MPa）

（2）工程边坡开挖后（图 6.82），坡体中最大主应力一般为 6.8～14MPa，坡脚地带由于应力集中达到 21～28MPa（图 6.80）；最小主应力一般为 0.3～5MPa（图 6.81、图 6.83）。

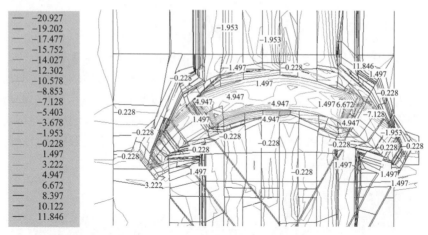

图 6.81　开挖完成后最小主应力等值线图（俯视）（单位：MPa）

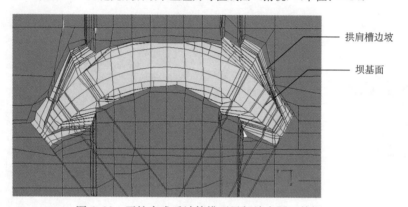

图 6.82　开挖完成后计算模型局部放大图（俯视）

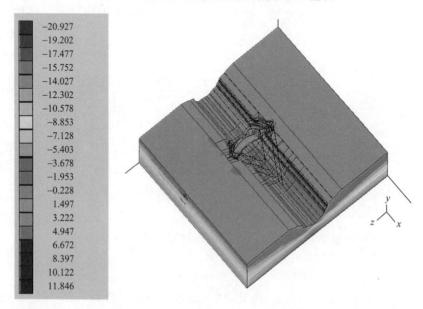

图 6.83　开挖完成后最小主应力分色图

（3）随着拱肩槽的开挖，坡体产生卸荷回弹，除在坡顶、坡面突出处有拉应力产生外，三维有限元计算还揭示，低高程和河谷部位的开挖底面也会出现拉应力，并随着拱肩槽的逐步开挖，拉应力逐渐增大，开挖完成时拉应力增大至 4.95MPa（图 6.81）。

6.4.2.3　工程边坡的变形特征

（1）拱肩槽开挖后，上游边坡 x 方向（沿河谷方向）的位移为正值，指向下游，下游边坡 x 方向的位移指向上游方向，为负值（图 6.84），显示边坡产生了卸荷回弹变形。每一开挖阶段，下游边坡 x 位移较上游边坡位移大，开挖完成时下游边坡最大 x

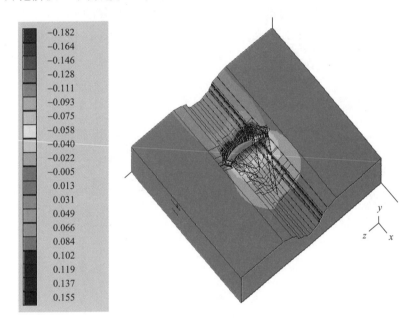

图 6.84　开挖完成后 x 方向位移分色图

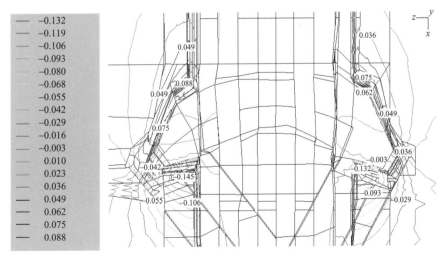

图 6.85　开挖第二阶段 x 方向位移等值线图（俯视）（单位：m）

位移达 18.2cm，上游边坡最大 x 位移为 15.5cm（图 6.84、图 6.85）。上、下游边坡 x 位移具有分带特征，从工程边坡表面往里 x 位移逐渐减小，显示坡体有松弛卸荷带形成。开挖过程中，岸坡附近边坡岩体两面临空，最大 x 位移即发生在此部位的表层上部岩体中。计算结果还显示，相同部位比较，右岸上、下游边坡 x 位移较左岸上、下游边坡略大（图 6.85）。

（2）由图 6.86 可见，工程边坡上岩体 y 方向位移大多为负，表明有垂直向下的位移产生。而每一开挖阶段拱肩槽底面（开挖底面）的 y 方向位移均为正，显示开挖底面岩体受垂直卸荷的影响，发生向上隆起，且其量值较工程边坡上岩体垂直向下的位移大。第一、第二、第三和第四开挖阶段，拱肩槽底面向上位移的最大值分别为 2.5cm、5.3cm、10.9cm、5.2cm。开挖完成后，河谷底部一带的隆起位移较其他部位更明显（图 6.86）。

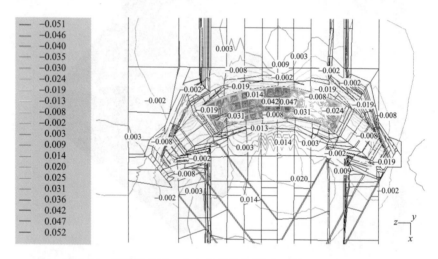

图 6.86　开挖完成后 y 方向位移等值线图（俯视）（单位：m）

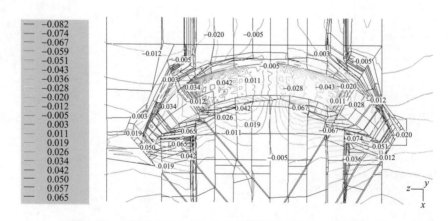

图 6.87　开挖完成后 z 方向位移等值线图（俯视）（单位：m）

（3）由于拱肩槽工程边坡坡型复杂，开挖过程中，z 方向位移较为复杂。但总体来讲，z 方向的位移仍然揭示拱肩槽开挖后边坡向临空方向的卸荷回弹特征，尤其以下游边坡最为明显。在下游侧边坡部位，左岸 z 方向位移基本为负值，右岸 z 位移基本为正值，二者均指示坡体向临空方向的位移（图 6.87）。然而，在上游侧边坡部位，z 方向位移向临空方向变形的规律不明显。开挖完成时，左岸边坡 z 位移最大达 8.2cm，右岸边坡 z 位移最大达 6.5cm，而且，下游侧边坡 z 方向的位移明显大于上游侧（图 6.87）。

由此可见，工程边坡 x 方向位移最大，z 方向位移次之，y 方向位移最小。

6.4.3　小　　结

通过拱肩槽边坡施工开挖的三维有限元模拟，获得如下认识：

（1）三维有限元分析揭示的拱肩槽边坡的应力场和位移场的总体特征与平面有限元分析结果是一致的，深化了对拱肩槽边坡整体稳定性的认识。边坡开挖后，坡体虽然会产生卸荷回弹变形，但位移量不大，一般不会超过 20cm，拉应力的分布范围有限，最大主应力一般也在 20MPa 以下，因此，拱肩槽边坡整体处于稳定状态。

（2）拱肩槽开挖前，自然状态下河谷底部应力集中明显，最大主应力可达 35MPa。这与现场勘探揭示的谷底岩心饼裂现象以及由岩心饼裂推求的谷底最大主应力值是相吻合的。

（3）三维有限元模拟结果表明，拱肩槽开挖后，其底部会产生隆起变形，并有拉应力分布，尤其以低高程和谷底部位最为明显。隆起变形量为 2.5～10.9cm，最大拉应力近 5MPa。这一成果提醒我们，应注意拱肩槽开挖后在谷底部位岩体中形成的松弛带。必要时应采取措施，尽量防止松弛带的形成。

（4）拱肩槽边坡开挖过程中和成坡后，坡型突变处、上下游边坡与正边坡交接部位、工程边坡与自然斜坡交接部位容易出现拉应力，产生应力集中，而且位移量也较大。因此，这些部位的局部稳定性应引起注意。

第7章　工程高边坡局部稳定性分析与评价

工程边坡整体稳定性研究表明，在推荐坡比条件下，拱肩槽和进水口边坡整体处于稳定状态。然而，工程边坡大部分处于风化卸荷带内，岩体结构较松弛，边坡岩体中发育有层间错动带、层内错动带、挤压带和随机裂隙等各类结构面。这些结构面在边坡开挖形成临空面（开挖面）后，由于其相互切割组合关系的存在，在临空面（开挖面）附近通过一定的组合形式可能构成不稳定块体或潜在不稳定块体。工程边坡局部稳定性评价就是研究各类结构面所构成的块体的稳定性。因此，评价边坡的局部稳定性，必须详细研究各类结构面与临空面所构成块体的组合特征，并评价块体在各种工况条件下的稳定性。

7.1　局部稳定性评价的途径和方法

7.1.1　局部稳定性分析的基本思路

坝区岩体中存在不同类型、不同规模、不同性状的结构面，它们之间的相互切割组合关系非常复杂，因此，在这种错综复杂的组合关系中分析块体的稳定性必须采用系统工程学科中的层次性分析思路，从不同的层次和不同的尺度上研究各类结构面组合成的块体的稳定性。

根据前述对工程边坡稳定条件的研究，从层间、层内错动带和挤压带的组合，层间、层内错动带和优势裂隙的组合，优势裂隙的相互组合三个层次上对块体的稳定性进行分析。层间、层内错动带和挤压带的规模相对较大、延伸较长，它们组合而成的块体边界完善，空间位置可以确定，将其称之为"确定性块体"；层间、层内错动带和优势裂隙组合成的块体虽然层间层内错动带的位置可以确定，但是优势裂隙只具有统计意义，不能确定出露位置，这类块体边界不完善，称之为"半确定性块体"；优势裂隙相互组合成的块体，其空间位置完全不能确定，块体仅仅具有统计意义和指导作用，称之为"随机块体"。

确定性块体和半确定性块体根据其组合边界结构面类型的不同，从研究思路上进一步划分出不同的组合类型，详见表7.1和表7.2。

在上述层次性分析思路的指导下，通过野外大量的现场调研，掌握层间层内错动带、挤压带和随机裂隙的发育分布特征，建立各类结构面的管理信息库；采用计算机搜索法、作图法和现场综合判别法，筛选出可能构成块体滑移控制面的错动带和挤压带以及可能构成块体其他边界的结构面，统计不同工程部位随机裂隙的优势方向；根据各类结构面的性状以及试验资料，确定构成各类块体边界的结构面的物理力学参数。最后，采用块体理论分析方法，计算块体在不同工况条件下的稳定性，并据此对工程边坡不同部位的局部稳定性做出评价。

表 7.1 确定性块体组合类型

边界	类型 1	类型 2	类型 3	类型 4	类型 5
滑移面	层内错动带	层内错动带	层间错动带	挤压带	挤压带
切割面	挤压带	挤压带	挤压带	挤压带	挤压带
顶界面	层间错动带	层内错动带	层内错动带	层间错动带	层内错动带

表 7.2 半确定性块体组合类型

边界	类型 1	类型 2	类型 3	类型 4
滑移面	层内错动带	层内错动带	层间错动带	挤压带
切割面	优势裂隙	优势裂隙	优势裂隙	优势裂隙
顶界面	层间错动带	层内错动带	层内错动带或水平面	层间错动带

7.1.2 局部稳定性的研究方法

在层次性分析思想的指导下，引用块体理论的原理和方法研究工程边坡的局部稳定性。

7.1.2.1 块体几何边界的确定方法

一般而言，块体的边界主要由临空面、滑动面和切割面组成。其中滑动面是块体稳定性的重要控制性边界，必须对其进行深入系统的研究，确定其在边坡中的空间位置（随机块体除外）。切割面的主要功能是将滑动面控制的块体分割成几何可移动块体。确定性块体的分割面的空间位置必须确定；半确定性块体和随机块体的分割面仅确定其产状，部位不能完全确定。临空面根据枢纽的布置情况和工程边坡的开挖坡比确定。

1. 滑移控制面的确定方法

确定性、半确定性块体的滑移控制面主要由层间层内错动带和挤压带构成；随机块体的滑移面由优势裂隙构成。这里重点说明确定性滑移控制面的确定方法：

（1）在详细的现场调研的基础上，建立工程边坡附近层间层内错动带和挤压带的管理信息系统。

（2）考虑不同工程部位的错动带与边坡总体产状的关系。利用计算机从信息库中搜索出走向与边坡走向的夹角小于 45°且倾向坡外的错动带和挤压带。

（3）根据枢纽的布置、工程边坡的开挖深度和范围以及错动带、挤压带的出露位置、规模、空间分布特征等，采用地质分析和作图法（各种平切图、剖面图和径向剖面图），判断错动带和挤压带能否在开挖边坡临空面附近出露，对计算机搜索出的可能滑移面进行进一步的筛选。

（4）对初步搜索和筛选出的可能滑移面进行现场复核和现场判断，并根据可能滑移面与工程边坡的关系，对可能滑移面作出再次筛选。

（5）通过综合分析，最后确定边坡中可构成块体的滑移控制面的条数、性状、产状和空间位置等。

2. 切割面的确定方法

坝区层间层内错动带普遍倾角平缓，不可能构成块体的切割面。因此，确定性块体的切割面主要为挤压带，其组合状况和空间位置通过现场调研和作图法确定。半确定性块体和随机块体的切割面主要为优势裂隙，其产状、性状和迹长通过现场调研和裂隙信息库的统计分析确定，分别对不同工程部位和不同滑移控制面附近的裂隙进行统计，以适应不同部位和不同块体的组合分析。

3. 临空面的确定

工程边坡广义的临空面（air face）包括：开挖面、上坡面和侧坡面。开挖面可依据枢纽布置和边坡的开挖范围、坡比进行确定。上坡面位于开挖边坡顶部，由于拱肩槽和进水口边坡普遍很高，而构成确定性块体边界的层间错动带总体非常平缓（小于10°）、层内错动带和挤压带延伸有限（不穿层），块体规模不大，因此，除边坡顶部外，上坡面不可能构成大部分块体的临空面。这里我们用"顶界面"的概念来代替上坡面，实际上顶界面就是块体的顶部分割面。由于坝区平缓的层间层内错动带发育，因此，块体的顶界面主要由层间层内错动带构成。侧坡面是开挖面侧面的自然斜坡面，由于块体规模有限，只有边坡侧面表部块体才会有侧坡面。侧坡面的产状完全由自然斜坡产状控制。

7.1.2.2 块体稳定性计算方法

通常情况下，块体的失稳方式有三种：直接塌落、单面滑动和双面滑动，根据溪洛渡坝区具体情况，这里主要研究单面和双面滑动的情况。

单面滑动：若可移动块体的滑动方向 s 和合力 r 在某一结构面上的投影相平行，则块体的运动方式为单面滑动。也可表述为：若块体的各个结构面内法矢量中仅有一个内法矢量 V_i 与合力矢量 r 的夹角为钝角，其余内法矢量 V_i 与合力矢量 r 的夹角为锐角，则块体为单面滑动（图7.1）。

双面滑动：若可移动块体沿二结构面的交线运动时，则称为双面滑动。或者表述为：如果块体各结构面的内法矢量中有两个以上的内法矢量 V 与合力矢量 r 的夹角为钝角，则块体的运动方式为双面滑动（图7.2）。

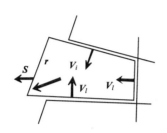

图 7.1　块体单面滑动示意图

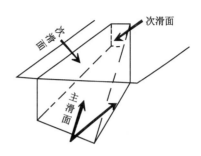

图 7.2　块体主滑面和次滑面示意图

1. 单滑面块体稳定性计算方法

稳定性计算中主要通过稳定性系数定量评价块体的稳定状况，稳定性系数 K 的一般表达式为：

$$K = 总抗滑力 / 下滑力$$

对于单滑面块体，假设块体所受的净合力矢量 r 与滑移线矢量 S 之间夹角的余角为 θ，则可求得净合力在滑移线切向和法向的作用力分别为：

$$切向作用力：H = |r| \sin\theta$$

$$法向作用力：N = |r| \cos\theta$$

因此，块体的稳定性系数可表示为：

$$K = \frac{|r|\cos\theta \cdot \tan\varphi + CS_\nabla + \sum_{j=1}^{m} C_j S_{\nabla j}}{|r\sin\theta|} \tag{7.1}$$

式中，φ 为滑动面的内摩擦角；C 为滑动面的内聚力；S_v 为滑动面的面积；j 为切割面的编号；m 为切割面的数目；C_j、$S_{\nabla j}$ 分别为 j 切割面的内聚力和面积。

2. 双滑面块体稳定性计算方法

对于双滑面块体的稳定性分析，首先是找出两个主滑面，并根据主滑面交线求出滑移矢量，然后采用力的分解与合成求出稳定性系数。例如，常见的四面体双滑问题如图 7.3 所示，图中滑动面分别为 ABD（编号为 1）和 BCD（编号为 2），交线 BD 为真正的滑动方向。

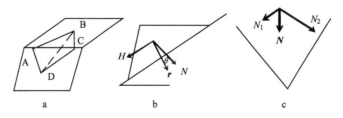

图 7.3　块体双滑面滑动受力图

设滑移矢量为 S，块体所受的净滑力为 r，净合力矢量与滑移矢量之间的夹角的余角为 θ。首先将净合力 r 分解为平行于和垂直于滑移线的作用力 H 和 N，则有：

$$H = | \, r \, | \, \sin\theta$$

$$N = | \, r \, | \, \cos\theta$$

然后，再将垂向力沿两滑移面的法矢量方向进行分解，求得作用在两滑移面上的法向力。

$$N_1 = \frac{N \sin\alpha_2}{\sin(\alpha_1 + \alpha_2)}$$

$$N_2 = \frac{N \sin\alpha_1}{\sin(\alpha_1 + \alpha_2)}$$

式中，α_1 和 α_2 分别为 N 与滑面 1 和滑面 2 的法矢量的夹角。因此，要求得 α_1 和 α_2，必须先求得 N，由图 7.3 可以看到：

$$N = S' \times S$$

式中，S' 为与滑移线矢量 S 在水平面上的投影相垂直的矢量。

在上述基础上，可求得双滑面块体的稳定性系数为：

$$K = \frac{\sum\limits_{i=1}^{2} (N_i \tan\varphi_i + C_i S_{\nabla j}) + \sum\limits_{j=1}^{m} C_j S_{\nabla j}}{| \, r \, | \, \sin\theta} \tag{7.2}$$

式中，i 代表主滑面的编号；j 为切割面的编号；C_i、φ_i、$S_{\nabla j}$ 分别为主滑面的内聚力、内摩擦角和滑面面积；m 为块体中切割面的数目；C_j、$S_{\nabla j}$ 分别为切割面的内聚力和面积。

7.2　拱肩槽边坡局部稳定性分析与评价

7.2.1　块体边界的确定

1. 滑移控制面

根据 7.1.2.1 中所述的块体滑移控制面的确定方法，确定了拱肩槽边坡中可能的滑移控制面，其主要特征见表 7.3～表 7.6。滑移控制面的空间位置及其与开挖临空面的关系详见拱肩槽边坡径向剖面图，典型剖面如图 7.4 所示。

2. 开挖临空面与侧坡面

拱肩槽边坡的开挖面为一较为复杂的曲面，本阶段块体稳定性分析中将曲面简化为平面，用左右岸上下游边坡总体的开挖产状进行分析（表 7.7）。

表 7.3　拱肩槽左岸上游侧边坡可能的滑移控制面一览表

编号	硐号	高程/m	层位	起点/m	终点/m	走向	倾向	倾角/(°)	迹长/m	带宽/cm	影响带宽度	风化程度	工程类型
LC6-4	32	379.84	6	80	99.5	N50°～70°E	SE	12～20	19.5	3～5	无	弱风化	A
LC6-1	82	411.8	6	13	23	N20°W	NE	20～25	10	1.5～10	无	强风化	C1
LC6-3	82	411.48	6	0	14.5	N20°～40°E	SE	15～25	14.5	7～48	下盘 2m	强风化	C1-C2
LC6-4	82	411.48	6	8.5	19.5	N75°W	SW	5	11.5	10	20～30cm (下)	强风化	B2
LC6-6 (部分)	82	411.48	6	64	75	N80°E～EW	SE	5～10	17.5	10～15	无	强风化	B3
LC6-1	12	419.33	6	18	39	N77°W	SW	10～15	21	8～12	下盘 20～50cm	强风化	B3
LC7-2	50	465.04	7	23.5	41.5	N60°～80°E	SE	15～18	17.5	3～6	上盘 20cm	强风化	C2 (23.5～38m), B2 (38～41.5m)
LC8-3	36	481.4	8	57	72.5	N50°E	SE	15	15.5	5	无	强风化	B2
LC8-6	36	481.4	8	79.4	97.6	N56°E	SE	24	5.3	2	无	强风化	B2
g9-2	76 支	518.7	9	93	96	N75°E	SE	60	3	6～7	无	弱风化	A
g9-4	76 支	518.7	9	129	130	N70°E	SE	65	1	1～2	无	弱上风化	A
LC9-1	76 主	518.7	9	28	49.5	N50°～70°E	SE	10～20	21.5	2～3	无	弱风化	B2
LC9-7	76 支	518.7	9	94	105	N80°E	SE	20～25	11	3～5	上盘 10～25cm	弱上风化	B1
LC9-12	76 支	518.7	9	157	162	N50°E	SE	20～30	5	3～9	下盘 20～30cm	强风化	B2

表 7.4　拱肩槽左岸下游侧边坡可能的滑移控制面一览表

编号	硐号	高程/m	层位	起点/m	终点/m	走向	倾向	倾角/(°)	迹长/m	带宽/cm	影响带宽度	风化程度	工程类型
LC6-5	80	395.82	6	96	101	N45°W	SW	20	9	2～4	无	弱风化	A
LC6-1	56	398	6	45.6	55.6	N85°W	NE	25	15	2～8	无	弱风化	A
LC8-5	36	481.4	8	75.3	79.2	N70°W	NE	28～32	4.2	3	无	弱风化	B2
LC8-8	36	481.4	8	42	50	N60°E	NW	20					A
LC8-4	36 支	481.4	8	36	50	N43°～80°E	NW	26-32	14	11	无	强风化	A
LC9-4	76 支	518.7	9	38	43.5	N70°W	NE	25～30	5.5	10～14	无	微风化	B1
LC5-34	地表		5			N70°W	NE	10					A
LC5-40	地表		5			EW	N	35					A
LC6-12	地表		6			N35°E	NW	17					B2
LC6-48	地表		6			N50°E	NW	10					A

表 7.5　拱肩槽右岸上游侧边坡可能的滑移控制面一览表

编号	碉号	高程/m	层位	起点/m	终点/m	走向	倾向	倾角/(°)	迹长/m	带宽/cm	影响带宽度	风化程度	工程类型
C4	35	379.38	4~5	40	55.5	N10°~30°E	SE	15	15.5	7~10	无	弱微风化	A
LC5-4	35	379.38	5	27.5	44.5	N20°~35°E	SE	15~20	17	4~9	无	弱微风化	A
LC5-1	63	389.1	5	0	10	N30°~50°E	SE	15	10	3~5	下盘 20~30cm	弱上风化	B2
LC5-2	63	389.1	5	0	12.5	N20°~40°E	SE	15~20	12.5	5~7	无	弱上风化	B2
LC5-5	63	389.1	5	39	49.5	N20°E~SN	SE	5~8	10.5	3~5	下盘10cm左右	弱风化	A
LC6-9	85支	426.53	6	46.6	53	N40°E	SE	18	6.4	5~10	上盘15cm 下盘10cm	弱微风化	A
LC6-10	85支	426.53	6	47.6	55	N20°W	NE	25~30	7.4	0.5~5	无	强风化	B2
LC6-4（部分）	85	426.53	6	51	58	SN	E	10~12	7	5~8	上盘2~30cm	弱风化	B2
LC6-6	85	426.53	6	105.6	111.3	SN	E	10~15	5.7	0.5~5	无	弱微风化	A
C7-1	37	502.1	7	0	12	N30°W	NE	15	12	4~6	30~40cm	强风化	C2
C7-2	37	502.1	7	12	59	N20°~30°E	SE	10~20	47	2~10	10~40cm	弱风化	B2
LC9-5	31	544.22	9	39	63	N30°~45°E	SE	10~20	24	5~8	上下盘10~20cm	强风化	B3（39~53m）B2（53~63m）
LC9-6	31	544.22	9	63	76	N20°W	NE	20	13	0.5~5	无	弱微风化	A
LC9-8	31支	544.22	9	31.7	37.7	N25°E	SE	20~30	6	0~5	无	弱上风化	A
C9	49	563.19	9	20	101	N22°E~N5°W	SE/NE	5	81	5~10	无	弱风化-新鲜	B2（20~52m）B1（53~101m）
LC12-1	53	621.26	12	25	42	N15°~40°E	SE	12~20	17	1~4	10cm	弱风化	B2
LC12-1	59	620.22	12	55	70	SN	E	5~10	15	7~9	上盘10~20cm 下盘10cm	弱风化	B2
LC5-21	地表		5			N10°~25°E	SE	15					B3
LC6-23	地表		6			SN	E	16					B3
C8-1	地表		8			N10°~30°E	SE	13					B3
C9-1	地表		9			N60°E	SE	10					B3
C12-1	地表		12			N60°~70°E	SE	7					C2
LC12-25	地表		12			N25°E	SE	14					B3

表 7.6　右岸拱肩槽下游侧边坡可能滑移控制面一览表

编号	硐号	高程/m	层位	起点/m	终点/m	走向	倾向	倾角/(°)	迹长/m	带宽/cm	影响带宽度	风化程度	工程类型
LC5-1	61	377	5	0	7.3	N20°E	NW	20	7.3	2~5	2~5	强风化	B2
LC5-6 (部分)	61	377	5	45.6	68.6	SN	W	15	45	3~8	上下盘 10~20cm	强风化	C2
LC5-7	69	382.67	5	45	61	N40°E	NW	10~20	16	4	无	强风化	B2
LC6-1	11	414.68	6	4	82	N49°~68°E	NW	10~15	80	5~10	无	强风化	B2 (4~62m) A (62~82m)
LC6-2	11支	414.68	6	4	11	N70°W	NE	15~20	7	1~3	无	强风化	A
LC7-2	75	467.35	7	37.5	49.4	SN	W	15~25	11.9	2	无	弱风化	A
LC6-45	地表		6			N40°E	NW		7				A
LC6-47	地表		6			N60°E	NW		12				A
LC6-49	地表		6			N20°~30°E	NW		12				A

表 7.7　拱肩槽边坡开挖临空面总体产状

位　置	走向	倾向	倾角/(°)
右岸拱肩槽上游侧	N6°E	SE	73
右岸拱肩槽下游侧	N16°E	NW	73
左岸拱肩槽上游侧	N77°E	SE	73
左岸拱肩槽下游侧	N70°E	NW	73

拱肩槽开挖边坡与河谷自然斜坡的交汇地带的块体，自然斜坡可构成其侧坡面。侧坡面的总体走向与坝区河流流向 S50°E（N50°W）一致，左岸倾向 SW，右岸倾向 NE，倾角按不同高程取值（表 7.8）。

表 7.8　拱肩槽边坡侧坡面产状

岸　别	走向	倾向	倾角（高程）
左岸	N50°W	SW	28°（<420m） 73°（420~550m）
右岸	N50°W	NE	40°（550~630m） 75°（630~720m）

3. 切割面与顶界面

块体的切割面主要为滑移控制面附近的优势裂隙和挤压带。通过现场调研和裂隙信息库的统计分析获得各种半确定性块体的切割面（部分可成为次级滑动面）；通过作图法获得确定性块体的分割面，由于挤压带不发育，因此，边坡中可构成确定性的块体很少。拱肩槽部位裂隙的迹长一般为 2~5m，最大可达 10 余米，分析中取裂隙的长度为

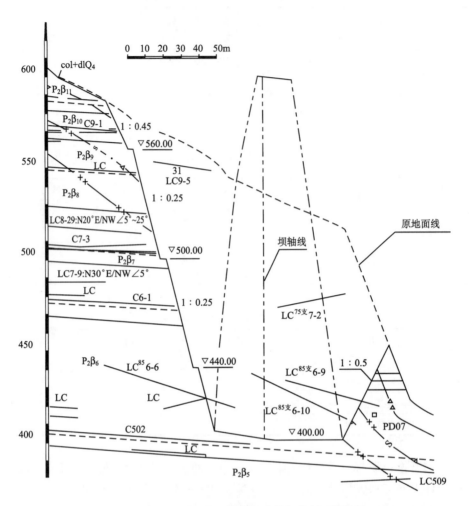

图 7.4　滑移控制面的空间位置及其与临空面的关系
（右岸 R400 径向剖面部分）

5～10m。挤压带的长度按 50m 考虑。

顶界面通过现场调查和作图分析确定。稳定性计算中，左右岸层间错动带的产状分别按 N30°W/NE∠6°和 N23°E/SE∠4°考虑；层内错动带按实际产状考虑。

拱肩槽边坡不同部位滑移面、临空面和切割面组合成的确定性和半确定性块体的详细组合情况详见表 7.10～表 7.15。

7.2.2　块体物理力学参数的确定

1. 块体边界结构面的力学参数

根据第 4 章对结构面力学参数的建议值，确定各类结构面的抗剪强度参数如表 7.9

所示。考虑到边坡岩体大部分处于风化卸荷带内，结构面错动相对较强烈，因此，采用结构面的抗剪强度参数作为计算依据。对构成块体边界的层间层内错动带和挤压带（软弱结构面），依据其工程类型按表 7.9 确定力学参数。不同地段具有不同工程类型的同一条结构面，其力学参数采用加权平均法确定。对构成半确定性块体边界的优势裂隙，其力学参数根据统计段的风化状态按表 7.9 确定；对构成随机块体的优势裂隙，其力学参数按照统计平硐所测裂隙的不同风化状态比例采用加权平均法确定。按照上述原则和方法确定的各类块体边界的力学参数详见表 7.10～表 7.15。

表 7.9　坝区结构面分类及力学参数表

大　类	亚　类			工 程 类 型	抗剪强度参数	
	代　号	错动强度	风化状态		C	$\varphi/(°)$
刚性结构面			微新	单条陡倾裂隙	0	38
			弱风化		0	31
软弱结构面	A	微弱	弱微	裂隙岩块型	0	25
	B1	较强	微风化	含屑角砾型	0	23
	B2		弱风化		0	20
	B3		弱风化		0	20
	C1	强	弱风化	岩屑角砾型	0	19
	C2		弱风化		0	17

2. 块体的物理参数

参照坝区岩石的室内试验资料，取块体的天然容重为 26kN/m³，饱水容重为 27.5kN/m³。

7.2.3　块体稳定性计算及结果

采用边坡块体稳定性分析软件（SASW，许强等，1997[①]），计算不同层次和不同类型的块体在天然、地震、爆破、地下水、水雾等工作状况下的稳定性。地震效应采用等效静力法计算，地震烈度按照 8 度考虑，水平地震系数和垂直地震系数分别为 0.18 和 0.117；爆破工况条件下，据起爆序列取块体距爆心的距离为 10m，爆破装药量为 50kg。地下水的作用主要考虑水库蓄水后的影响，由于正常蓄水位为 600m，因此，拱肩槽上游侧边坡 600m 高程以下的块体均按被地下水全部淹没计算。拱肩槽下游侧边坡中的块体考虑水雾的影响，按块体饱水 75％计算。

7.2.3.1　确定性块体分析结果

根据目前的勘探揭露，结合平切图和径向剖面图分析，仅在左岸拱肩槽上游侧边坡

---

① 许强等，1997，边坡岩体块体稳定性分析软件 SASW 开发说明。

中发现一个类型 4 的确定性块体。可在左岸 520m 高程的平切图和左岸 440m、480m 拱圈的径向剖面图上确定该块体的位置。该确定性块体为四面体（图 7.5），其滑移面为 $g^{76支}9\text{-}4$，切割面为 $g^{76支}9\text{-}5$，临空面为左岸拱肩槽上游侧边坡开挖面，顶界面为层间错动带 C9-2。块体的稳定性计算结果如表 7.10 所示，由此可见，在各种工况条件下，该确定性块体的稳定性系数均远远小于 1，处于不稳定状态。

表 7.10　确定性块体计算结果

工程部位	面名称	产状	C/kPa	φ/(°)	面积/m²	体积/m³	重量/kN	最大高度/m	最大宽度/m
左岸拱肩槽上游侧	临空面	167°∠73°			229	136	3530	23	1.86
	C9-2	60°∠6°			21				
	$g^{76支}9\text{-}4$	160°∠65°	0	25	192				
	$g^{76支}9\text{-}5$	190°∠83°	0	25	49				

滑动方式	主滑面产状	块体顶点高程/m				稳 定 系 数			
		A	B	C	D	天然	地震	爆破	地下水
单面	160°∠65°	534	531	511	532	0.22	0.11	0.18	0.01

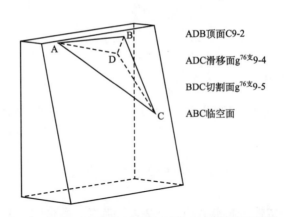

ADB顶面C9-2

ADC滑移面$g^{76支}9\text{-}4$

BDC切割面$g^{76支}9\text{-}5$

ABC临空面

图 7.5　左岸拱肩槽上游侧边坡中确定性块体的形状

7.2.3.2　半确定性块体计算结果

拱肩槽边坡中的半确定性块体多为表 7.2 中类型 1 的组合块体，即层间错动带作顶界面，层内错动带作滑移面，优势裂隙作切割面，计算结果见表 7.11、表 7.12、表 7.13 和表 7.14。其他组合类型的半确定性块体较少，计算结果见表 7.15。拱肩槽边坡中天然状况下不稳定块体的形态如图 7.6 所示。

表 7.11　左岸拱肩槽上游侧边坡半确定性块体（类型一）稳定性计算成果表
（边坡总体产状:N77°E/SE∠73°,顶界面产状:N30°W/NE∠6°）

编号	主要滑移控制面 位置	产状	性状类型	φ/(°)	切割面或次滑面 产状	φ/(°)	组合情况	块体形态	体积/m³	重量/kN	H/m	W/m	滑动方式	主滑面产状	天然	地震	爆破	地下水
LC32 6-4	PD32 80-99.5	150°∠21°	A	25	1.245°∠72° 2.222°∠69°	31	1+2	五面体	61.35	1595	4	8.2	单面	150°∠21°	1.21	0.73 (1)	1.01	1.03
LC82 6-1	PD82 13-23	70°∠23°	C1	19	1.235°∠73°	31	1	四面体	7	183	1.42	10.8	双面	70°∠23° 235°∠73°	5.74	1.82	3.38	4.46
LC82 6-3 (LC6-8)	PD82 0-14.5	120°∠20°	C1-C2	18	1.358°∠86° 2.154°∠9° 3.177°∠88°	31	1+3	五面体	3	64	3.41	0.89	单面	120°∠20°	0.89[1]#	0.53	0.74	0.4
LC82 6-4	PD82 8.5-19.5	195°∠5°	B2	20	同上	31	稳定										
LC12 6-1	PD12 18-39	193°∠13°	B3	20	1.189°∠70° 2.191°∠23°	31	稳定										
LC50 7-2	L400-s-465	160°∠17°	23.5~38m: C2,38~41.5m;B2	18	1.215°∠73° 2.75°∠18° 3.20°∠40° 4.145°∠70°	31	1+3	五面体	51	1319	3.7	7.6	单面	160°∠17°	1.06	0.6 (2)	0.85	0.71
LC36 8-3 (支硐 LC8-1)	L480-s-482 440-w-482	140°∠15°	B2	20	1.190°∠80° 2.350°∠85°	38	稳定										
LC36 8-6	L480-s-482; L440-w-482	146°∠24°	B2	20	1.0°∠82° 2.230°∠80°	38	1+2	五面体	7	180	2.36	2.54	单面	146°∠24°	0.82[2]#	0.51	0.69	0.01

续表

编号	位置	主要滑移整制面 产状	性状类型	φ/(°)	切割面或次滑面 产状	φ/(°)	组合情况	块体形态	体积/m³	重量/kN	H/m	W/m	滑动方式	主滑面产状	稳定系数 天然	地震	爆破	地下水
LC[76]主9-1	L400-s-520	50°∠15°	B2	20	1.240°∠80° 2.145°∠25° 3.255°∠48°	31	1	稳定										
							1+3	五面体	58	1508	3	9.2	双面	150°∠15° 255°∠48°	1.76	0.9(3)	1.35	1.16
LC[76]主9-7	L520-s-525; L480-s-525; L440-w-525	170°∠23°	B1	23	1.215°∠75° 2.45°∠13°	31	1+2	五面体	16	411	1.08	4.2	双面	170°∠23° 45°∠13°	4.17	1.63	2.77	3.02
							1	四面体	3	68	1.06	2.3	双面	170°∠23° 215°∠75°	1.99	1.14	1.62	1.58
LC[76]支9-12	L400-w-520	140°∠25°	B2	20	1.215°∠75° 2.45°∠13°	31	1	四面体	15	383	3.4	3.2	单面	140°∠25°	0.93[3]#	0.6	0.81	0.56

注:1. L520-s-550中,L520表示左岸520m拱圈边坡,若L换为R则表示右岸拱圈边坡;s代表滑移面,若s换为w则代表滑移面在开挖范围内,若s换为w则代表滑移面部分在边坡内,部分在开挖范围内;550m表示滑移面的平均高程。

2. 1#,2#,…为天然状况下不稳定块体编号;(1)、(2)、…为地震状况下不稳定块体编号。H为块体的最大高度,W为块体的最大宽度。

3. 以下表格的说明同此。

表 7.12　左岸拱肩槽下游侧边坡半确定性块体（类型一）稳定性计算成果表
（边坡总体产状:N70°E/NW∠73°,顶界面产状:N30°W/NE∠6°）

编号	主要滑移控制面 位置	主要滑移控制面 产状	性状类型	φ/(°)	切割面或次滑面 产状	φ/(°)	组合情况	块体形态	体积/m³	重量/kN	H/m	W/m	滑动方式	主滑面产状	稳定系数 天然	稳定系数 地震	稳定系数 爆破	稳定系数 水雾
LC⁵⁶6-1	PD56 45.6-55.6	5°∠25°	A	25	1.150°∠84° 2.90°∠75° 3.115°∠76°	31	1+2+3	六面体	41	1055	11	3	单面	5°∠25°	1.36	0.63	0.85	1
							1+2	五面体	13	345	7	1.24	单面	5°∠25°	1	(4)	0.85	0.74
							2	四面体	4	106	2.21	2.21	单面	5°∠25°	1	0.63	0.85	0.82
LC³⁶8-5	L480~ 440-w-482	20°∠30°	B2	20	1.90°∠13° 2.180°∠80°	38	稳定										.	
LC³⁶8-8	L440-w-482	330°∠20°	A	25	1.155°∠60° 2.290°∠85° 3.220°∠85°	38	2+3	五面体	13	341	2.55	7.52	双面	330°∠20° 290°∠85°	2.95	1.52	2.27	2.65
							3	四面体	24	619	2.3	4.67	单面	330°∠20°	1.28	0.76	1.06	1.06
LC³⁶支8-4	L480-s-482	330°∠30°	A	25	1.230°∠83° 2.35°∠10°	31	1	四面体	13	348	2.35	3.2	单面	330°∠30°	0.844#	0.55	0.72	0.67
LC⁷⁶支9-4	L440-w-520 L480-s-520	20°∠28°	B1	23	1.215°∠75° 2.45°∠13°	31	1	四面体	4	98	1.47	4.86	双面	20°∠28° 215°∠75°	5.79	2.1	3.69	5.56
LC5-34	地表	20°∠10°	A	25	1.245°∠73° 2.140°∠75° 侧:220°∠28°	31	1	五面体	23	597	1.36	10	单面	20°∠10°	2.64	1.18	1.89	2.61
LC5-40	地表	0°∠35°	A	25	1.245°∠73° 2.140°∠75° 侧:220°∠28°	31	侧	五面体	31	794	3	5.13	单面	0°∠35°	0.67	0.44	0.58	0.65
								四面体	11	281	2.58	3.26	单面	0°∠35°	0.675#	0.44	0.58	0.65
LC6-12	地表	305°∠17°	B2	20	1.230°∠80° 2.180°∠80° 侧:220°∠28°	31	侧	四面体	7.41	193	2.39	3.32	单面	305°∠17°	1.19	0.67	0.96	0.96
							1	五面体	54	1400	3.51	6.78	双面	305°∠17° 230°∠80°	1.36	0.76	1.09	0.83
LC6-48	地表	320°∠10°	A	25	侧:220°∠73°	31	侧	四面体	46	1206	2.28	8.83	单面	320°∠10°	2.64	1.18	1.89	2.24

注：地震列中 (4)、(5)、(6) 为相应脚注编号。

表7.13　右岸拱间槽上游侧边坡半确定性块体(类型一)稳定性计算成果表
(边坡总体产状:N6°E/SE∠73°, 顶界面产状:N23°E/SE∠4°)

编号	主要滑移控制面 位置	产状	性状类型	φ/(°)	切割面或次滑面 产状	φ/(°)	组合情况	块体形态	体积/m³	重量/kN	H/m	W/m	滑动方式	主滑面产状	稳定系数 天然	地震	爆破	地下水
LC³⁵5-4	PD35 27.5-44.5	120°∠18°	A	25	1.170°∠85° 2.250°∠85° 3.103°∠22°	31	1	四面体	11	295	1.58	5.55	双面	120°∠18° 170°∠85°	2.39	1.25	1.86	2.13
							1+2	五面体	187	4878	10	5	双面	120°∠18° 250°∠85°	2.51	1.3	1.94	0.71
LC⁶³5-1	PD63 0-10	130°∠15°	B2	20	1.110°∠83° 2.35°∠80° 3.335°∠65° 4.123°∠30°	31	2	四面体	22	560	2.17	7	双面	130°∠15° 35°∠80°	1.44	0.77 (7)	1.13	0.99
							2+4	五面体	2	61	1.21	2.07	双面	130°∠15° 35°∠80°	1.44	0.77	1.13	0.68
LC⁶³5-2	PD63 0-12.5	120°∠18°	B2	20	1.110°∠83° 2.35°∠80° 3.335°∠65° 4.123°∠30°	31	2	四面体	17	428	2	5	双面	120°∠18° 35°∠80°	1.14	0.65 (8)	0.92	0.95
							3	四面体	3.43	90	1	5	双面	120°∠18° 35°∠65°	3	1.3	2.11	2.71
LC⁶³5-5	PD63 39-49.5	100°∠7°	A	25	1.40°∠72° 2.0°∠75°	31	稳定											
LC³¹9-8	R440~520-s-545 115°∠25°	115°∠25°	A	25	1.340°∠68° 2.220°∠85°	31	2	四面体	2.17	57	1.23	1.85	双面	115°∠25° 220°∠85°	1.24	0.77 (9)	1.05	0.97
							1+2	五面体	149	3876	10	7	双面	115°∠25° 220°∠85°	1.24	0.77	1.05	0.42

续表

编号	主要滑移整制面 位置	主要滑移整制面 产状	主要滑移整制面 性状类型	主要滑移整制面 φ/(°)	切割面或次滑面 产状	切割面或次滑面 φ/(°)	组合情况	块体形态	体积/m³	重量/kN	H/m	W/m	滑动方式	主滑面产状	稳定系数 天然	稳定系数 地震	稳定系数 爆破	稳定系数 地下水
LC5-21	地表	110°∠15°	B3	20	1.60°∠70° 2.350°∠75° 侧:40°∠28°	31	侧	四面体	3	82	1	3	单面	110°∠15°	1.36	0.73 (10)	1.07	1.27
							2	五面体	29	759	2.2	8.3	双面	110°∠15° 350°∠75°	1.97	0.98	1.49	1.44
							1+2	六面体	64	1651	3	11	双面	110°∠15° 350°∠75°	1.97	0.98	1.49	1.44
LC6-23	地表	90°∠16°	B3	20	35°∠80° 侧:40°∠73°	31	侧	四面体	2	47	1	2.4	单面	90°∠16°	1.27	0.7 (11)	1.01	1.02
							1	五面体	6	160	1	4	双面	90°∠16° 35°∠80°	1.96	1.01	1.51	1.62
LC12-25	R480~520-s-655	115°∠14°	B3	20	220°∠83° 侧:40°∠75°	31	侧	四面体	6	154	1	4	单面	115°∠14°	1.46	0.76 (12)	1.13	高出蓄水位
							1	五面体	7	169	2	7	双面	115°∠14° 220°∠83°	1.69	0.87	1.3	

表7.14　右岸拱肩槽下游侧边坡半确定性块体（类型一）稳定性计算成果表

（边坡总体产状:N16°E/NW∠73°，顶界面产状:N23°E/SE∠4°）

编号	主要滑移控制面				切割面或次滑面		组合情况	块体形态	体积 /m³	重量 /kN	H /m	W /m	滑动方式	主滑面产状	稳定系数			
	位置	产状	性状类型	φ/(°)	产状	φ/(°)									天然	地震	爆破	水雾
LC⁶¹5-1	PD61 0-7.3	290°∠20°	B2	20	1.320°∠89° 2.70°∠24°	31	1	四面体	1	21	0.42	1.01	双面	290°∠20° 320°∠89°	3.46	1.58	2.50	3.11
LC⁶¹5-6 (部分)	PD61 45.6-68.6	270°∠15°	C2	17	1.340°∠85°	31	1	四面体	4	100	0.98	2.18	单面	270°∠15°	1.14	0.61 (13)	0.9	1.04
LC⁶⁹5-7	R360-s-383	310°∠15°	B2	20	1.94°∠10° 2.344°∠83° 3.228°∠89°	31	3	四面体	5	127	1.16	2.78	单面	310°∠15°	1.36	0.73	1.07	1.25
							2+3	五面体	83	2151	6.58	4.41	单面	310°∠15°	1.36	0.73 (14)	1.07	0.58
LC¹¹6-1	PD11 4-82	330°∠13°	4~62m: B2,62~82m: A	21	1.90°∠89° 2.160°∠89°	31	1	四面体	5	127	1.88	1.81	单面	330°∠13°	1.66	0.84 (15)	1.27	1.49
							1+2	五面体	5	123	1.54	1.81	双面	330°∠13° 160°∠89°	13.23	2.15	4.92	8.52
LC¹¹上支6-2	PD11上支 4-11	20°∠18°	A	25	1.335°∠15°		1	稳定										
LC⁷⁵7-2	R400-w-467 R440-s-467	270°∠20°	A	25	1.30°∠86° 2.290°∠85° 3.0°∠55°	31	2	四面体	1	21.77	1.43	0.45	单面	270°∠20°	1.28	0.76 (16)	1.06	1.13
							2+3	五面体	232	6044	4.25	8.61	双面	270°∠20° 0°∠55°	1.42	0.83	1.16	1.23

续表

| 编号 | 主要滑移控制面 | | | | 切割面或次滑面 | | 组合情况 | 块体形态 | 体积 /m³ | 重量 /kN | H /m | W /m | 滑动方式 | 主滑面产状 | 稳定系数 | | | |
	位置	产状	性状类型	φ/(°)	产状	φ/(°)									天然	地震	爆破	水雾
LC6-45	R400-s-454	310°∠7°	A	25	120°∠8° 侧:40°∠73°	31	侧	四面体	3	67	0.6	2.75	单面	310°∠7°	3.8	1.39	2.44	3.29
							1	五面体	6	65	0.58	3.85	双面	310°∠7° 120°∠8°	46.71	2.47	6.79	28.25
LC6-47	R400-s-430	330°∠12°	A	25	120°∠8° 侧:40°∠73°	31	侧	四面体	14.4	374	1.69	5.3	单面	330°∠12°	2.19	1.07	1.64	1.96
							1	五面体	7	194	0.76	5.27	双面	330°∠12° 120°∠8°	12.7	2.22	5	9.68
LC6-49	地表	295°∠12°	A	25	1.5°∠80° 2.140°∠75° 侧:4°∠73°	31	侧	四面体	2	41	0.51	1.61	单面	295°∠12°	2.19	1.07	1.64	2.02
							1	五面体	35	919	2.53	8.03	双面	295°∠12° 55°∠80°	2.91	1.32	2.1	2.56
							1+2	六面体	84	2190	5	5.85	双面	295°∠12° 55°∠80°	2.91	1.32	2.1	1.5

表7.15　拱肩槽边坡半确定性块体（其他类型）稳定性计算成果表

工程部位	主要滑移面位置	块体边界	面名称	产状	C	φ/(°)	形态	体积/m³	重量/kN	最大高度/m	最大宽度/m	滑动方式	天然	地震	爆破	地下水（水雾）
左岸拱肩槽上游侧	L400-s-410	临空面		167°∠73°			五面体	9	233	2	2.15	双面	5.48	1.54	3	1.62
		顶界面	LC^{82}6-7	25°∠15°												
		滑移面1	LC^{82}6-6	175°∠8°	0	20										
		滑移面2	优势裂隙	140°∠82°	0	38										
		切割面	优势裂隙	335°∠65°	0	38										
	L520-s-520；L480-w-520；L440-w-520	临空面		167°∠73°			稳定									
		顶界面	C9	60°∠6°												
		滑移面	g^{76}支9-2	165°∠60°	0	25										
		切割面	优势裂隙	215°∠75°	0	31										
		切割面	优势裂隙	45°∠13°	0	31										
左岸拱肩槽下游侧	L400-w-405	临空面		340°∠73°			五面体	39	1007	3.01	5.27	双面	7.48	2.34	4.36	4.86
		顶界面	LC^{56}支6-3	158°∠21°												
		滑移面1	LC^{80}6-5	355°∠20°	0	25										
		滑移面2	优势裂隙	10°∠88°	0	31										
		切割面	优势裂隙	227°∠45°	0	31										
右岸拱肩槽上游侧	R400-w-427	临空面		96°∠73°			四体面	4	104	3	1.31	单面	0.68#	0.44	0.59	0.4
		顶界面	LC6-45	310°∠7°												
		滑移面1	LC^{85}支6-10	70°∠28°		20										
		滑移面2	优势裂隙	295°∠85°	0	31										

续表

工程部位	主要滑移面位置	块体边界面特征					块体特征						稳定系数			
		块体边界	面名称	产状	C	φ/(°)	形态	体积/m³	重量/kN	最大高度/m	最大宽度/m	滑动方式	天然	地震	爆破	地下水(水雾)
	R400-w-427	临空面		96°∠73°			四面体	19	499	2.3	5.33	双面	1.95	1.06	1.54	1.09
		顶界面	LC6-45	310°∠7°												
		滑移面 1	LC^{85}_{6-9}	130°∠18°	0	25										
		滑移面 2	优势裂隙	15°∠68°	0	31										
	R360-s-427	临空面		96°∠73°			四面体	3	81	0.73	3.44	单面	1.87	0.88 (17)	1.37	1.26
		顶界面	LC6-27	105°∠5°												
		滑移面	LC^{85}_{6-4}	90°∠11°	0	20										
		切割裂隙	优势裂隙	350°∠80°	0	31										
右岸拱肩槽上游侧	R400-s-427	临空面		96°∠73°			四面体	6.6	171	1.33	3.72	单面	2.02	1.02	1.54	1.21
		顶界面	LC^{71}_{6-1}	218°∠11°												
		滑移面	LC^{85}_{6-6}	90°∠13°	0	25										
		切割裂隙	优势裂隙	0°∠50°	0	38										
	R440-s-545;	临空面		96°∠73°			四面体	3	79	1.68	3.68	双面	1.44	0.77 (18)	1.13	0.01
		顶界面	LC^{31}_{9-3}	135°∠10°												
		滑移面 1	LC^{31}_{9-5}	130°∠15°	0	20										
		滑移面 2	优势裂隙	42°∠80°	0	31										
	R440-s-545;	临空面		96°∠73°			五面体	305	7937	11.22	6.25	双面	1.44	0.77	1.13	0.43
		顶界面	LC^{31}_{9-3}	135°∠10°												
		滑移面 1	LC^{31}_{9-5}	130°∠15°	0	20										
		滑移面 2	优势裂隙	42°∠80°	0	31										
		切割裂隙	优势裂隙	150°∠86°	0	31										

续表

工程部位	主要滑移面位置	块体边界	面名称	产状	C	φ/(°)	形态	体积/m³	重量/kN	最大高度/m	最大宽度/m	滑动方式	天然	地震	爆破	地下水(水雾)
右岸拱肩槽上游侧	R440-s-545; R480-s-545	临空面		96°∠73°			四面体	8	201	2.35	3	单面	1.28	0.76 (19)	1.06	0.73
		顶界面	LC³19-7	165°∠10°												
		滑移面	LC³19-6	70°∠20°	0	25										
		切割面	优势裂隙	130°∠85°	0	38										
	R440~480-s-620	临空面		96°∠73°			四面体	17.6	458	3	5	双面	0.997#	0.6	0.83	高出蓄水位
		顶界面	LC12-21	165°∠5°												
		滑移面1	LC⁵³12-1	135°∠22°	0	20										
		滑移面2	优势裂隙	40°∠80°	0	31										
	R590~610-s-620	临空面		96°∠73°			四面体	26	682	3.36	5.08	双面	7.76	1.71	3.59	高出蓄水位
		顶界面	LC⁵⁹12-2	15°∠25°	0	23										
		滑移面1	LC⁵⁹12-1	90°∠8°	0	20										
		滑移面2	优势裂隙	245°82°	0	31										
	R590~610-s-620	临空面		96°∠73°			五面体	24	632	3.36	5.08	双面	4.32	1.36	2.53	高出蓄水位
		顶界面	LC⁵⁹12-2	15°∠25°	0	23										
		滑移面1	LC⁵⁹12-1	90°∠8°	0	20										
		滑移面2	优势裂隙	315°∠75°	0	31										
		切割面	优势裂隙	245°∠82°	0	31										
	PD37 0~12	临空面		96°∠73°			四面体	12	303	2.38	2.85	单面	1.14	0.61 (20)	0.9	0.8
		顶界面		0°∠0°												
		滑移面	C³77	60°∠15°	0	17										
		切割面	优势裂隙	300°∠70°	0	31										

续表

工程部位	主要滑移面位置	块体边界面特征					块体特征					滑动方式	稳定系数			
		块体边界	面名称	产状	C	φ/(°)	形态	体积/m³	重量/kN	最大高度/m	最大宽度/m		天然	地震	爆破	地下水(水雾)
	PD37 12~59	临空面		96°∠73°			四面体	1.8	48	1	2.07	双面	1.6	0.85 (21)	1.25	1.17
		顶界面	C_7^{37}	0°∠0°												
		滑移面 1		120°∠15°	0	20										
		滑移面 2	优势裂隙	220°∠85°	0	31										
	地表	临空面		96°∠73°			四面体	1.21	31	0.5	1.81	单面	1.58	0.8 (22)	1.2	1.28
		顶界面	C8-1	0°∠0°												
		滑移面		110°∠13°	0	20										
		侧坡面	自然边坡	40°∠40°												
右岸拱肩槽上游侧	地表	临空面		96°∠73°			四面体	6.24	162	1	5.35		2.06	0.92 (23)	1.48	1.72
		顶界面	C9-1	0°∠0°												
		滑移面		150°∠10°	0	20										
		侧坡面	自然边坡	40°∠40°												
	地表	临空面		96°∠73°			四面体	2	44	0.53	3.89		2.49	0.91 (24)	1.6	高出蓄水位
		顶界面		0°∠0°												
		滑移面	C12-1	155°∠7°	0	17										
		侧坡面	自然边坡	40°∠75°												
	PD59 61~71m	临空面		30°∠73°			四面体	3.29	86	1.6	1.7	单面	0.78[10#]	0.49 (25)	0.66	高出蓄水位
		顶界面	LC12-19	155°∠5°												
		滑移面	$LC_{12\text{-}2}^{59}$	15°∠25°	0	23										
		切割面	优势裂隙	245°∠82°	0	31										
右岸拱肩槽坝顶	PD59 104~110.5	临空面		30°∠73°			五面体	13.5	351	2.61	4.21	单面	1.05	0.64 (25)	0.88	
		顶界面	C12	114°∠4°												
		滑移面	$LC_{12\text{-}4}^{59}$	45°∠22°	0	23										
		切割面	优势裂隙	180°∠85°	0	38										
		切割面	优势裂隙	330°∠85°	0	38										

注: 右岸拱肩槽上游侧的 C_4^{35},C_9^{49} 不能构成块体。

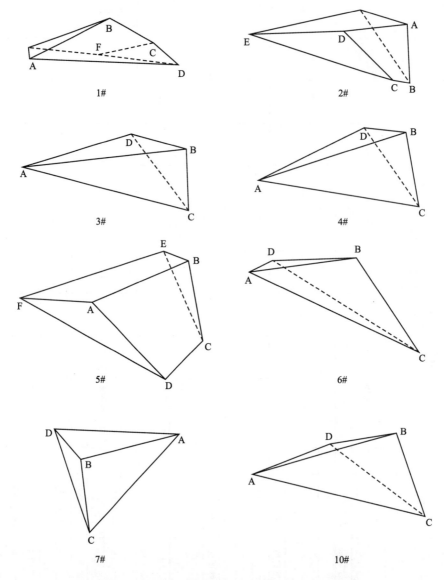

图 7.6　拱肩槽边坡半确定天然不稳定块体形态图

7.2.3.3　随机块体稳定性计算结果

　　将拱肩槽各工程部位同一岩流层的优势裂隙相互组合，判断能否构成随机块体，并分析其稳定性。计算成果见表 7.16。天然状况下随机不稳定块体的形态如图 7.7 所示。

7.2.4　边坡局部稳定性评价

　　根据上述稳定性计算成果，经初步分析，发现拱肩槽边坡的局部稳定问题有以下几

表 7.16　拱肩槽边坡随机块体稳定性计算成果表

（顶界面取水平面）

部位	层位	高程/m	优势裂隙	统计平硐编号	C	φ/(°)	组合	块体形态	体积/m³	重量/kN	最大高度/m	最大宽度/m	滑动方式	主滑面产状	稳定系数 天然	地震	爆破	地下水
左岸拱肩槽上游侧边坡 临空面:167°∠73°	5	346~365	1.243°∠71° 2.203°∠79° 3.137°∠75°	32	0	32	1+3	四面体8#	4.65	121	8.8	1.27	双面	243°∠71° 137°∠75°	0.49	0.27	0.41	0.01
	6	366~440	1.0°∠85° 2.192°∠70° 3.228°∠82°	12,80,82	0	31		稳定										
	7	440~469	1.140°∠5° 2.193°∠60° 3.172°∠70°	70	0	32	1+2+3	五面体	4.4	114.52	0.55	3.47	单面	140°∠5°	7.14	2.11	4.02	5.86
							1+2	四面体	4.43	115.28	0.55	3.47	单面	140°∠5°	7.14	2.11	4.02	5.86
	8	469~512	1.182°∠85° 2.217°∠82° 3.317°∠75°	50	0	33		稳定										
	12	561~653	1.196°∠80° 2.182°∠83°	62	0	33		稳定										
左岸拱肩槽下游侧边坡 临空面:340°∠73°	6	366~440	1.354°∠81° 2.90°∠10° 3.250°∠85°	56,30	0	28		稳定										
	7	440~469	1.120°∠9° 2.220°∠72° 3.175°∠84°	2,68	0	32		稳定										
	8	469~512	1.357°∠80° 2.180°∠81° 3.157°∠8°	36,90	0	33		稳定										
	9	512~537	1.175°∠89°	26	0	33		稳定										
	12	561~653	1.180°∠81°	38,64	0	33		稳定										

续表

部位	层位	高程/m	优势裂隙	统计平硐	C	φ/(°)	组合	块体形态	体积/m³	重量/kN	最大高度/m	最大宽度/m	滑动方式	主滑面产状	天然	地震	爆破	地下水
右岸拱肩槽上游侧边坡 临空面:96°∠73°	4	346~379	1.106°∠7° 2.26°∠72° 3.16°∠84°	35	0	34	2+3	四面体	9.47	246.16	6.86	6.64	双面	26°∠72° 16°∠84°	3.23	2.15	2.82	0.85
							1+2+3	五面体	11.05	287.28	2.85	7.96	双面	26°∠72° 106°∠7°	5.61	2.04	3.59	4.67
	5	379~398	1.46°∠78° 2.305°∠11°	63	0	31		稳定										
	6	398~465	1.53°∠77° 2.333°∠67° 3.127°∠7°	85,33,71	0	33	1+2+3	五面体	39.28	1021.18	6.96	3.73	双面	53°∠77° 127°∠7°	5.59	2.01	3.55	1.33
							1+3	四面体	12.49	325	1	5.35	双面	53°∠77° 127°∠7°	5.59	2.01	3.55	4.43
	7	465~492	1.156°∠81° 2.184°∠85° 3.56°∠54°	37	0	33	1+2+3	五面体9#	21.45	558	7.82	3.41	双面	156°∠81° 56°∠54°	0.64	0.41(26)	0.56	0.18
							2+3	四面体	24.93	648	6.37	4.38	双面	184°∠85° 56°∠54°	1.11	0.74	0.97	0.5
	9	531~564	1.126°∠83° 2.151°∠81° 3.46°∠74°	31	0	31		稳定	0									
右岸拱肩槽下游侧边坡 临空面:286°∠73°	5	379~398	1.63°∠3°	61,69	0	31		稳定										
	6	398~465	1.89°∠7° 2.49°∠82°	11,7	0	32		稳定										
	7	465~492	1.129°∠15° 2.162°∠84° 3.350°∠86°	21,75	0	32		稳定										
	8-9	492~564	1.56°∠78° 2.208°∠81° 3.58°∠26°	51	0	30		稳定										

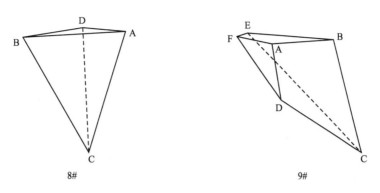

图 7.7　拱肩槽边坡随机天然不稳定块体形态图

方面的共同特点：

（1）坝区陡倾角挤压带发育较差，通常受限于缓倾角错动带，因此，构成块体的长大分割面较少，出现确定性块体的可能性较小。根据目前的分析，拱肩槽仅左岸上游侧边坡中有一个确定性的不稳定块体。

（2）不稳定块体大部分为半确定性块体。由于围限这些块体的裂隙多短小，迹长一般为 2～5m，最大仅 10m，而且连通率较低。因此，半确定性块体的规模较小，影响深度有限，切割边界也不完善。

（3）统计分析表明，半确定性块体的体积较小，绝大多数小于 40m³。一般块体的最大垂直高度小于 4m，最大水平宽度小于 6m。现场调查也表明，目前天然斜坡局部失稳或局部变形体的体积大多在 10～90m³。

（4）滑移控制面在块体稳定性中起重要的控制作用。计算结果表明，天然状态下不稳定的块体，其滑移控制面的倾角均大于 20°。

在边坡不同层次的块体稳定性计算的基础上，结合边坡的工程地质条件以及地质分析、判断，对拱肩槽边坡的局部稳定性评价如下。

7.2.4.1　左岸拱肩槽边坡

（1）左岸拱肩槽边坡低高程拱圈地带强风化夹层较发育。平硐勘探揭示，峨眉山玄武岩第 6 岩流层 $P_2\beta_6$ 中部的斑状玄武岩中，风化夹层发育，坝区绝大多数风化夹层都发育在该岩性层中。PD82 平硐（硐口高程 411.38m，由主硐、支 1 硐、支 2 硐、支 3硐组成）揭示，低高程拱圈一带强风化夹层发育，该平硐共发育 11 条风化夹层，其中强风化夹层就有 9 条，其延伸长度一般 5～20m，最长可达 42m，厚度一般为 20～100cm，最厚可达 3m。强风化夹层主要由岩块、岩屑、岩屑夹泥及少量次生泥组成，岩块块度小，表面普遍严重锈染；结构松弛或较松弛；隐裂隙显现，裂面多张开且充填岩屑及钙、泥质物，长石斑晶绝大部分风化成高岭土；锤击呈闷响声，岩石易碎，易击落；岩体呈碎裂-散体结构。强风化夹层的发育受层内错动带的控制，一般出现在规模较大且错动强烈的主错带及其影响带部位、错动带交汇部位、数条错动带平行发育或近平行发育地带。现场试验表明，强风化夹层变形模量和声波波速均较低，一般变形模量小于 4000MPa，纵波速小于 3500m/s。由此可见，强风化夹层的工程地质性状差、力学参数低，对左岸拱肩槽边坡低高程部位的局部变形稳定性不利。通过地质分析和作图判断，400m 拱圈段边坡坡脚附近，层内错动带较为密集，强风化夹层发育。由于坡脚应力较为集中，强风化夹层对边坡的局部稳定性极为不利，应注意加强处理。在 480m 拱圈段边坡坡脚一带也有密集成带的层内错动带发育，其局部稳定性也较差。

（2）左岸拱肩槽上游边坡高度 55～220m，最高可达 250m，出现在 440m 拱圈一带。上游边坡共搜索出 14 条可与其他结构面构成几何可移动块体的错动带。通过作图分析，边坡中有一个确定性的不稳定块体。该块体为四面体，体积 136m³，重 3530kN，呈狭条状分布于 440～480m 拱圈边坡中，分布高程在 511～534m（表 7.10，图 7.5）。在天然、地震、爆破和地下水状态下分别有 3 个（1#、2#、3#）、6 个、4 个、4 个半确定性块体处于不稳定状态（若一条滑移面可组成多个不稳定块体，则只取稳定系数最小的一个）。这些不稳定块体主要出现在 6 层、8 层和 9 层玄武岩中，其组合情况和出现的具体部位详见表 7.11。在第 5 层玄武岩中，产状为 N27°W/SW∠71°、N47°E/SE∠75°的两组陡倾角裂隙与临空面组合，易形成不稳定的随机四面体（表 7.16）。

（3）下游侧边坡高 20～60m，边坡整体稳定，共搜索出 10 条（包括地表出露的 4 条）可与其他结构面构成几何可移动块体的错动带。通过计算和组合，未发现有确定性块体。在天然状态下半确定块体有 2 个（4#、5#）处于不稳定状态，1 个处于临界状态；在爆破状态下，有 4 个块体处于不稳定状态；在地震状态下，有 5 个不稳定块体；在水雾作用下，有 4 个不稳定块体。这些不稳定块体主要出现在 485m 高程以下的 8 层、6 层、5 层玄武岩边坡中，其组合情况和出现的具体部位详见表 7.12。

（4）左岸坝顶边坡一带，层间层内错动带不发育，其局部稳定性主要受卸荷裂隙控制。调查表明，12 层玄武岩中的柱状节理受卸荷作用往往发育成追踪式卸荷结构面。这种陡倾卸荷裂隙一方面可产生局部的倾倒破坏，另一方面与坝顶附近的中倾角卸荷裂隙组合易形成小规模的滑移-拉裂式的变形体。在左岸高便道一带即可见到这种模式的变形体，一般中倾外卸荷结构面的倾角为 40°～60°，变形体的厚度在 5m 左右。因此，虽然平硐未揭示有不稳定块体的组合，但坝顶边坡仍应注意卸荷结构面（裂隙）对局部稳定性的影响。

7.2.4.2 右岸拱肩槽边坡

（1）右岸拱肩槽 410m 高程以下，岩体的表生卸荷作用较强烈，且平硐中发现有滑移-压致拉裂变形形成的松弛岩体。勘探揭示，低高程的 PD63、PD35 和 PD69 号平硐的强卸荷深度较大，为 26～67m，最大可达 67m（PD63），岩体卸荷主要表现为陡倾裂隙的集中式张开，裂缝张开宽度 2～20cm。部分平硐揭示（如 PD63、PD35），卸荷岩体进一步发生了滑移-压致拉裂变形，在平硐中形成松弛拉裂带。这类变形迹象在陡倾结构面与缓倾结构面（多为层内错动带）的交际部位形成弧形压碎带，并有次生泥充填；拉裂带较为新鲜，局部充填岩块、岩屑或角砾，一般无次生泥充填，呈渗水-湿润状态。这类卸荷松弛岩体和变形松弛岩体对拱肩槽边坡的稳定性不利，工程开挖后，边坡的稳定性较差。因此，应注意对右岸 410m 高程以下拱肩槽边坡的局部加固处理。

（2）右岸拱肩槽上游侧边坡高 110～190m，最高可达 227m，出现在 440m 拱圈一带。由于层间错动带总体产状倾下游偏左岸，因此，从宏观上讲，右岸上游边坡的稳定性受层间错动带的控制较明显。但是，该部位层间错动带的总体倾角普遍很缓（小于10°），实际上它们仅仅在其自身倾角较大的局部部位对边坡的局部稳定性有一定影响。控制边坡局部稳定性的错动带共搜索出 23 条（包括地表出露的 5 条），经分析，未发现有确定性块体存在。对半确定块体而言，在天然状态下仅有 2 个块体（6♯、7♯）处于不稳定状态；在爆破条件下有 4 个块体处于不稳定状态，1 个块体处于临界状态；在地震条件下有多达 15 个块体处于不稳定状态；在水库回水的影响下，有 8 个块体为不稳定状态。可见，右岸拱肩槽上游边坡的稳定性比左岸差。这些不稳定块体主要分布在层间错动带附近和 5、6、9、12 层玄武岩中，其组合情况和出现的具体部位详见表 7.13、表 7.15。在 7 层中应注意 N66°E/SE∠80°、近 EW/S∠85°和 N35°W/NE∠54°三组裂隙与临空面组合形成的不稳定随机块体（表 7.16）。

（3）下游侧边坡高 30～70m，共有 9 条错动带（包括地表的 3 条）可与其他结构面构成几何可移动块体。通过计算，无确定性不稳定块体。天然状态下，边坡中没有半确定性不稳定块体；爆破条件下，有 1 个不稳定块体；地震状态下，有 4 个不稳定块体；在水雾状态下有 1 个不稳定块体，2 个临界不稳定块体。不稳定块体的组合情况和出现的具体部位详见表 7.14。

（4）右岸坝顶自然边坡坡型较完整，地表几乎未见危岩和变形体，卸荷裂隙也较少。但是，坝顶平硐 PD59 揭示有缓倾坡外的错动带，经组合和计算，LC^{59}12-2 可与附近的 LC^{59}12-19、产状为 N25°W/SW∠82°的优势裂隙组合成不稳定块体。地震和爆破状况下还可能出现 2 个不稳定块体。因此，右岸坝顶边坡卸荷结构面对边坡稳定性的影响小于左岸，但应注意对局部半确定性不稳定块体的加固。

7.3　进水口边坡局部稳定性分析与评价

7.3.1　块体边界的确定

1. 滑移控制面

同样根据 7.1.2.1 中所述的块体滑移控制面的确定方法，确定了进水口边坡中可能的滑移控制面，其主要特征见表 7.17～表 7.19。滑移控制面的空间位置及其与开挖临空面的关系详见进水口边坡剖面图。

2. 临空面的确定

根据枢纽布置，左右岸进水口边坡开挖临空面的产状如表 7.20 所示。其中边坡坡角统一按 73°考虑。

表 7.17　左岸进水口塔后边坡可能的滑移控制面特征一览表

编号	硐号	高程/m	层位	起点/m	终点/m	走　向	倾向	倾角/(°)	迹长/m	带宽/cm	影响带宽度/cm	风化程度	工程类型
LC9-2	58	535.6	9	69	78	N60°~80°W	SW	18	10	1~4	无	弱风化	B2
LC9-1	60	543.92	9	9	58.5	EW	S	10~20	10	2~8	无	弱风化	C1
LC9-2	60	543.92	9	66.5	75.3	N50°~70°W	SW	15~25	9	5~10	无	强-弱上风化	B2（72~75m）B3（66.5~72m）
LC12-3-1	96	621.42	12	48	54.5	N50°W	SW	25	6.5	0.5~2	0	新鲜	A
LC12-5-1	96	621.42	12	94	97	N60°~65°W	SW	10~15	3	4~8	0	新鲜	A
LC12-3	98	649	12	87	94	N80°W	SW	25~30	8	2~4	10~20		B2
LC12-5	98	649	12	104	108	EW	S	20~30	4.5	2~4	0		A

表 7.18　右岸进水口塔后边坡可能的滑移控制面特征一览表

编号	硐号	高程/m	层位	起点/m	终点/m	走　向	倾向	倾角/(°)	迹长/m	带宽/cm	影响带宽度/cm	风化程度	工程类型
LC8-2	39	533.77	8	3	9.5	N20°W	NE	25	6.5	2	无	强风化	B3
LC8-3	39	533.77	8	4.5	11	N48°W	NE	10	6.5	3	无	强风化	B3
LC8-5	39	533.77	8	13.5	19.2	N20°W	NE	15~20	5.7	0.5~1	无	弱-微风化	A
LC8-6	39	533.77	8	16.3	23.5	N35°~40°W	NE	15	7.2	3	10~20	弱风化	A
LC8-7	39	533.77	8	22	30.4	N25°W	NE	15	8.4	1~2	无	弱风化	A
LC8-2	55	537.68	8	6	23	N35°W	NE	10~20	17	0.5~2	无	弱风化	A
LC8-4	55	537.68	8	15.7	25.5	N75°W	NE	10~17	9.8	0.5~1.5	无	弱风化	A
LC8-6-1	55	537.68	8	50	54.5	N70°W	NE	22		0.5~1	无	弱风化	A
LC8-4	57	541.86	8	41	44.5	N40°W	NE	30~34	3.5	1~3	局部10~20	强-弱风化	B2
LC8-5（部分）	57	541.86	8	44	70	N20°~40°W	NE	0~5	48	1~5	30~50局部100~200	强风化	B2（44~55m）A（58~70m）
C11-4	89	619.1	11	59.5	63.7	N85°W	NE	35	4.2	2~10	0	弱下风化	A

表 7.19　右岸进水口上游侧边坡可能的滑移控制面特征一览表

编号	硐号	高程/m	层位	起点/m	终点/m	走向	倾向	倾角/(°)	迹长/m	带宽/cm	影响带宽度/cm	风化程度	工程类型
LC8-1	57	541.86	8	25	37	N10°~20°E	SE	23	12	2~5	无	新鲜	B2
LC8-2	57	541.86	8	6	28	N50°E	SE	45	28	2~5	无	弱-新鲜	A
LC8-6	57	541.86	8	14.5	18	N30°~40°E	SE	38	3.5	2~3	无	新鲜	B2-A
LC12-1	89	620	12	35	46.2	N10°~30°E	SE	21	11.2	0~5	无	强风化	A

表 7.20　进水口边坡临空面产状

工程边坡	走向	倾向	倾角
右岸进水口塔后边坡	N60°W	NE	73°
右岸进水口上游侧边坡	N30°E	SE	73°
右岸进水口下游侧边坡	N30°E	NW	73°
左岸进水口塔后边坡	N48°W	SW	73°
左岸进水口上游侧边坡	N42°E	SE	73°
左岸进水口下游侧边坡	N42°E	NW	73°

3. 切割面与顶界面

进水口边坡块体稳定性分析中块体的切割面和顶界面的确定方法完全与拱肩槽边坡相同。稳定性计算中，分析中取裂隙的长度为 5~10m；左右岸层间错动带的产状仍然分别按 N30°W/NE∠6° 和 N23°E/SE∠4° 考虑；层内错动带按实际产状考虑。

进水口工程边坡不同部位滑移面、临空面和切割面组合成的块体的详细组合情况详见表 7.21~表 7.24。

7.3.2　块体的物理力学参数

进水口边坡组合块体的物理力学参数的取值原则和方法与拱肩槽边坡一致，各类结构面的力学参数取值结果见表 7.21~表 7.25。

7.3.3　块体稳定性计算及结果

分别计算了块体在天然、地震、爆破和地下水作用工况下的稳定性。各工况的相关参数取值与拱肩槽边坡的计算一致。

7.3.3.1　确定性块体分析结果

根据目前的资料分析，进水口边坡中未发现确定性块体。

表7.21　左岸进水口塔后边坡后坡半确定性块体(类型一)稳定性计算成果表

(边坡总体产状:N48°W/SW∠73°, 顶界面产状:N30°W/NE∠6°)

编号	滑移控制面		性状类型	φ/(°)	切割面		组合情况	块体形态	体积/m³	重量/kN	H/m	W/m	滑动方式	主滑面产状	稳定系数			
	位置	产状			产状	φ/(°)									天然	地震	爆破	地下水
LC⁵⁸9-2	PD58-s-535	200°∠18°	B2	20	1.250°∠70° 2.210°∠45° 3.340°∠78°	38	1	四面体	3	74	1.32	1.66	单面	200°∠18°	1.12	0.64 (1)	0.91	0.89
							1+2	五面体	12	324	2.46	1.86	单面	200°∠18°	1.12	0.64	0.91	0.59
							1+2+3	六面体	20	531	2.58	2.34	双面	200°∠18° 340°∠78°	2.76	1.31	2.04	0.81
LC⁶⁰9-1	PD60-s-544	180°∠15°	C1	19	1.120°∠55° 2.245°∠65°	31	2	四面体	11	280	2.19	2.87	单面	180°∠15°	1.29	0.69 (2)	1.01	1.04
							1+2	五面体	19	505	2.51	3.9	双面	180°∠15° 120°∠55°	1.74	0.92	1.35	0.46
LC⁶⁰9-2	PD60-s-544	210°∠20°	66.5~72m:B3, 72~75m:B2	20	1.135°∠30° 2.220°∠70° 3.225°∠60°	31	2+3	五面体	2.34	61	1.75	0.36	单面	210°∠20°	1	0.59 (3)	0.82	0.08
LC⁹⁶12-3-1	PD96-s-621	220°∠25°	A	25	1.83°∠5° 2.251°∠87° 3.70°∠89° 4.141°∠22°	31	2+3	五面体	22	576	3	5	单面	220°∠25°	1	0.63 (4)	0.85	0.77
LC⁹⁸12-3	PD98-s-649	190°∠28°	B2	20	1.127°∠3° 2.62°∠81° 3.65°∠75°	38	2	四面体1#	8	217	4.3	2	单面	190°∠28°	0.68	0.44	0.59	0.35
LC⁹⁸12-5	PD98-s-649	180°∠25°	A	25	1.127°∠3° 2.62°∠81° 3.65°∠75°	38	2	四面体	4	101	3.45	1.32	单面	180°∠25°	1	0.63 (5)	0.85	0.53

表 7.22　右岸进水口上游侧边坡半确定性块体（类型一）稳定性计算成果表

（边坡总体产状：N30°E/SE∠73°，顶界面产状：N23°E/SE∠4°）

编号	滑移控制面 位置	产状	性状类型	φ/(°)	切割面 产状	φ/(°)	组合情况	块体形态	体积/m³	重量/kN	H/m	W/m	滑动方式	主滑面产状	稳定系数 天然	地震	爆破	地下水
LC^{57}8-1	PD57 25~37	105°∠23°	B2	20	1.310°∠75°	31	1	四面体	1	16	1.2	0.6	单面	105°∠23°	0.86	0.53	0.72	0.6
					2.20°∠65°		1+2	五面体²#	4	90	1.48	1.13	单面	105°∠23°	0.86	0.53	0.72	0.6
LC^{57}8-2	PD57 6~28	140°∠45°	A	25	1.310°∠75°	31	稳定											
					2.50°∠80°													
LC^{57}8-6	PD57 上支	125°∠38°	B2-A	22	1.60°∠75°	31	1	四面体³#	2	47	1.08	1.02	双面	125°∠38° 60°∠75°	0.63	0.42	0.55	0.38
					2.10°∠70°													
LC^{89}12-1	PD89 35~46.2	110°∠21°	A	25	1.25°∠71°	31	1	四面体	6	159	1.17	2.62	单面	110°∠21°	1.69	1.02	1.4	1.25
					2.01°∠84°		1+2	五面体	32	833	3.51	7.86	单面	110°∠21°	1.69	1.02	1.4	1.28
					3.181°∠85°													

表 7.23　右岸进水口塔后边坡半确定性块体（类型一）稳定性计算成果表

（边坡总体产状：N60°W/NE∠73°，顶界面产状：N23°E/SE∠4°）

编号	滑移控制面 位置	滑移控制面 产状	性状类型	φ/(°)	切割面 产状	切割面 φ/(°)	组合情况	块体形态	体积/m³	重量/kN	H/m	W/m	滑动方式	主滑面产状	稳定系数 天然	稳定系数 地震	稳定系数 爆破	稳定系数 地下水
LC³⁹8-2	PD39-w-534	70°∠25°	B3	20	1.230°∠70° 2.155°∠85°		2	四面体4#	15.16	394	3.24	4.02	双面	70°∠25° 155°∠85°	0.81	0.51	0.68	0.46
LC³⁹8-3	PD39-w-534	42°∠10°	B3	20	1.295°∠70° 2.0°∠85°		1+2	五面体	5	121	1.32	5	双面	42°∠10° 295°∠70°	2.39	1.03	1.68	0.07
LC³⁹8-5	PD39-w-534	70°∠18°	A	25	1.0°∠85° 2.150°∠70°		1	四面体	2	47	1.46	1.77	单面	70°∠18°	1.44	0.82	1.16	0.95
							1+2	五面体	163	4244	11.22	6.55	单面	70°∠18°	1.44	0.82（6）	1.16	0.31
LC³⁹8-6	PD39-w-534	50°∠18°	A	25	1.0°∠85° 2.150°∠70°		1	四面体	1	21.4	1.12	1.13	单面	50°∠18°	1.37	0.79	1.11	0.75
							1+2	五面体	19	492	2.77	5.28	单面	50°∠18°	1.37	0.79（7）	1.11	0.98
LC³⁹8-7	PD39-s(w)-534	65°∠18°	A	25	1.270°∠85° 2.150°∠80° 3.110°∠80°		2	四面体	3	81	1.52	2.63	双面	65°∠18° 150°∠80°	1.46	0.84（8）	1.18	0.63
							2+3	五面体	20	508	2.49	8.08	双面	65°∠18° 150°∠80°	2.64	1.36	2.03	1.59
LC⁵⁵8-2	PD55-w-538	55°∠15°	A	25	1.20°∠75° 2.340°∠80° 3.70°∠75°		1	四面体	1	16	1.11	0.85	单面	55°∠15°	1.74	0.93（9）	1.37	0.9
LC⁵⁵8-6-1（部分）	PD55-s-538	20°∠22°	A	25	1.250°∠80° 2.110°∠65° 3.315°∠85°		1	四面体	7	176	1.58	2.44	单面	20°∠22°	1.15	0.7（10）	0.96	0.78
LC⁵⁷8-4	PD57-s(w)-542	50°∠32°	B2	20	1.20°∠85° 2.300°∠80°		1	四面体5#	2	41	2.51	0.72	单面	50°∠32°	0.58	0.38	0.5	0.34
LC⁵⁷8-5（部分）	PD57-s(w)-542	60°∠13° 44~58m:B2、58~70m:A		22	1.10°∠75° 2.70°∠75°		1	四面体	1	29	1.16	1.43	单面	60°∠13°	1.75	0.89（11）	1.34	0.93

表 7.24　进水口边坡半确定性块体（其他类型）稳定性计算成果表

工程部位	主要滑移面位置	块体边界	面名称	产状	C	φ/(°)	形态	体积/m³	重量/kN	最大高度/m	最大宽度/m	滑动方式	天然	地震	爆破	地下水
													稳定系数			
左岸进水口塔后	PD96-s-621	临空面		222°∠73°			五面体	9	235	2.47	3	单面	2.02	1.02	1.54	高出蓄水位
		顶界面	LC⁹⁶12-3-2	30°∠22°												
		滑移面	LC⁹⁶12-5-1	210°∠13°	0	25										
		切割面	优势裂隙	251°∠87°	0	31										
		切割面	优势裂隙	70°∠89°	0	31										
右岸进水口塔后	PD55-s-538	临空面		30°∠73°			稳定									
		顶界面	LC⁵⁵8-5	282°∠11°												
		滑移面	LC⁵⁵8-4	340°∠19°	0	20										
		切割面	优势裂隙	20°∠75°	0	31										
		切割面	优势裂隙	330°∠70°	0	31										

注：右岸进水口塔后边坡的 C⁸⁹11-4 不构成块体。

表 7.25　进水口边坡随机块体稳定性计算成果表
(顶界面取水平面)

部位	层位	高层/m	优势裂隙	统计平调编号	C	φ/(°)	组合	块体形态	体积/m³	重量/kN	最大高度/m	最大宽度/m	滑动方式	主滑面	稳定系数 天然	地震	爆破	地下水
左岸进水口上游侧边坡临空面：132°∠73°	8	479~530	1.177°∠78° 2.211°∠60° 3.231°∠74°	58	0	30	2+3	四面体	7.01	182.36	8.12	3.83	双面	231°∠74° 211°∠60°	2.11	1.37	1.84	0.21
	9	530~556	1.234°∠76° 2.206°∠70° 3.160°∠43°	60	0	31	1+3	四面体6#	23.26	605	5.33	354	双面	160°∠43° 234°∠76°	0.67	0.45	0.59	0.29
	10	556~572	1.177°∠78° 2.211°∠61° 3.245°∠10°	44	0	32		稳定										
左岸进水口下游侧边坡临空面：312°∠73°	8	479~530	1.177°∠78° 2.211°∠61° 3.231°∠74°	58	0	30		稳定										
	9	530~556	1.234°∠76° 2.206°∠70° 3.160°∠43°	60	0	31		稳定										
	10	556~572	1.177°∠78° 2.211°∠61° 3.245°∠10°	44	0	32	2+3	四面体	2.7	70	0.7	6.11	双面	245°∠10° 211°∠61°	7.4	2.49	4.52	6.42

续表

部位	层位	高层/m	优势裂隙	统计平硐编号	C	φ/(°)	组合	块体形态	体积/m³	重量/kN	最大高度/m	最大宽度/m	滑动方式	主滑面	稳定系数			
															天然	地震	爆破	地下水
左岸进水口塔后边坡 临空面：222°∠73°	8	479~530	1.177°∠78° 2.211°∠61° 3.231°∠74°	58	0	30	1+2+3	五面体7#	6.77	176	11.05	0.41	单面	211°∠61°	0.32	0.18	0.27	0.01
	9	530~556	1.234°∠76° 2.206°∠70° 3.160°∠43°	60	0	31	1+3	四面体8#	3.2	83.11	5.34	0.83	单面	160°∠43°	0.64	0.43	0.56	0.31
	10	556~572	1.177°∠78° 2.211°∠61° 3.245°∠10°	44	0	32	1+3	四面体	2.15	56	0.61	2.51	双面	245°∠10° 177°∠78°	3.96	1.71	2.78	3.29
							2+3	四面体	1.6	41.5	0.68	1.37	双面	211°∠61° 245°∠10°	6.33	2.13	3.86	4.85
右岸进水口上游侧边坡 临空面：120°∠73°	8	521~566	1.94°∠8° 2.87°∠82° 3.54°∠82°	39,55,57	0	34	1+3	四面体	4.61	120	0.6	5.51	双面	94°∠8° 54°∠82°	8.31	2.53	4.77	6.8
	9	566~592	1.341°∠85° 2.161°∠86° 3.112°∠8°	47	0	32	1+2+3	五面体	9.4	244	1.05	6.15	单面	112°∠8°	4.8	1.9	3.22	4.12
右岸进水口下游侧边坡 临空面：300°∠73°	8	521~566	1.94°∠8° 2.87°∠82° 3.54°∠82°	39,55,57	0	34		稳定										
	9	566~592	1.341°∠85° 2.161°∠86° 3.112°∠8°	47	0	32		稳定										
右岸进水口塔后边坡 临空面：30°∠73°	8	521~566	1.94°∠8° 2.87°∠82° 3.54°∠82°	39,55,57	0	34		稳定										
	9	566~592	1.341°∠85° 2.161°∠86° 3.112°∠8°	47	0	32		稳定										

7.3.3.2　半确定性块体计算结果

进水口边坡中的半确定性块体大部分为表 7.2 中类型 1 的块体,其稳定性计算结果如表 7.21~表 7.23 所示。其他类型的半确定性块体较少,计算结果见表 7.24。天然状况下不稳定块体的形态如图 7.8 所示。

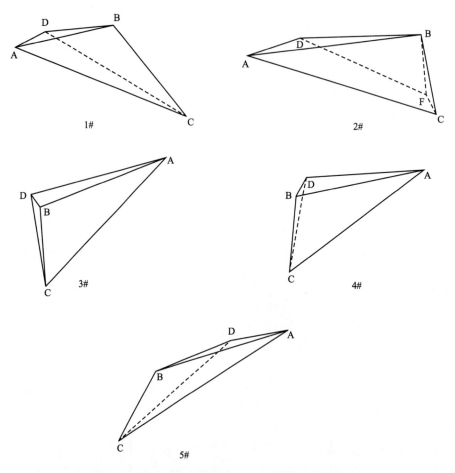

图 7.8　进水口边坡半确定天然不稳定块体形态图

7.3.3.3　随机块体计算结果

将进水口工程边坡各部位同一岩流层的优势裂隙相互组合,判断能否构成块体,并分析其稳定性,计算成果见表 7.25。天然状况下不稳定块体的形态如图 7.9 所示。

7.3.4　边坡局部稳定性评价

进水口边坡块体稳定性的共同特征与拱肩槽边坡一致,这里不再重述。以下对具体的工程边坡进行评价。

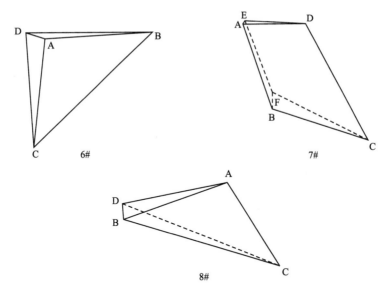

图 7.9　进水口边坡天然随机不稳定块体图

7.3.4.1　左岸进水口边坡

（1）层间错动带总体倾向坡内，不能构成边坡局部稳定性的控制性滑移面。边坡中延伸 5~10m 的裂隙较发育，可与层内错动带构成局部不稳定块体。目前，塔后边坡共确定出 7 条可与其他结构面构成几何可移动块体的层内错动带。通过分析，没有发现不稳定的确定性块体。半确定性块体在天然状态下有 1 个处于不稳定状态（1♯）、3 个处于临界状态，主要出现在 620~650m 高程边坡内部 12 层玄武岩中；爆破状态下，有 5 个不稳定的半确定性块体，1 个临界半确定性块体；地震状态或水库蓄水后，有 6 个不稳定块体存在。不稳定块体的组合情况和出现的具体部位详见表 7.21。

（2）根据目前的勘探和调查研究，左岸进水口上下游侧边坡均无较危险的层间层内错动带构成滑移控制面。因此，局部稳定性较好。

（3）左岸进水口边坡上部 12 层玄武岩中追踪式卸荷裂隙较发育，应注意表部松弛卸荷后的柱状节理对边坡局部稳定性的影响。

（4）在 8 层、9 层玄武岩中（479~556m 高程），其优势裂隙与临空面组合，容易在塔后边坡和上游侧边坡中产生不稳定的随机块体，详细组合情况见表 7.25。施工中应实时对容易产生不稳定随机块体的裂隙进行跟踪和编录，并及时锚固。

7.3.4.2　右岸进水口边坡

（1）层间错动带在右岸虽然缓倾下游偏山外，但因产状平缓，不可能构成边坡整体稳定性的滑移控制面，仅仅在其倾角较大的地段局部可出现稳定性较差的块体。

（2）通过综合分析，塔后边坡有 11 条错动带可与其旁侧裂隙构成几何可移动块体。稳定性计算表明，边坡中无确定性的不稳定块体。对半确定性块体，天然状态下，有 2 个处于不稳定状态（4♯、5♯），出现在 530~545m 高程 8 层玄武岩中，其中 1 个块体在边坡坡内，1 个在边坡开挖范围内；爆破状态下，有 3 个块体不稳定；地震状态下，有 8 个块体不稳定，其中 4 个在开挖范围内；水库蓄水后，有 9 个不稳定块体。不稳定块体的组合情况和出现的具体部位详见表 7.23。

（3）依据目前勘探揭示，下游侧边坡中无危险滑移控制面，局部稳定性较好。上游边坡中有 4 条可与旁侧裂隙组合成块体的错动带。稳定性计算表明，边坡中无确定性的不稳定块体；在天然、爆破、地震和地下水作用等工况下，上游边坡中均有 2 个不稳定的半确定性块体（2♯、3♯），出现在 540m 高程附近的 8 层玄武岩中。不稳定块体的组合情况详见表 7.22。

（4）计算表明，右岸进水口边坡中不易出现不稳定的随机块体。

7.4　边坡块体稳定性因素敏感性分析

为了考察各种内外因素对边坡块体稳定性的影响程度，以拱肩槽 1♯、2♯、3♯、4♯ 不稳定块体为例，分别对块体滑移面内摩擦角、爆破装药量、爆心距离、地下水、地震水平系数、地震垂直系数作了敏感性分析。下面用 3♯ 块体的计算结果，说明各因素对块体稳定性影响的一般规律。

1. 滑移面内摩擦角敏感性分析

图 7.10 为块体滑移面内摩擦角敏感性分析图，由图可见，块体滑移面摩擦角与块体稳定性呈正相关关系，即内摩擦角越大，块体稳定系数越高。

2. 爆破装药量敏感性分析

爆破装药量敏感性分析结果表明（图 7.11），随着起爆装药量的增加，块体的稳定性逐渐降低，爆破装药量与块体稳定性呈负相关关系。

3. 爆心距离敏感性分析

图 7.12 为爆心距离敏感性分析图，结果表明爆心距离与块体稳定性总体有正相关关系，起爆点距块体的距离越远，爆破对块体稳定性的影响就越小。从图中还可以看出，爆心距离在 1.5~5m 时曲线很陡，说明对块体稳定性影响程度较大；爆心距离大于 5m 后曲线逐渐变缓，说明影响程度逐渐减小。

4. 地下水敏感性分析

地下水水位对块体稳定性影响的敏感性分析表明（图 7.13），地下水位标高（计算中地下水位标高是以块体临空面和顶界面交线左侧端点为 0 点）与块体稳定性总体呈负相关关系，水位越高，块体稳定性越差。

分析还表明，地下水对块体稳定性的影响程度与块体的形状密切相关。一般情况下，五面体比四面体对地下水的影响更敏感（参见上述各种块体的计算成果）。通过对多个天然状态下与地下水作用条件下稳定性系数相差很大的块体形态的进一步分析，发

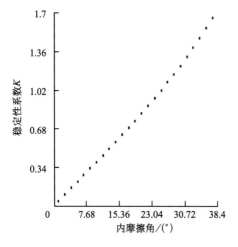

图 7.10　滑移面内摩擦角敏感性分析结果

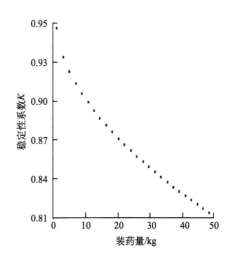

图 7.11　爆破装药量敏感性分析结果

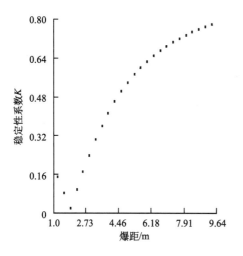

图 7.12　爆心距离敏感性分析结果

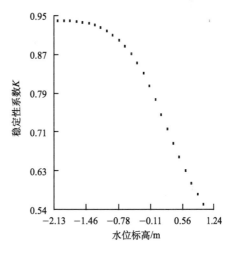

图 7.13　地下水敏感性分析结果

现围限块体的结构面在竖直方向的投影面积越大，块体的稳定性对地下水就越敏感；围限块体的结构面的内法线矢量指向坡外时，块体稳定性对地下水很敏感。这是因为块体边界在铅直方向的面积越大，且结构面倾向坡外时，块体所受的水压力越大且方向指向坡外的缘故。

5. 地震系数敏感性分析

图 7.14 和图 7.15 为地震系数敏感性分析图，由此可见，无论是水平地震系数还是垂直地震系数均与块体稳定性呈负相关关系。随着地震系数增大，块体稳定性迅速降低，水平地震系数比垂直地震系数对块体稳定性影响更大，也就是说，块体稳定性对水平地震系数更为敏感。

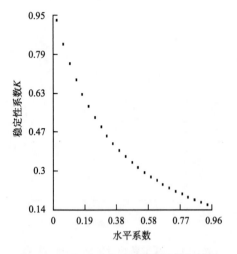

图 7.14   水平地震系数敏感性分析结果

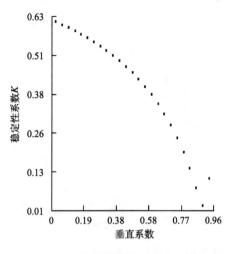

图 7.15   垂直地震系数敏感性分析结果

第三篇 岩质工程高边坡稳定性控制

　　工程高边坡研究的最终目的是实现对边坡稳定性的有效控制。本篇在工程边坡工程地质基础研究和稳定性分析与评价的基础上，进一步论述了岩质工程高边坡稳定性控制的基本思路、方法和原则，从工程控制、监测控制和预报控制三方面实施对工程边坡稳定性的有效控制。

第8章　工程高边坡稳定性的工程控制

本章在阐述工程边坡稳定性控制基本学术观点的基础上，采用地质分析、工程类比和有限元计算相结合的综合集成方法，确定了溪洛渡水电站拱肩槽和进水口边坡的开挖坡比。利用工程边坡稳定性控制的理念，提出了拱肩槽和进水口边坡坡面控制、局部锚固控制和施工爆破控制的技术方案和措施。

8.1　工程边坡稳定性控制的学术观点

从广义上讲，边坡稳定性控制是一项系统工程。它是指通过对边坡的勘测、评价、设计、施工、监测、预警和预报等，使边坡的稳定性处于可控状态，不对人类的生命、工程活动和地质环境造成重大影响或灾难性的破坏，达到合理开发和有效保护边坡地质环境的目的。从这个理念上看，只要边坡的稳定性处于人类的控制范围内，我们是允许边坡产生变形和破坏的。但是，对于工程边坡而言，由于它与工程建筑物密切相关，甚至就是工程建设的重要组成部分，因此，不允许产生整体失稳破坏，变形和施工期的局部破坏也必须严格控制在一定的范围内。通常所说的边坡整治、加固、处理、处治和防护等，就是指采用一定的工程措施使边坡在工程有效期内处于稳定状态。但是，作者认为，工程边坡整治、处理、处治等提法在概念和理念上有一种误导，这种提法似乎暗示要等工程边坡出现了问题（如拉裂、大变形等）才采取工程措施，而不是一种事先的行为，不利于有效的利用和调用岩体自身的强度和承载能力。为此，本书提出"工程边坡稳定性控制"的学术观点，并将工程边坡稳定性控制定义为：在边坡稳定性分析和评价的基础上，采用有针对性的工程措施、信息化监测和预警预报相结合的综合集成方法，实施对边坡的主动控制，使工程边坡逐渐达到新的动态平衡，在工程有效期内处于稳定状态。笔者结合近年来从事边坡稳定性及其控制研究的体会，提出工程边坡稳定性控制的基本学术观点如下：

（1）强调工程边坡是工程建筑物的重要组成部分，工程边坡的安全就是建筑物的安全，必须采用综合集成的技术和方法实施对工程边坡稳定性的主动控制。

（2）工程边坡稳定性控制包括工程控制、信息化监测控制和预警预报控制三个部分。其中工程控制是稳定性控制的主体，它包括工程边坡的坡比控制、坡面控制、加固控制、排水控制和施工技术控制等；监测控制和预报控制是检验和优化工程控制、保证工程施工和运行安全、避免重大地质灾害发生的重要技术手段。工程边坡稳定性控制体系的构成如图 8.1 所示。

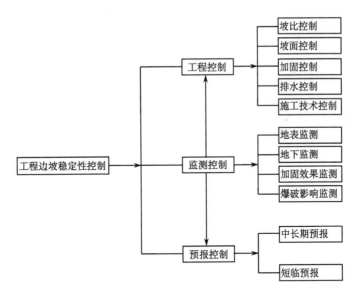

图 8.1　工程边坡稳定性控制体系

　　(3) 边坡稳定性控制必须以边坡变形破坏机制分析、失稳模式判定和稳定性评价为重要基础。

　　(4) 边坡稳定性控制要注意充分利用和调用岩体自身的强度和自稳能力。在扰动边坡的同时，要积极主动的采取措施控制边坡的稳定性，而不是等到边坡已经变形破坏，强度基本丧失后再采取措施。

　　(5) 边坡稳定性控制必须结合工程实际，协调好开挖坡比与控制结构之间的矛盾。

　　(6) 边坡稳定性控制措施的选择要以较少对边坡的扰动、尽量维持边坡原有的力学状态和环境状态为原则。

　　(7) 边坡稳定性控制设计中应该充分考虑岩体对控制结构的适宜性，这是保证稳定性控制有效性的重要方面。

　　(8) 边坡稳定性控制中要充分研究控制结构与边坡岩体之间的相互作用关系。

　　(9) 由于岩体介质物理行为和力学行为的复杂性，边坡稳定性控制过程中，必须对边坡岩体实施信息化监测。通过对边坡监测信息的反馈分析，达到优化控制的目的。

　　(10) 预报控制应该采用"变形机制分析—实时跟踪预报"的学术思想（详见第 10 章），不断利用边坡信息化监测获得的有效信息，对边坡稳定性进行动态预报。

　　如前所述，随着经济的发展和大规模的工程建设的增长，人工边坡越来越多，边坡的高度也越来越大，尤其是水电工程的坝址常位于高山峡谷地带，高度超过 100m 的工程边坡已较为普遍。溪洛渡水电站拱肩槽和进水口边坡开挖后高度大都超过 100m，有的地段甚至达到 200 余米。由于现有的边坡加固技术（如锚索、抗滑桩等）对岩土体的影响深度多在 30～50m，因此，工程高边坡的整体安全度不能靠现有加固手段得到根本上的改变，其整体稳定性主要靠岩体自身条件来维持。边坡坡度是影响其整体稳定性的重要因素之一，因此，如何选择和设计工程边坡坡比是边坡稳定性控制中的一个重要技术问题。

目前，工程边坡的坡比大多依据边坡的岩性、风化状态和坡高等特征，采用类比法确定。实际上，边坡坡比与边坡的稳定性密切相关，它的确定是一项较为复杂的系统工程。作者结合自己的研究实践，遵循工程边坡稳定性控制的原则，提出工程边坡坡比确定的技术思路为：在考虑边坡岩性、自然边坡坡高及稳定坡角、岩体结构、风化卸荷、岩体质量、开挖坡高等因素的基础上，类比国内已建工程的开挖坡比，初步选择2～3种边坡坡比方案。然后，采用有限元法模拟边坡在开挖状态下的应力场和位移场特征，进行稳定性分析与评价。最后，依据不同方案的计算结果，并结合自然边坡稳定坡角及已有工程边坡的实际情况，最终确定工程边坡坡比。

8.2　工程边坡坡比研究

8.2.1　地质分析与判断

前述研究表明，溪洛渡电站拱肩槽边坡岩体强度高，质量好，风化卸荷不强烈，无大规模的滑移控制面存在，自然边坡坡型完整，未见大规模的变形体，因此，拱肩槽自然边坡整体处于稳定状态。进水口天然边坡坡型完整，未发现大规模的变形体和特殊组合的不稳定体，边坡变形破坏迹象不明显。开挖边坡多以厚层块状岩体为主，风化卸荷作用不强烈，岩体强度高，质量好。因此，进水口边坡整体也处于稳定状态。由于拱肩槽和进水口工程边坡坡高小于自然边坡，由此可以推知，当工程边坡坡比与自然边坡坡比接近时，工程边坡也将整体处于稳定状态。

8.2.2　经验类比

通过对我国三大水电工程边坡的地质情况、开挖坡比、开挖后的变形破坏情况、控制措施等方面进行对比分析（表8.1），结合溪洛渡水电站拱肩槽和进水口高边坡的实际工程地质条件，初步确定拱肩槽边坡坡比选择的3种方案如表8.2所示，进水口边坡可供选择的两种坡比方案如表8.3所示。

表8.1　中国三大水电工程边坡开挖情况一览

工程名称	坡高	地质概况	开挖坡比	变形与破坏	控制措施
三峡电站船闸高边坡	最大坡高达170m	闪云斜长花岗岩，弱下及微新岩体中整块和块状结构岩体占80%以上，对边坡稳定不利的断层发育较少，且规模小	下部40～68m高的闸室墙为直立坡；以上微新岩体：1∶0.3，弱风化岩体：1∶0.5，全强风化带：1∶1，每15m高设一级马道	开挖后未产生大的变形与破坏，仅有局部的不稳定块体。在马道面以下高3～5m范围内，普遍存在水平深度3m以内的松动区	系统喷锚，加局部定位锚固和马道锁口锚固

续表

工程名称	坡高	地质概况	开挖坡比	变形与破坏	控制措施
小浪底电站进水口高边坡*	最大坡高达120m	砂岩夹少量泥质粉砂岩、页岩，岩层缓倾坡内（8°～10°），有层间剪切破碎带、泥化夹层和小断层发育	下部33m高的岩坡：1∶0.1；33m以上岩坡：1∶0.2，土坡：1∶1。每20～30m高设一级3m宽的马道	开挖过程中，先后出现3次表面局部滑塌险情。开挖松动区深度小于3.5m，一般为2.0～2.5m	系统喷锚（砂浆锚杆加喷钢纤维混凝土），锚杆长8～10m；预应力锚索，长度20～40m
二滩电站拱肩槽高边坡	最大坡高达125m	玄武岩及后期侵入的正长岩，含少量软弱岩带。构造破坏微弱，断层不发育	正长岩区1∶0.3，玄武岩区1∶0.5，仅设一级5m宽的马道	边坡开挖以来未发生过较大规模的边坡失稳现象，仅有局部开裂和滑移块体	系统喷锚，锚杆长3～12m不等，局部用锚索锚固，锚索长15～25m

* 林秀山等，1998，黄河小浪底水利枢纽进水口高边坡施工期稳定性研究和加固技术。

表 8.2　拱肩槽边坡开挖坡比选择方案

方　案	边坡类型	坡高/m	微新岩体	弱下岩体	弱上岩体	备　注
方案一	岩质边坡	<60	1∶0.25		1∶0.35	每50～60m高设一级3m宽的马道
		60～80	1∶0.25		1∶0.40	
		80～150	1∶0.25		1∶0.45	
		>150	1∶0.25		1∶0.55	
	覆盖层边坡		1∶1.25～1∶1.5			
方案二	岩质边坡		1∶0.25		1∶0.5	
方案三	岩质边坡		1∶0.25		1∶0.35	

表 8.3　进水口边坡开挖坡比选择方案

方　案	边坡类型	微新岩体	弱下岩体	弱上岩体	备　注
方案一	岩质边坡	直坡	1∶0.25	1∶0.35～1∶0.4	在607.5高程设一级宽9m的马道
方案二	岩质边坡	直坡	1∶0.3	1∶0.3	

8.2.3　有限元计算

第 6 章的弹塑性有限元分析表明（详见第 6 章），对于拱肩槽边坡拟定的三种开挖坡比方案而言，三种开挖方案具有相同的应力、应变分布及演化规律，边坡开挖后坡体中的应力量级相近；拉应力均出现在层间错动带上盘及开挖边坡面附近，其分布范围基本一致；剪应力则在开挖坡脚部位集中，剪应力的集中程度基本相同；坡体位移均表现为开挖后的卸荷回弹，三种方案在位移方面无量级上的差别；开挖后的破坏区也基本一致，一般出现在层间错动带上盘及开挖边坡面附近，其范围明显小于拉应力的分布范围，主要表现为沿结构面的微小错动及卸荷松弛。三种方案仅在局部存在微小差别。进水口边坡两种坡比方案的计算结果也有相同的规律。总的来说，无论是拱肩槽边坡还进水口边坡，不同的开挖坡比方案对于边坡岩体内应力场、位移场的分布影响不大，且在位移量值、拉应力区及破坏域范围方面也无明显区别，边坡整体处于稳定状态。因此，工程边坡开挖坡比可以在上述拟订坡比方案中选取。

8.2.4　坡 比 选 择

坝区岸坡中弱上风化岩体（大致相当于卸荷岩体）与弱下风化、微新岩体在质量和力学参数方面差别较大，因此，岩质边坡以弱上分化为界分别采用不同的坡比是合适的。考虑到坝区自然边坡陡坡段的稳定坡角为 $65° \sim 75°$，相当于 $1:0.36 \sim 1:0.45$；有限元计算结果中各坡比方案差异不大。在参考三峡船闸高边坡、小浪底进水口高边坡以及二滩拱肩槽高边坡开挖坡比的基础上，结合溪洛渡边坡的实际情况，考虑到电站的枢纽布置、放坡条件、施工中的开挖量及施工的难易程度，推荐拱肩槽和进水口边坡开挖坡比如表 8.4 所示。

表 8.4　拱肩槽及进水口边坡开挖坡比推荐表

边 坡 名 称	微新岩体	弱下岩体	弱 上 岩 体	覆 盖 层
拱肩槽边坡	$1:0.25$	$1:0.25$	$1:0.35 \sim 1:0.5$	$1:1.25$
	每 50m 高设一级 3m 宽的马道		每 30m 高设一级 3m 宽的马道	
进水口边坡	直坡	$1:0.25$	$1:0.35 \sim 1:0.4$	$1:1.25$
	在 607.5 高程设一级宽 9m 的马道			

值得说明的是，上述坡比仅能保证边坡的整体稳定性，其局部稳定性受层间、层内错动带和裂隙的控制，因此对边坡中的局部不稳定块体、强风化夹层地带以及错动带密集处仍需要进行加固。

8.3　工程边坡的坡面控制

工程边坡开挖后，为了加强坡面的完整性和整体性，防止风化卸荷带、错动带、挤压带等碎裂结构坡体表面产生剥落、掉块或落石，避免地表水和降雨对坡面的入渗和冲刷，采用喷射钢纤维混凝土和喷射素混凝土相结合的措施，对拱肩槽和进水口边坡进行坡面控制。

喷射钢纤维混凝土由于工艺简单，其效果与挂网喷射混凝土相当甚至更好，因而受到国内外工程界的重视和运用。20 世纪 70 年代末至 80 年代初，瑞典曾对钢纤维混凝土的加固作用进行了大规模的试验研究，并比较了钢纤维混凝土和钢筋网混凝土的加固效果。20 世纪 90 年代初，加拿大广泛开展了喷射钢纤维混凝土工艺的应用研究，并将干拌法钢纤维喷混凝土工艺成功应用于岩石加固措施中。我国黄河小浪底水电站进水口高边坡坡面控制中，大面积采用了喷射钢纤维混凝土技术，并取得了成功。这在国内水利水电工程中尚属首次。

溪洛渡水电站拱肩槽和进水口边坡弱上和卸荷带岩体较破碎，有松弛现象，爆破开挖后，坡面起伏差将会较大。如果采用通常的钢筋网喷混凝土对坡面进行防护，钢筋网难于与坡面紧贴，达不到防护效果。因此，建议采用工艺简单的喷射钢纤维混凝土对弱上和卸荷带岩体组成的坡面进行防护。参照国内外类似条件的工程实例，确定钢纤维混凝土的厚度为 10cm，级别为 C25。分三层施喷：底层喷素混凝土垫层（为了减少回弹），厚 3cm；中层喷射钢纤维混凝土，厚 4cm；面层为防止钢纤维外露锈蚀和伤人，也喷射素混凝土，厚度为 3cm。钢纤维混凝土中的钢纤维含量为 $60kg/m^3$，相当于喷混凝土体积的 0.75%。

在弱下风化岩体和微新岩体内的边坡，由于岩体完整性较好，易于成坡，建议采用喷射素混凝土进行防护。混凝土级别仍采用 C25，喷射厚度 10cm。

此外，注意在坡面控制中留设泄水孔和伸缩缝。坡体表面纵横向每隔 3m 设置泄水孔，每 $10\sim20$m 设置伸缩缝。在弱上和卸荷带岩体中建议设置一定数量的水平排水孔（孔深建议 3m）。

8.4　工程边坡的锚固控制

8.4.1　必要性及加固方案

前面的研究表明，溪洛渡工程边坡开挖后，随机裂隙的切割组合会产生不稳定的随机块体；由于卸荷回弹以及爆破开挖，坡体表层将产生一定的松动；坡体中强风化夹层、挤压带、层内错动密集带、卸荷裂隙的存在以及各种方向裂隙的切割，可能会导致坡体表面产生滑落、掉块等。由于这类变形破坏具有分布广、随机性强等特点，拟在拱肩槽和进水口开挖边坡坡面设置系统锚杆，以加强坡面岩体的整体性和稳定性。

通过第 7 章的分析可知，拱肩槽和进水口边坡存在规模较小的潜在不稳定块体。它们在边坡开挖施工过程中或电站运营过程中极有可能失稳。对于第 7 章搜索出的确定性和半确定性不稳定块体，建议采用锚固加固。由于块体的体积较小，下滑力不大，因此，以块体锚杆加固为主。对确定性块体采用预应力锚杆；对半确定性块体采用非预应力锚杆。

根据二维和三维有限元计算结果，工程边坡开挖后，坡面一定范围内存在拉应力、松弛带和塑性破坏区，而且，地质勘探还揭示，坡体中有强风化夹层和层内错动密集带等破碎软弱岩体。为了改善边坡中松弛带和塑性破坏区的应力状态，防止松弛带追踪裂隙形成张拉裂缝，限制破碎软弱岩体的大变形，分别在边坡中的相应位置设置预应力锚索进行加固。

拱肩槽边坡锚固控制的典型断面图如图 8.2、图 8.3 所示。

8.4.2　系统锚杆

根据自然边坡陡坡段目前变形破坏的波及深度以及有限元计算获得的边坡松弛深度

低限值（高限深度由锚索控制），确定系统锚杆的长度为 4～8m。在弱上和卸荷带岩体组成的边坡部分，锚杆长度采用 5m 和 8m 两种，边坡的其余部分（弱下和微新岩体）锚杆长度采用 4m 和 6m 两种。锚杆直径为 22mm，间距和排距均为 4m，长 5m（4m）和 8m（6m）的锚杆相间布置，采用砂浆进行锚固（图 8.2、图 8.3）。

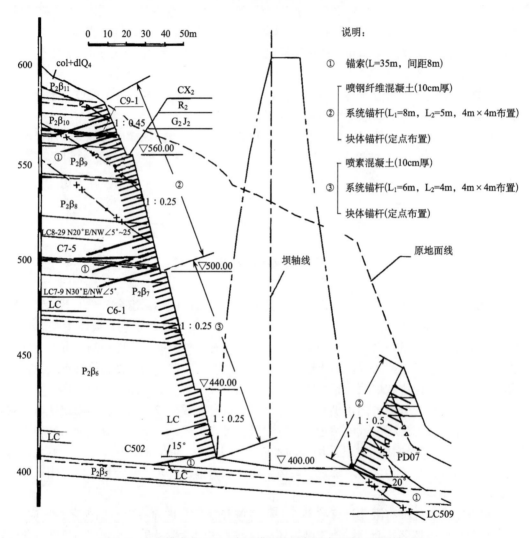

图 8.2　右岸拱肩槽 400m 高程拱圈边坡加固断面图（D-D 断面）

8.4.3　块体锚杆

根据第 7 章确定性和半确定性块体的搜索和计算结果，对天然和地震状况下边坡中的不稳定块体（包含了其他工况的不稳定块体）进行锚固方案设计。不同工况条件下，分别选用不同的安全系数，计算出块体不同状况下的下滑力。然后，再根据设计的锚固角计算出所需的锚固力，选用合适的锚杆，确定所需锚杆根数，并给出锚固倾向。设计

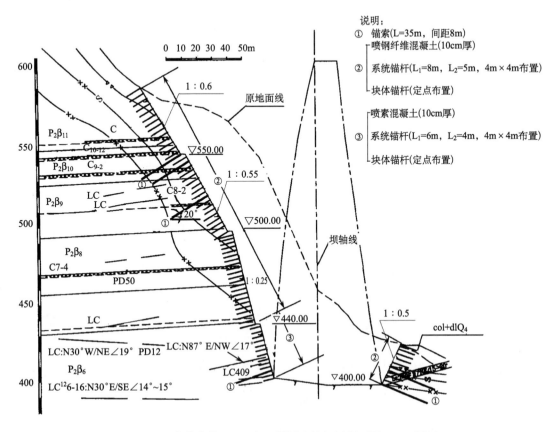

图 8.3　左岸拱肩槽 400m 高程拱圈边坡加固断面图（E-E 断面）

中，天然状态下块体的安全系数取 2.0，地震条件下取 1.5。锚杆的锚固角均取 20°。对确定性不稳定块体采用预应力锚杆加固，锚杆长度 10～15m，设计计算结果如表 8.5 所示。对半确定性不稳定块体采用非预应力锚杆加固，锚杆长度为 7～10m，设计计算结果如表 8.6、表 8.7 所示。

表 8.5　天然状况下确定性不稳定块体锚固方案

部　位	设计预应力/kN	控制结构面	滑移线倾角/(°)	所需抗滑力/kN	锚固倾向/(°)	钢筋直径/mm	钢筋级别	单根抗拔力/kN	锚杆根数
左岸拱肩槽上游侧 L440	316	g^{76}支 9～4	65	101542	340	36	2	316	29

由此可见，左岸拱肩槽上游侧 L440 剖面附近的确定性不稳定块体需要 29 根直径为 36mm 的预应力锚杆加固。大部分半确定不稳定块体仅需要 1～4 根锚杆加固，少部分块体需要 5～9 根锚杆加固。

表 8.6　天然状况下半确定不稳定块体锚固方案

部位		块体编号	控制结构面	滑移线倾角/(°)	所需抗滑力/kN	锚固倾向/(°)	钢筋直径/mm	配筋级别	单根抗拔力/kN	锚杆根数
拱肩槽边坡	左岸拱肩槽上游侧	1#	$LC^{82}6\sim3$	20	31.76	300	18	1	53	1
		2#	$LC^{36}8\sim6$	24	120.57	326	25	2	152	1
		3#	$LC^{76支}9\sim12$	25	239.02	320	25	2	152	2
	左岸拱肩槽下游侧	4#	$LC^{36支}8\sim4$	29	297.46	150	25	2	152	2
		5#	$LC5\sim40$	35	1058.30	180	32	2	249	5
	右岸拱肩槽上游侧	6#	$LC^{85支}6\sim10$	28	96.30	250	25	1	103	1
		7#	$LC^{53}12\sim1$	22	229.70	306	25	2	152	2
	右岸拱肩槽坝顶	10#	$LC^{59}12\sim2$	25	62.36	195	25	1	103	1
进水口边坡	左岸进水口塔后	1#	$LC^{98}12\sim3$	28	199.78	10	25	1	103	2
	右岸进水口上游侧	2#	$LC^{57}8\sim1$	23	54.92	285	18	2	79	1
		3#	$LC^{57}8\sim6$	37	71.42	318	18	2	79	1
	右岸进水口塔后	4#	$LC^{39}8\sim2$	25	280.27	247	25	2	152	2
		5#	$LC^{57}8\sim4$	32	50.14	230	18	1	53	1

表 8.7　地震状况下半确定不稳定块体锚固方案

部位		块体编号	控制结构面	滑移线倾角/(°)	所需抗滑力/kN	锚固倾向/(°)	钢筋直径/mm	配筋级别	单根抗拔力/kN	锚杆根数
拱肩槽边坡（类型一）	左岸拱肩槽上游侧	(1)	$LC^{32}6\sim4$	21	786.77	330	25	2	152	6
		(2)	$LC^{50}7\sim2$	17	641.11	340	25	2	152	5
		(3)	$LC^{72主}9\sim1$	13	408.71	357	25	2	152	3
	左岸拱肩槽下游侧	(4)	$LC^{56}6\sim1$	25	227.82	185	25	2	152	2
		(5)	$LC^{36}8\sim8$	20	281.32	150	25	2	152	2
		(6)	$LC6\sim12$	17	86.15	125	25	1	103	1
	右岸拱肩槽上游侧	(7)	$LC^{63}5\sim1$	15	199.43	302	25	1	103	2
		(8)	$LC^{63}5\sim2$	18	204.35	302	25	1	103	2
		(9)	$LC^{31支}9\sim8$	24	2046.94	312	32	2	249	9
		(10)	$LC5\sim21$	15	31.00	290	18	1	53	1
		(11)	$LC6\sim23$	16	19.30	270	18	1	53	1
		(12)	$LC12\sim25$	14	53.14	295	18	2	79	1
	右岸拱肩槽下游侧	(13)	$LC^{61}5\sim6$	15	43.55	90	18	1	53	1
		(14)	$LC^{69}5\sim7$	15	814.41	130	25	2	152	6
		(15)	$LC^{11}6\sim1$	13	37.41	150	18	1	53	1
		(16)	$LC^{75}7\sim2$	20	9.91	90	18	1	53	1

续表

部　　位		块体编号	控制结构面	滑移线倾角/(°)	所需抗滑力/kN	锚固倾向/(°)	钢筋直径/mm	配筋级别	单根抗拔力/kN	锚杆根数
拱肩槽边坡（其他类型）	右岸拱肩槽上游侧	(17)	LC^{85}6～4	11	20.34	270	18	1	53	1
		(18)	LC^{31}9～5	15	28.10	309	18	1	53	1
		(19)	LC^{31}9～6	20	91.49	250	25	1	103	1
拱肩槽边坡（其他类型）	右岸拱肩槽上游侧	(20)	C^{37}7	15	132.23	240	25	2	152	1
		(21)	C^{37}7	14	14.82	311	18	1	53	1
	右岸拱肩槽上游侧（地表）	(22)	C8～1	13	9.84	290	18	1	53	1
		(23)	C9～1	10	35.71	330	18	1	53	1
		(24)	C12～1	7	8.27	335	18	1	53	1
	右岸拱肩槽坝顶	(25)	LC^{59}12～4	22	201.86	225	25	1	103	2
进水口边坡	左岸进水口塔后	(1)	LC^{58}9～2	18	156.58	20	25	1	103	2
		(2)	LC^{60}9～1	15	111.52	360	25	2	152	1
		(3)	LC^{60}9～2	20	33.89	30	18	1	53	1
		(4)	LC^{96}12～3～1	25	380.33	40	25	1	103	4
		(5)	LC^{98}12～5	25	66.51	360	18	2	79	1
	右岸进水口塔后	(6)	LC^{39}8～5	18	1617.89	250	32	2	249	7
		(7)	LC^{39}8～6	18	197.99	230	25	1	103	2
		(8)	LC^{39}8～7	18	30.35	243	18	1	53	1
		(9)	LC^{55}8～2	15	4.45	235	18	1	53	1
		(10)	LC^{57}8～5	13	8.02	240	18	1	53	1
		(11)	LC^{55}8～6～1	22	93.79	200	25	1	103	1

值得说明的是，上述确定性和半确定性不稳定块体的锚固方案设计结果，仅仅是一种预设计。施工过程中，必须专门安排人员对前述不稳定块体进行跟踪编录和分析评价，并进行动态设计。

8.4.4　预应力锚索

在拉应力、松弛带和塑性破坏区发育相对较深的层间错动带上盘、剪应力集中的坡脚以及强风化夹层与 LC 密集带布置预应力锚索。根据有限元计算结果、层间错动带的错动强度、强风化夹层与 LC 密集带的分布特征，并考虑施工合理性，具体设置方案如下（图 8.2、图 8.3）：

（1）右岸拱肩槽上游侧边坡分别在 C7、C9 和 C12 的上盘布置 3 排、3 排和 2 排 1000kN 级的锚索。具体布置的高程为：503m、513m、523m、570m、580m、590m、685m、695m。锚索长度为 35m，间距 8m，锚固角 15°。

（2）右岸拱肩槽下游侧边坡只在 C7 上盘 503m 和 513 高程布置 2 排 800kN 级的锚索。锚索长度为 35m，间距 8m，锚固角 20°。

（3）左岸拱肩槽上游侧边坡分别在 C8、C9、C12 的上盘布置 1 排、2 排和 2 排 1000kN 级的锚索，具体高程为：520m、540m、550m、650m、660m。锚索长度为 35m，间距 8m，锚固角 20°。

（4）左岸拱肩槽下游侧边坡只在 C9 上盘 545m 和 555m 高程布置 2 排 800kN 级的锚索。锚索长度为 35m，间距 8m，锚固角 15°。

（5）进水口边坡仅在右岸塔后边坡 C7、C8 上盘各布置 2 排 800kN 级的锚索。锚索长 30m，间距 8m，锚固角 15°。

（6）在左岸拱肩槽低高程强风化夹层发育的 400m、410m 高程布置 2 排锚索（主要布置在上游侧边坡中）。锚索预应力级别为 1000kN，长度 35m，间距 8m，锚固角 20°。施工中注意对强风化夹层表部掏挖回填混凝土后再锚固。

（7）在左岸拱肩槽上下游侧边坡 LC 密集发育的 485m 高程布置 1 排锚索。锚索预应力为 800kN，长度 35m，间距 8m，锚固角 15°。

（8）在右岸 400m 拱圈一带拱肩槽边坡坡脚的卸荷拉裂岩体中设置预应力锚索。具体在上游侧边坡 390m、400m 和 410m 高程设置 3 排，锚固角 15°；在下游侧边坡 390m 和 400m 高程设置 2 排，锚固角 20°。锚索预应力为 1000kN，长度 35m，间距 8m。

8.5　工程边坡的爆破控制

为了保证设计开挖线的准确性，减少坡面应力集中和爆破对坡面的震动，工程边坡的开挖必须采用控制爆破技术。

拱肩槽和进水口边坡的开挖采用自上而下的分层施工方法，开挖的梯段高度结合装运强度和边坡支护要求确定。开挖爆破方式有大体积爆破和预裂爆破两种，其爆破参数由现场试验确定。为了避免大体积爆破对边坡的重复震动破坏，必须进行预裂爆破。预裂爆破孔布置在边坡的设计开挖边线上，其倾角与开挖坡面的倾角一致。大体积爆破一般在距预裂爆破位置 20m 以外进行。

施工过程中，要求预裂爆破钻孔的定位偏差不大于 ±5cm，钻孔倾角误差不大于 1°，由爆破引起的振动在距离爆破点 30m 处的质点峰值速度不超过 100mm/s，在距离爆破点 60m 处的质点峰值速度不超过 50mm/s。

第9章 工程高边坡稳定性的信息化监测

9.1 概 述

必须再次强调，工程边坡是建筑物的重要组成部分，边坡工程的安全就是建筑物的安全。因此，必须高度重视工程边坡的信息化监测。

工程边坡动态监测是检验和深化已有认识、保证工程施工和运营安全、避免重大地质灾害发生的重要手段，在工程高边坡稳定性研究中具有十分重要的意义。我国在边坡工程中已经开展了大量的监测工作，取得了许多科研成果，为保证工程建设的安全和节约投资做出了重要贡献。其中，王尚庆等完成的"八五"重点科技攻关项目"长江三峡工程库区重大危险性滑坡监测方法与预报判据"，水利部东北勘测设计院科研所完成的"七五"重点科技攻关项目"高坝坝基原位监测技术研究"，以及同济大学、中国科学院武汉岩土力学所与中国有色金属总公司长沙勘察院协作完成的"江西德兴铜矿大山村选矿厂高边坡监测"都是近十几年来我国在这一领域所取得的重大成果。这些成果的不断涌现，也为边坡监测工作的开展和实施提供了大量的范例（夏才初、潘国荣等，2001）。

边坡工程既属于地质工程也属于岩土工程，由于岩土体（地质体）经历过漫长的地质建造、构造改造和浅表生改造，其结构和赋存环境较为复杂。在工程开挖和各种自然营力的影响和作用下，边坡原有的动态平衡被打破，在新的动态平衡形成过程中，其结构、赋存环境和力学性态均将发生变化，而开挖前的有关研究不可能对这些变化的结果做出完全准确的评价和预测。由于岩体的复杂性以及受目前边坡工程理论和技术水平的限制，我们对工程高边坡的认识水平具有局限性。溪洛渡水电站拱肩槽和进水口高边坡规模巨大、形状不规则、地质条件复杂，而且边坡施工期长，许多工程技术问题已经超出了我国现有的技术和经验水平，如高边坡的深挖卸荷问题、异型高边坡稳定性问题等。边坡开挖前对这些问题的认识需要通过原位的监测得到检验、验证、深化和提高。同时，基于开挖前对工程边坡稳定性的认识而作出的边坡稳定性控制方案和措施是否正确，也需要通过监测得到检验，并在此基础上进行动态调整和优化。由此可见，为了保证工程高边坡在施工期和运营期的安全，开展边坡稳定性的信息化监测是非常必要的。具体地讲，信息化监测可以起到以下几方面的作用：

（1）进一步了解和掌握工程边坡在施工期和运行期结构、赋存环境和力学性态的变化规律；

（2）监测资料直观地反映了工程边坡的变形状态，利用监测资料可以对边坡的整体稳定和局部稳定性进行客观的评价；

（3）动态监测可以为施工期工程边坡的安全预报提供科学依据，利用监测数据可以对边坡工程的安全运行做出定量评价和预警预报；

（4）通过监测可以验证边坡稳定性控制设计的合理性，通过监测信息的反馈不断优化设计，最终体现边坡工程实时监测、超前预测、信息反馈及设计不断优化的动态设计思想，促进设计水平的提高和科技的进步；

（5）信息化监测可以为边坡岩体的时效特性研究和位移反分析提供重要资料。

本章在前述工程高边坡稳定性研究成果的基础上，初步建立溪洛渡拱肩槽和进水口边坡的信息化监测系统，阐述监测系统的设计原则、监测内容与方法、监测系统布置等。

9.2　信息化监测的设计原则

信息化监测必须建立在对边坡稳定性详细的工程地质研究的基础之上。只有充分了解和掌握边坡的稳定条件、岩体质量、变形破坏机制、控制和影响边坡稳定性的因素、边坡稳定的薄弱部位等，才能合理地、有针对性地选择监测部位。岩质边坡中存在的不利结构面常常是引起边坡变形破坏的控制性因素，这些结构面应作为工程边坡监测的重点对象，监测点应放在这些对象上或测孔应穿过这些对象。

工程边坡监测既要对边坡的整体稳定性状况进行跟踪监测，也要注意对局部稳定性的监测。通过监测资料的及时反馈，分析局部稳定性与整体稳定性之间的相互关系和相互影响，并通过监测信息指导下的合理控制和及时施工，使局部稳定问题的解决有利于边坡的整体稳定。

信息化监测必须贯穿工程活动（施工、加固、运行）的全过程，对边坡性态的变化实施全过程动态监测。为此，监测工作最重要的一点就是及时，即及时埋设、及时观测、及时整理分析监测资料和及时反馈监测信息。这四个及时环节中任何一个环节的不及时，都会降低或失去监测工作的意义，甚至会给工程带来不可弥补的影响或对人民生命财产造成重大的损失。为了及时埋设监测设备，实现全过程监测，可以利用工程边坡部位已有的洞室预埋仪器，或者施工开挖前完成必要的监测设施、开挖下一个边坡台阶前完成上一个台阶的监测设施。

由于拱肩槽边坡直接关系到大坝的安全，进水口边坡与引水发电系统的正常使用密切相关。因此，工程边坡的监测不仅要考虑施工期的监测，而且要考虑工程运行期的监测，将施工期监测与运行期监测有机的结合在一起。施工期监测的设计应和运行期监测的设计一样，纳入工程设计的工作范围，并作为工程设计的一部分。也就是说，施工期的监测实施前应进行监测设计，然后按设计实施。施工期的监测设施能保留作为运行期监测的应尽量保留。

对于控制边坡变形破坏和稳定性的关键部位和关键参数，应该加强监测力度，采用多种途径和方法进行对比性和校验性监测。对重要的监测断面（部位），要进行最详细的观测，监测项目和监测仪器的数量应多于一般断面，力求取得最多的资料；对其他断面（部位）进行一种或几种不同程度的观测，通过与布置较多数量仪器的断面资料相比较，便能了解边坡全面的性态。由于变形是岩体破坏前的重要征兆，也是一个容易测量和获得的特征参数，它积累到一定的程度或具有一定的速率，边坡就会失稳破坏。因此，变形监测是工程边坡安全监测的重点。

在监测系统的布置方面，要根据边坡的空间形态、稳定性评价结论和边坡的工况等，合理布置监测网点。注意突出重点（关键部位），兼顾整体；地表监测与地下监测相结合，岩体监测与承载体系监测相结合；机械测试与电测相结合，形成点、线、面结合的立体交叉监测网络系统。

考虑到边坡工程的监测环境条件较差，工程边坡施工时的振动干扰大，为了提高监测成果的可靠度，监测设备应选用抗干扰和恶劣环境能力强的光学设备、机械设备或电子设备。仪器的布置力求少而精，其数量应在保证实际需要的前提下尽可能减少。专作施工期监测的仪器，其精度要求可以稍低，也可采用简易的仪器；长期监测的仪器一般应符合 3R 原则，即符合精度（resolution）、可靠度（reliability）和结实度（ruggedness）三项要求。为了能提供足够的资料，便于分析，仪器不宜在较大的区域分散布置，而要集中布置。

9.3　监测内容与方法

9.3.1　施工期的边坡工程问题

根据第二篇的研究，拱肩槽和进水口高边坡在施工开挖期间，由于边坡岩体原有的动态平衡被打破，将会产生一系列的边坡工程问题。主要包括：

（1）开挖卸荷使边坡岩体的应力场重新分布，原有的应力重新调整，在不同的部位产生应力集中或应力松弛。应力松弛带的节理裂隙张开。

（2）工程边坡的深挖卸荷，导致边坡产生卸荷回弹，岩体发生位移。

（3）边坡的开挖爆破振动，不仅会产生爆破裂缝，而且还会使岩体中原有的节理裂隙扩张。

（4）爆破影响带和应力松弛带的叠加和组合，在边坡岩体的一定深度范围内形成岩体的松弛带，从而导致这部分岩体的物理力学性能指标降低，局部稳定性变差。

（5）开挖临空面形成后，层间层内错动带与挤压带、裂隙组合，可能在边坡中形成确定性、半确定性或随机分布的局部不稳定块体。

（6）边坡开挖后引起地下水位和岩体渗流场的改变。

概括起来，以上问题实际上是由于人类工程活动引起边坡岩体状态场发生改变而出现的问题。作者将岩体状态场定义为在一定时期一定环境条件下，岩体的结构、变形和赋存环境所处的状态，它是岩体结构场、应力场、位移场、渗流场和温度场的总称。由于边坡岩体位于近地表，因此，对其状态场的研究一般不考虑温度场的影响。工程边坡开挖后，由于爆破和应力释放引起边坡表部一定范围内结构场发生变化，形成松弛带；开挖卸荷使边坡应力和位移重新调整，导致应力场和位移场的改变；开挖改变了边坡的几何形态，使地下水的径流和排泄途径发生变化，从而引起岩体渗流场的改变。

9.3.2　监测内容

工程边坡信息化监测就是对边坡岩体位移场、应力场、结构场和渗流场的改变进行监测。具体的监测内容应该在考虑监测原则的基础上，针对上述问题和解决这些问题采用的措施设置。

按照需要解决的问题考虑，监测内容包括：

1. 整体稳定性监测

根据第 6 章的研究，拱肩槽和进水口高边坡岩体强度高、完整性较好，不存在由大断层和错动带切割造成的大规模整体稳定问题。因此，对边坡整体稳定性的监测主要针对有潜在不稳定因素的部位，而且以位移监测为主。这些部位主要有：边坡最高的断面、层间错动带错动强烈的部位、松弛带和塑性破坏区发育较深的部位、强风化夹层和风化卸荷最发育的部位、双面临空的部位。

2. 局部稳定性监测

包括对确定性块体、半确定性块体和随机块体的监测以及对层内错动带密集发育部位、表部松弛带、地下水等的监测。

根据目前的研究，确定性块体只有一个，位于左岸拱肩槽 440～480m 拱圈上游侧边坡中，分布在 511～534m 高程内，而且其稳定性很差，施工开挖时必须及时锚固。半确定性和随机块体数量和种类多，但位置不能完全确定，只有随开挖逐渐揭露，其监测工作应当由施工单位承担，在施工过程中视具体情况随机进行。局部稳定性监测主要依靠位移监测、声波监测和渗流渗压监测。

3. 锚固效果监测

锚固工程属于隐蔽性工程，影响锚固效果的因素很多，设计时很难做到情况完全清楚，必须对系统锚杆、块体锚杆和预应力锚索对边坡的控制效果进行监测。

4. 爆破影响监测

为了控制爆破规模、优化爆破工艺、减小爆破动力作用对边坡岩体的不利影响，避免超挖和确保高边坡的稳定，必须进行施工开挖过程中的爆破影响监测。

按照监测对象或监测项目，拱肩槽和进水口边坡信息化监测的内容有：①地表变形监测；②深部变形监测；③松弛范围监测；④地应力监测；⑤地下水及渗流渗压监测；⑥锚杆锚索应力监测；⑦爆破振动监测。

9.3.3　监测方法

根据监测项目的不同分述各种监测项目采用的监测方法：

1. 地表变形监测方法

采用大地测量法、GPS（全球定位系统）测量法监测边坡表面的三维位移（包括水平位移和垂直位移）。大地测量法技术成熟，精度较高，监控面广，成果资料可靠，便于灵活地设站观测等，但它也受到地形通视条件限制和气象条件（如风、雨、雾、雪）的影响，工作量大，周期长，连续观测能力较差（夏才初等，2001）。GPS 测量法是利用 GPS 卫星发送的导航定位信号进行空间后方交会测量，从而确定地面待测点的三维坐标，其精度目前已经达到了毫米级。由于 GPS 监测不受天气条件的限制，可以进行全天候的监测，同时，观测点之间无需通视，且操作简单，定位精度高，因此，它与大地测量法联合使用可以方便地对拱肩槽和进水口边坡的表部位移实施动态监测。

采用测缝计等对边坡表部（坡面及马道）的裂缝，包括断层、错动带、裂隙等，进行相对位移监测。

2. 深部变形监测方法

深部位移监测通常在钻孔中进行，既可监测边坡岩体不同深度的水平位移，也可监测不同深度的垂直位移或倾斜钻孔的轴向位移。这种监测对于发现边坡的潜在滑动面并监测其发展变化具有重要意义，同时也可确定边坡的松弛深度。一般采用钻孔测斜仪监测边坡的深部水平位移；采用钻孔多点位移计监测边坡深部的垂直位移或钻孔轴向位移。

3. 松弛范围监测方法

采用声波仪并配置换能器或地震仪监测由于开挖爆破振动和地应力释放引起岩体扩容而在边坡表层形成的松弛带的范围。主要用于边坡局部稳定性评价和作为锚杆锚索优化设计的科学依据。

4. 地应力监测方法

为了了解边坡地应力及其在开挖后的变化，采用应力解除法三维地应力测量和应力计监测岩体地应力及其变化。

5. 地下水及渗流渗压监测方法

地下水是边坡失稳的重要触发因素。因此，利用勘探阶段的钻孔或平硐内的钻孔用电测水位计进行地下水位监测；采用量水堰法监测地下水的渗流情况；采用渗压计法监测地下水的渗流压力。其他与地下水位有关的参数，如降水量、江水位等直接采用附近水文站的观测资料。

6. 锚杆锚索应力监测方法

为了了解锚杆锚索的加固效果，为优化设计提供科学依据，采用锚杆应力计和锚索测力计分别监测锚杆和锚索的受力情况。

7. 爆破振动监测方法

采用速度计、加速度计和动应变计监测爆破时边坡岩体中一定部位质点的运动参数和动力参数。其中主要监测质点振动速度，使其满足前述爆破控制的要求，保证边坡岩体受爆破影响最小。

9.4 监测系统布置

9.4.1 监测断面的布置

综合考虑拱肩槽和进水口边坡的稳定条件、整体稳定性和局部稳定性评价结果等因素，拟定在拱肩槽边坡布置 8 个监测断面，在进水口边坡布置 6 个监测断面。其中，进水口边坡和拱肩槽上游侧边坡正常蓄水位 600m 高程以下的监测设施主要用于施工期监测，其余部位的监测设施既要兼顾施工期监测又要能用于运行期监测。

9.4.1.1 拱肩槽边坡

右岸拱肩槽边坡设置 4 个监测断面，分别为 I-I、D-D、C-C、A-A 断面（图 9.1），其中，D-D 断面为关键监测断面，其他断面为重要监测断面。基于以下考虑，选择它们作为监测断面：

I-I 断面：为 360m 高程拱圈径向剖面，上游侧坡高 112.1m，下游侧坡高 44.6m。边坡下部发育有卸荷-拉裂岩体，且有滑移-压致拉裂变形迹象。

D-D 断面：该断面为 400m 高程拱圈径向剖面，上下游侧边坡均较高，分别为 193.4m 和 52.1m。边坡坡脚地带卸荷-拉裂岩体发育，且有滑移-压致拉裂变形迹象；中上部层间错动带 C7 和 C9 错动较强烈，而且有限元计算结果表明，沿层间错动带上盘有拉应力分布，岩体松弛深度较深。

C-C 断面：为 480m 高程拱圈径向剖面，同时也是有限元计算剖面，上游侧边坡高 184.3m，下游侧高 51.75m。边坡中下部层间错动 C7、C8、C9 错动较强烈，有限元计算结果表明，C9 上盘岩体松弛深度较深。天然状态下坡面不稳定块体较多，而且，下游侧边坡双面临空。

A-A 断面：为 590m 高程拱圈径向剖面，上游侧边坡高 156.6m，下游侧坡高 30m。边坡岩体风化卸荷较强烈，坡面上大部分为弱上和强卸荷岩体；边坡上部 C12 错动较强，其上盘松弛较深。此外，有限元计算也选择了该剖面，通过监测可以相互比较。

左岸拱肩槽边坡选择 II-II、E-E、III-III 和 G-G 断面作为监测断面（图 9.2），其中，III-III 断面为关键监测断面，E-E、G-G 断面为重要监测断面，II-II 断面为一般监测断面。监测断面的选择基于以下原因：

II-II 断面：为 360m 高程拱圈径向剖面，上游侧坡高 56.8m，下游侧坡高 28.5m，坡体中强风化夹层较发育。

E-E 断面：为 400m 高程拱圈径向剖面，上游侧边坡高达 195m。坡脚地带第 6 层玄武岩中强风化夹层发育，岩体破碎、松弛，而且层内错动带也较为密集。坡体上部层间错动带 C9、C10、C11 浅表生改造较强烈，有限元计算表明，其上盘坡面附近有拉应力分布，且松弛深度较深。此外，该断面附近天然状态下有 2 个不稳定块体分布。

　　Ⅲ-Ⅲ断面：为 440m 高程拱圈径向剖面，也是有限元计算的典型剖面。该断面是坝区最高的边坡，上游侧高度达 253.1m，而且，唯一的确定性不稳定块体就分布在该断面附近。

　　G-G 断面：为 520m 高程拱圈径向剖面，上游侧坡高 173.4m，下游侧坡高 62.45m。该部位下游侧边坡的高度为整个拱肩槽下游最高边坡，坡脚层间错动带 C9 和 C10 错动较为强烈，12 层玄武岩中追踪柱状节理的卸荷裂隙较发育。

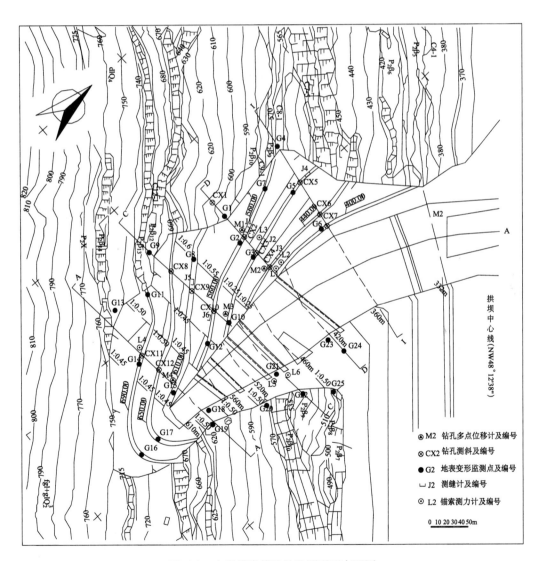

图 9.1　右岸拱肩槽边坡监测平面布置图

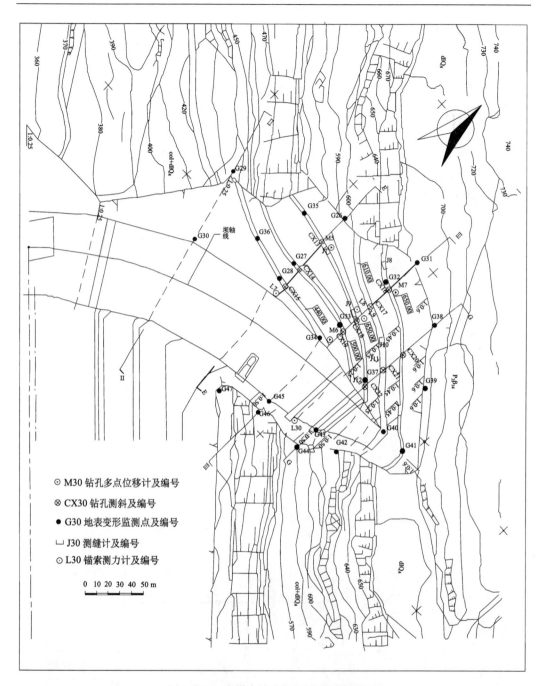

图 9.2　左岸拱肩槽边坡监测平面布置图

9.4.1.2　进水口边坡

　　左岸进水口边坡选择 A1-A1、B1-B1 和 C1-C1 断面作为监测断面（图 9.3），其中，C1-C1 断面为关键监测断面，A1-A1 断面为重要监测断面，B1-B1 断面为一般监测断

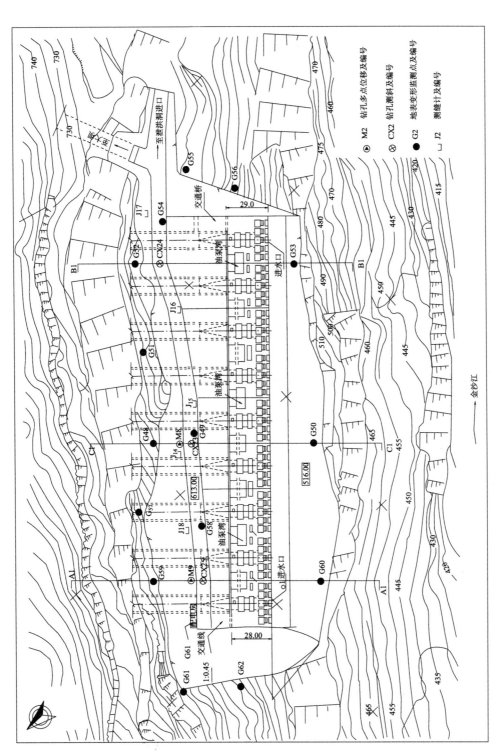

图9.3　左岸进水口边坡监测平面布置图

面。监测断面的选择基于以下原因：

C1-C1 断面：位于左岸进水口塔后边坡中部，剖面位置与有限元分析采用的纵 2 地质断面一致，有利于监测成果和计算评价成果的对比。开挖边坡高 138m，上部 12 层玄武岩中追踪式卸荷裂隙较发育，600m 高程以上存在半确定性不稳定块体，其局部稳定性较差。

A1-A1 断面：位于左岸进水口塔后边坡上游侧，是左岸进水口边坡最高的部位。C8 层间错动带错动较为强烈。

B1-B1 断面：位于左岸进水口塔后边坡下游侧，代表塔后下游侧边坡的稳定情况。

右岸进水口边坡选择 D1-D1、E1-E1 和 F1-F1 断面作为监测断面，其中，E1-E1 断面为关键监测断面，D1-D1、F1-F1 断面为重要监测断面。监测断面的选择基于以下原因：

E1-E1 断面：位于右岸进水口塔后边坡中部，断面位置与有限元分析采用的纵 2 地质剖面一致，有利于监测成果和计算评价成果的对比。开挖边坡高 137m，坡体中层间错动带 C7 和 C8 错动较强烈，其上盘局部有拉应力分布。

D1-D1 断面：位于右岸进水口塔后边坡上游侧，是右岸进水口边坡最高的部位。C7、C8 层间错动带错动较为强烈。

F1-F1 断面：位于右岸进水口下游侧边坡，代表下游侧边坡的稳定情况。坡体中有 2 个半确定性不稳定块体。

此外，在进水口上下游侧边坡顶部布置地表位移监测点，对其稳定性进行动态监测。

9.4.2 监测点及监测仪器布置

1. 地表变形监测布置

拱肩槽和进水口边坡地表变形监测主要采用大地测量法和 GPS 监测法，二者联合使用，相互校验。监测网的建立采取从整体到局部，逐层发展的布网方案。整个溪洛渡水电枢纽的监测网为第一层次网，称为全网；各主要建筑物部位的地表位移监测网分别为第二层次网和第三层次网，称为简网和最简网。全网的固定点设在受建坝影响的变形范围之外；简网的固定点设在坝区变形量极小的地方，它的稳定性由全网进行检测；最简网的相对固定点设在变形量很小的地方，它的稳定性由简网进行检测。

溪洛渡拱肩槽和进水口设立简网和最简网。简网用于定期检测最简网相对固定点的稳定性，同时测定网中其他点所代表的位移量。要求简网的最弱点位移量中误差不大于 ± 2.0mm。最简网选择简网中的点位为相对固定点，根据需要可以分别组成若干个最简网，用以检测各种位移监测方法所用的工作基点。施工初期，先在拱肩槽和进水口边坡开挖区以外布设若干个工作基点，并组成若干个最简网，使最后一级监测点的位移量中误差不大于 ± 5.0mm。随着施工进展，可以停测某个已建的最简网，也可以另行组成新的最简网，或采取某种必要的加强监测措施，以便快速、高精度地获得位移监测资料，满足施工监测的需要。这里不详细讨论简网和最简网的网点数量，但要求简网和最简网能同时适合大地测量和 GPS 监测的条件，其测点采用高度不小于 1.5m 的混凝土观测墩，并安装强制对中器。

在左右岸拱肩槽上下游侧边坡以及进水口塔后边坡、侧边坡的坡顶和各级马道上布置地表位移监测点（包括水平位移和垂直位移，其测点一一对应），并重点布置在关键监测断面和重要监测断面上。监测断面上的地表位移测点尽量与钻孔测斜监测点靠近，以便对照分析。拱肩槽边坡共布置地表位移监测点 47 个（图 9.1、图 9.2），其中右岸拱肩槽边坡 25 个，左岸拱肩槽边坡 22 个，典型监测断面如图 9.4、图 9.5 所示。进水口边坡共布置位移监测点 33 个（图 9.3），其典型监测断面如图 9.6 所示。利用简网和最简网作为工作基点，采用精密边或边角交会分层观测法、Ⅱ 等水准观测法以及 GPS 定位技术，定期或实时监测边坡表部不同高层的位移。要求施工期观测误差不大于 ±5.0mm，运行期观测误差不大于 ±3.0mm。

在边坡马道上、控制性层间层内错动带、张裂缝等处布置测缝计，监测地表裂缝的相对位移。拱肩槽边坡共布置测缝计 13 个，其中右岸边坡 6 个，左岸边坡 7 个，具体布置情况见图 9.1、图 9.2；进水口边坡共布置测缝计 11 个，具体布置情况见图 9.3。

2. 深部变形监测布置

由于边坡岩体以近水平层状结构为主，层间层内错动带呈缓倾角发育，因此，深部位移监测采用以钻孔测斜仪为主，钻孔多点位移计为辅的方式进行。钻孔测斜仪和多点位移计主要布置在监测断面的马道上，前者铅直布置，后者近水平布置。为了使钻孔测斜仪既可监测边坡的整体稳定性，又可以对局部不稳定块体进行监测，各监测断面测斜孔上一个钻孔的孔底应达到下一个相邻钻孔的孔口高层以下 3m（图 9.4、图 9.5）。左、右岸拱肩槽边坡分别布置了钻孔测斜仪 10 个和 12 个，多点位移计 3 个和 4 个。右岸进水口边坡分别布置钻孔测斜仪和多点位移计 3 个和 2 个，左岸进水口边坡也分别布置钻孔测斜仪和多点位移计 3 个和 2 个。具体布置情况见图 9.1～图 9.6。

3. 松弛范围监测布置

采用声波或地震穿透法对岩体的松弛范围进行检测。在上述选定的监测断面的每一级边坡上，利用锚杆或锚索钻孔，在安装锚杆或锚索前先进行松弛范围的声波检测。为了使检测成果更具有代表性，除了上述监测断面外，施工时可以适当增加一些松动范围检测断面。

4. 地应力监测布置

利用拱肩槽和进水口边坡附近已有的地质勘探平硐埋设地应力观测仪器，对边坡岩体的三维地应力和地应力的变化进行测试与监测。分别在左、右岸拱肩槽上游侧边坡的 PD76 和 PD33 号平硐埋设地应力变化监测孔 3 个，三维地应力测量监测孔 3 个。同样，分别在左、右岸进水口的塔后边坡的 PD60 和 PD55 号平硐埋设地应力变化监测孔 3 个，三维地应力测量监测孔 3 个。

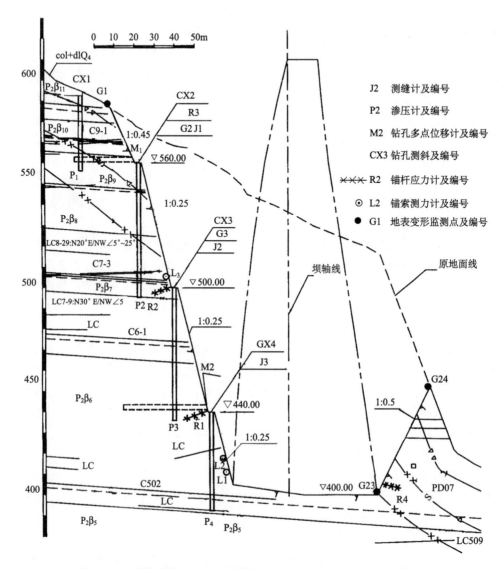

图 9.4　右岸拱肩槽 400m 高程拱圈边坡监测断面布置图（D-D 断面）

5. 地下水及渗流渗压监测布置

地下水位的监测尽量利用坝区边坡附近地表和勘探平硐中已有的地下水长期监测孔；在坡顶截水沟和马道排水沟内布置量水堰对地表径流进行监测；在边坡附近的勘探平硐中布置量水堰对地下水渗流进行监测；在每个钻孔倾斜仪的孔底布置一支渗压计监测地下水的渗流压力。

6. 锚杆锚索应力监测布置

在监测断面附近选择不同长度的系统锚杆和块体锚杆监测其受力状态。每个断面至少选择 2～3 根锚杆进行监测，每根锚杆一般布置 3～5 个锚杆应力计测点。锚杆应力监测的具体布置情况见图 9.4～图 9.6，其中，拱肩槽边坡监测的锚杆数为 20 根，进水口边坡监测的锚杆数为 11 根。

选择不同长度、不同预应力级别和不同地质条件的锚索进行锚固力随时间变化的监测。一般锚索监测点尽量选择在监测断面附近，每个典型地质段和每种锚索至少监测 1～2 根。锚索测力计的具体布置情况见图 9.1～图 9.6，其中，拱肩槽边坡监测的锚索数量为 10 根，进水口边坡监测的锚索数量为 2 根。

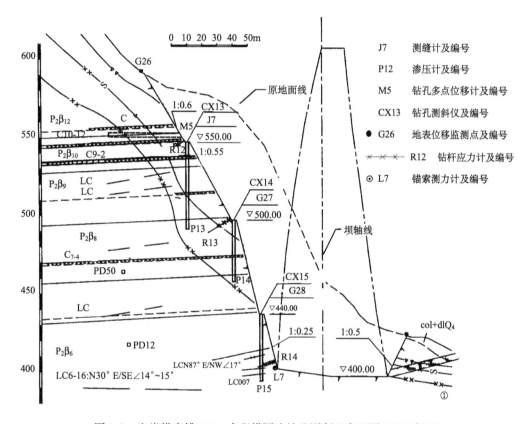

图 9.5　左岸拱肩槽 400m 高程拱圈边坡监测断面布置图（E-E 断面）

7. 爆破振动监测布置

爆破往往是影响工程边坡变形破坏的重要外因之一。爆破影响监测的目的在于控制爆破规模、优化爆破方式和工艺，以减小爆破动力对边坡的影响。为了相互比较和验证，爆破监测断面尽量与深部变形监测断面一致，测点（传感器）布置在靠近边坡坡面的已有钻孔或平硐中、各级马道内外侧、坡顶、坡脚等处。对不同的爆破方法、起爆药量和顺序、爆破工艺，在距爆源不同距离处进行监测。监测参数以质点振动速度为主，振动加速度为辅。

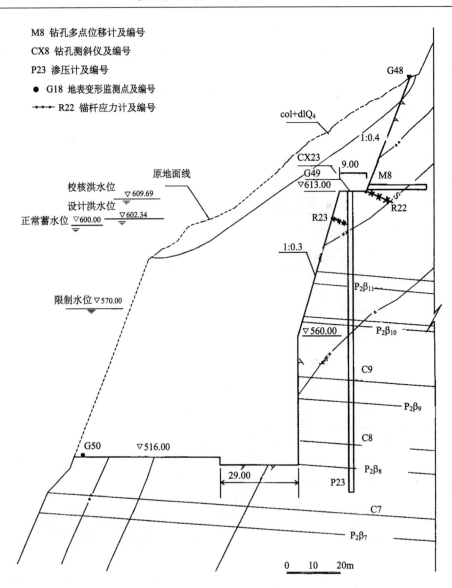

M8 钻孔多点位移计及编号
CX8 钻孔测斜仪及编号
P23 渗压计及编号
● G18 地表变形监测点及编号
R22 锚杆应力计及编号

图 9.6 左岸拱进水口边坡监测断面布置图（C1-C1 断面）

值得指出的是，由于受经费和技术的限制，上述仪器监测没有覆盖整个边坡。因此，作为仪器监测的补充，进行人工现场巡视检查是十分必要的。巡视检查除对边坡普遍巡视外，应重点察看边坡前后缘、控制性错动带出露处和监测设施。

9.4.3 监测工作量统计

按照上述布置，溪洛渡水电站拱肩槽和进水口边坡监测的主要工作量如表 9.1 所示。

表 9.1　工程边坡监测主要工作量统计表

边坡部位	地表位移监测/点	测缝计/个	钻孔测斜/孔	多点位移计/套	声波监测/孔	地应力变化监测/孔	地应力测量/孔	渗压计/个	锚杆应力计/个	锚索测力计/个
右岸拱肩槽	25	6	12	4	40	3	3	12	35	6
左岸拱肩槽	22	7	10	3	34	3	3	10	29	4
右岸进水口	18	6	3	2	16	3	3	3	16	2
左岸进水口	15	5	3	2	12	3	3	3	18	

第10章 边坡失稳时间实时跟踪预报

10.1 概 述

边坡失稳预报是边坡稳定性控制的重要组成部分，也是难度最大的课题。边坡变形趋势的合理判定和失稳时间的准确预报，可以为工程边坡的施工和运行安全提供重要保证，为做出妥善的工程决定赢得时间，从而避免重大边坡灾害事故的发生。1969年智利Chuquicamata露天矿东侧边坡的失稳破坏就是一个最为精彩的例证，由于有了准确的预报，不仅避免了矿区设备和人员的损失，而且事先重新布置了运输线路并储备了矿石，保证了矿山的正常生产。

长期以来，通过众多学者对边坡失稳时间预报的不懈追求和探索，边坡失稳预报的理论和方法有了较大的发展，经历了从现象预报、经验预报到统计预报、灰色预报、非线性预报的历程，目前已经进入了系统综合预报、全息预报、实时跟踪预报的阶段。

20世纪60～70年代，边坡失稳预报主要以现象预报和经验预报为主。第二次世界大战以后，各国在恢复重建和开发经济的过程中，遇到了越来越多的边坡失稳问题。尤其是1963年意大利瓦依昂滑坡发生后，人们开始利用边坡的一些变形破坏现象和失稳前的宏观前兆现象，对边坡失稳进行推断。这种预报，是人们对边坡失稳前兆反映的经验积累的直观预报方法。边坡失稳前兆现象主要有地裂缝、地声、地面沉陷、热风、井泉浑浊或水位跃变（如干涸等）、动物异常、房屋开裂，以及地面局部坍塌和滑动等。根据这些前兆现象和边坡变化特征，可以大致判断边坡的危险状况和可能失稳的时间。显然，现象预报只适用于有明显前兆现象的边坡，而且预报精度不高，是一种定性的预报方法。1963年，我国曾利用这种方法成功地预报了宝成铁路343km处的须家河边坡失稳（1963年9月13日）。这期间，日本学者斋腾通过大量的室内试验和现场位移监测资料分析，提出了均质土坡失稳时间预报的经验公式（Saito, 1965），随后，他又将加速蠕变曲线视为圆弧，利用曲线上相邻点间相对位移量相等的三点，求出边坡失稳时间（作图法），这就是著名的斋腾预报法。1970年，他曾利用这一方法对日本高汤山边坡进行了一次成功的预报。1977年，Hoek提出了利用边坡变形曲线的形态和趋势进行外延并推求滑动时间的外延法（作图法）（Hoek, 1977）。可见，这一阶段的预报方法，是建立在"现象"和"经验"基础之上的，而且只能用于临滑预报。

20世纪80年代期间，概率论、数理统计、统计热力学、灰色系统理论等现代数理力学理论，引起了边坡研究者的广泛兴趣。一大批学者积极投身于边坡失稳预报研究之中，并将现代数理力学理论引入自己的研究项目，相继提出了灰色预报模型（陈明东，1987）、解析预报模型、黄金分割预报法（张倬元、黄润秋，1988）、Verhulst模型（简称V氏模型）（晏同珍，1988，1989）、正交多项式最佳逼近模型。这些预报方法，一般都是根据边坡变形（位移）的时序资料，采用一定的数理力学方法（模型），拟合外推边坡失稳的时间。它们使边坡失稳预报向定量化方向迈进了一大步。这一阶段的预报方法主要以临滑预报为主，对中长期预报缺乏相应的理论和方法，虽然曾有人从天文地球动力学角度出发，研究了边坡与太阳黑子活动规律间的关系（晏同珍，1988）；边坡活跃年份与土星所处椭圆轨道位置的关系；较多的专家学者注意到了暴雨对边坡失稳的至关重要的作用，统计出了部分地区边坡失稳与降雨参数间的相关关系等。但是，真正能用于实际的中、长期预报理论和方法仍还没有形成。此外，已有的边坡失稳预报方法和理论，还没有系统化和实用化，未形成真正的预报系统。

20 世纪 90 年代以来，由于系统科学和非线性科学的发展及在各领域中的广泛应用，人们的认识论发生了一次质的飞跃。边坡研究者开始认识到边坡是一个开放系统，是一个充满灰与白、确定性与随机性、渐变与突变、平衡与非平衡、有序与无序的对立统一的混沌体系（周萃英，1992；秦四清等，1993；李后强等，1994；李天斌、陈明东，1999；黄润秋、许强，1997a，b）。因此，许多学者引用对处理复杂性问题行之有效的非线性科学理论和灰色理论来研究边坡失稳预报问题，先后提出了一些基于突变理论、灰色理论和非线性动力学理论的预报模型，例如梯度正弦模型（崔政权，1992）、尖点突变模型及灰色尖点突变模型（秦四清等，1993）、灾变模型（李天斌、陈明东，1999）、协同预报模型（黄润秋、许强，1997a，b）等。目前，边坡失稳预报从单一的方法研究进入了系统的理论方法总结和发展阶段，边坡失稳预报逐步向实用化、系统化迈进，已初步开发了一些预报软件系统（李天斌等，1999）。然而，由于边坡变形破坏的复杂性、随机性和不确定性，要想准确预报边坡的失稳时间是非常困难的。已有的研究多注重预报方法的探讨，对与边坡失稳密切相关的一些基本问题重视不够，如边坡变形机制和阶段与预报的关系、监测信息处理（干扰信息的剔除与有用信息的增强）以及关键监测信息的选取等。而且，已有的预报方法和理论还没有系统化和实用化，真正的边坡失稳预报系统还很少见。

作者在前人研究的基础上，基于边坡变形和失稳过程的复杂性，认识到了边坡失稳预报不是一个纯方法问题，要获得较为准确的预报结果，必须首先研究与边坡失稳预报相关的一些基本问题，并将边坡失稳预报与边坡变形机制分析紧密结合。为此，作者提出了边坡失稳实时跟踪预报的学术思想，引用非线性科学理论建立了边坡失稳预报的模型，并开发了边坡失稳实时跟踪预报系统。

10.2　学术思想与技术方法体系

10.2.1　学术思想

在总结前人研究成果的基础上，作者致力于将边坡变形机制分析与其失稳时间预报相结合，通过多年的探索和实践，提出了边坡失稳预报的"变形机制分析—实时跟踪预报"这一学术思想，其主要学术观点如下：

（1）边坡是地质过程的产物。它既受到建造和构造改造的影响，又是挽近期浅表生改造的结果。边坡失稳不仅受到边坡自身结构和外形特征的控制，而且还要受到外部因素（如地震、降雨、开挖、爆破）以及时间因素的影响。因此，边坡失稳是一个非常复杂的过程，必须通过各种手段，首先查明边坡变形破坏的原因和机制，这是边坡失稳预报的重要前提。

（2）边坡失稳预报不是一个纯方法问题。要实现较为准确的预报，必须将边坡变形机制分析与定量预报相结合，通过机制分析确定出控制边坡失稳的"关键部位"，并将这些部位的有效监测信息用于预报模型中。

（3）边坡是一个充满灰与白、确定性与随机性、渐变与突变、平衡与非平衡、有序与无序的对立统一的混沌体系，复杂性是边坡变形破坏的根本属性。针对边坡的这一特性，应该引用对处理复杂性问题行之有效的非线性科学理论和灰色系统理论，来建立边坡失稳预报模型。

（4）边坡系统具有开放性，它不断地与外界和环境进行物质、能量和信息交换。因此，时序监测信息中往往既有有效信息，又包含有无效信息或者干扰信息。必须采用现代数理力学手段，对监测信息进行分析、合成处理（李天斌、陈明东，1999），以便增强有效信息，减弱或剔除干扰信息，使真正反映边坡状态的信息进入预报模型中。

（5）边坡虽然是开放系统，但在其形成演化过程中，又受某些确定性物理规律的支配，有其发生、发展、成熟、消亡的过程。其中，滑动变形的阶段性规律，是选择预报类型和预报方法的重要依据，必须采用一定的数学方法对有效时序监测信息进行实时判识（李天斌、陈明东，1999），以便确定边坡加速变形的时间。

（6）鉴于边坡的复杂性，预报过程中只有采用"实时跟踪预报"的思路，不断利用边坡的最新监测信息，对其动态进行实时预报，才能逐渐逼近边坡失稳的实际发生时间。

10.2.2 技术方法体系

边坡失稳实时跟踪预报技术和方法，是一项涉及工程地质学、岩石力学、土力学、现代数学力学、现代数理统计学、系统科学、信息科学和非线性科学等跨学科领域的研究成果。研究过程中，采用的基本思路是：通过汇集国内外边坡研究的最新成果，以边坡变形破坏机制分析为基础，结合大量实例的现场调研，首先，解决与边坡失稳预报密切相关并影响预报精度的一些基本问题，例如，预报参数选择、有效监测信息获取、监测关键部位的确定、变形突变现象处理、变形状态（阶段）定量判识等；然后，应用处理复杂性问题行之有效的灰色系统理论和非线性科学理论（如分形理论），建立和发展边坡失稳中长期预报与短临预报的理论和方法；最后，利用 IT 技术开发边坡失稳实时跟踪预报软件系统，并通过大量实例分析，对预报系统进行检验和验证。

通过系统总结与归纳，笔者建立了如图 10.1 所示的边坡失稳实时跟踪预报的技术方法体系。其要点简要阐述如下：

（1）通过对变形边坡原型的调研，查明边坡的环境条件（包括地质环境条件和地理

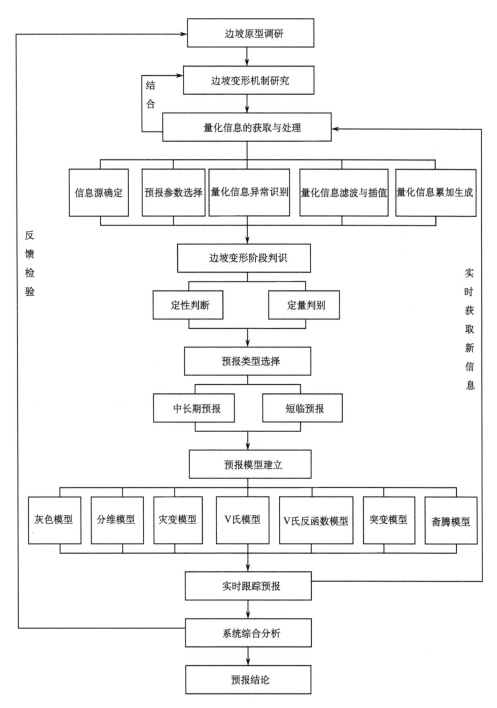

图 10.1 边坡失稳实时跟踪预报的技术方法体系

环境条件）、范围、规模、外形特征、内部结构特征、滑面（滑带）特征、变形破坏迹象、地下水特征等，初步建立边坡变形破坏的概念模型，为边坡变形机制分析和预报提供基础资料。

（2）为了使边坡失稳预报建立在坚实可靠的有效信息基础之上，必须深入研究边坡的变形破坏机制。在概念模型的基础上，采用数值模拟和物理模拟方法对边坡失稳过程进行全过程模拟，检验概念模型的正确与否，深化对边坡变形破坏内部作用过程的认识。

（3）根据边坡变形的机制，找出控制坡体失稳的"关键部位"，并将关键部位作为边坡失稳预报的信息源。定时获取信息源的各种量化信息（如位移、声发射），选择有代表性的特征信息作为预报参数，并对预报参数的量化信息进行异常判别。为了增强监测时序资料的有效信息，削弱干扰信息和系统噪声，采用插值、滤波（均匀滤波和非均匀滤波）、累加生成、归一化等数学方法对量化信息进行处理（李天斌、陈明东，1999）。

（4）利用边坡变形的宏观现象和有效的量化信息，分别采用定性判断和定量判别方法对边坡变形所处阶段进行判识。处于不同变形阶段的边坡，其距离整体破坏的时间也不相同。考虑到边坡变形总要经历一个从缓慢到加速的过程，从稳定变形阶段进入加速变形阶段的判别相对较为容易，故将边坡失稳预报分为中长期预报和短临预报两大类，即，边坡未进入加速变形以前进行的预报，称为中长期预报，而进入加速变形以后进行的破坏时间预报，称为短临预报。

（5）利用处理复杂性问题行之有效的非线性科学理论和灰色系统理论，结合边坡自身的演化和涨落规律，建立边坡失稳预报模型，包括灰色模型、Ｖ氏模型、Ｖ氏反函数模型、突变理论模型、灾变模型、分维模型、斋腾模型等。

（6）根据边坡所处的变形阶段，选用相应的预报模型对边坡变形动态进行预报，并及时获取最新监测信息对边坡失稳进行"实时跟踪预报"，使预报时间逐渐逼近边坡失稳的实际发生时间。

（7）将预报结果与边坡原型进行反馈对照和检验，通过系统综合分析，逐步提高预报精度，最后得出预报结论。

10.3　与预报有关的几个基本问题

10.3.1　边坡失稳预报的基本概念

多年来，边坡失稳的预测预报一直是国内外学者关注的热门课题，特别是进入 20世纪 80 年代以后，由于现代数理力学学科的迅速发展，引用相关学科的先进理论和方法来进行边坡失稳预测预报的探索，不断引起边坡研究者的兴趣。然而，长期以来在这一领域的研究中，"预测"和"预报"这两个既有联系又有差别的概念常常被混淆在一起，未加以严格的区别和定义；而且，虽然已形成了以"长期预报"、"中期预报"、"短期预报"、"临滑预报"作为预报分类的方案，但不同的学者对这些概念的理解各不相同，未形成统一的认识和给出明确的定义。这在一定程度上限制了边坡失稳预测预报研究水平的提高。

对人类生活所涉及的大量自然边坡和人类工程活动所面临的众多工程边坡而言，人们首先关注的是这些坡体是否稳定？是否会失稳？在何处失稳的问题。如果已判明坡体会失稳，继之而来的才是何时会失稳破坏的问题。为回答这些问题而开展研究工作的目标，就是边坡失稳的预测预报。其中，第一层次的问题，是以预先判断边坡失稳地点为主的问题，将其称之为边坡失稳预测；第二层次的问题，则是以回答边坡失稳时间为主的问题，称之为边坡失稳预报。如果边坡失稳的方式是滑动，那么预先判断滑动时间就称为边坡失稳预报。很显然"预测"是"预报"的基础，而"预报"则是"预测"的继续和深入。

在边坡失稳预报中，通常又进一步分为长期预报、中期预报、短期预报和临滑预报等类型。然而，目前对这些不同级别和类型的预报，尚未有明确的定义和划分标准。作者认为，由于边坡的变形破坏具有阶段性，处于不同变形阶段的边坡，其距离整体破坏的时间也不相同。因此，对长、中、短、临预报的定义和划分标准，应该以边坡的变形破坏阶段为依据，采用不同的时间尺度来进行分类。

(1) 长期预报：是指边坡尚处于初始变形阶段而进行的未来整体破坏的时间预报，预报的时间尺度一般为数十年甚至上百年。

(2) 中期预报：是指边坡处于稳定变形阶段（线性阶段）而进行的未来整体破坏的时间预报，预报的时间尺度为数年至数十年。

(3) 短期预报：是指边坡处于加速变形初期阶段（非线性阶段）而进行的未来整体破坏的时间预报，预报时间尺度一般为数月。

(4) 临滑预报：是指边坡进入加速变形末期后（非线性阶段）而进行的整体破坏的时间预报，预报时间尺度为数天。

以上是按照理论分析而给出的划分标准和定义。实际上，边坡的变形破坏受各种因素的制约，是一个十分复杂的随机的非确定性过程。它既受到内在因素（如坡体结构、地应力等）的制约，又受到各种外在环境条件（如风化、卸荷、降雨、地震等）的影响，特别是各种因素的相互耦合、交叉和变化，导致边坡的变形破坏随时间发展表现出强烈的分叉和多重选择。因此，随着预报时间尺度的加大，预报准确程度也大为降低，特别是对处于初始变形阶段的边坡进行的长期预报是不可能准确的，而且，对初始变形和稳定变形阶段的判别，加速变形初期和末期的判断都较为困难。考虑到边坡变形总要经历一个从缓慢到加速的过程，从稳定变形阶段进入加速变形阶段的判别相对较为容易，故将上述 4 类预报归并为 2 类，称为中长期预报和短临预报（李天斌、陈明东，1999）。换言之，边坡未进入加速变形以前进行的破坏时间预报，统称中长期预报；而进入加速变形以后进行的破坏时间预报，统称短临预报。对前者，只要预报出变形进入加速阶段的时间，就满足了预报时间尺度的要求。建立在这两种类型之上的边坡失稳时间预报，既与当前边坡基础理论水平相适应，又能使许多预报方法得以实现。

10.3.2　预报参数及监测点的选取

10.3.2.1　预报参数

边坡失稳预报中，应选择能真正反映边坡变形破坏本质特征的参数作为预报参数。

位移是边坡变形的外在反映，它积累到一定的程度，或具有一定的速率边坡就会失稳破坏。室内外的试验研究均表明，位移能够很好地反映岩土体的变形破坏特征，是一个容易测量和获得的特征变量。在国内外边坡失稳成功预报的实例中，大多数是利用位移动态时序资料作为预报参数的。例如，斋腾1970年对日本高汤山边坡失稳的成功预报，以及梅宋生对鸡鸣寺边坡失稳的成功预报，均采用的是以位移作为预报参数。由此可见，位移是边坡失稳预报的重要参数。

声发射（AE）是岩土体变形破坏过程中，内部微破裂扩展而发射的一种弹性波，是岩体变形破坏内在特征的直接体现。作者采用玄武岩、辉长岩和变质石英砂岩进行了声发射试验，结果表明（Li *et al.*，1990），岩石破坏时声发射事件会剧烈增加，而且，AE急剧增加的时间，超前于岩石宏观破坏的时间。这一结果与前人的研究成果（Robert and Duvall，1957；Blake，1969)相吻合。声发射的现场监测结果也表明 AE 历时曲线能较好地反映岩体的变形破坏过程，与位移历时曲线有明显的相关性，即 AE 频率较低时，位移曲线也较平缓；AE 高频持续不断，对应边坡位移曲线也出现急增。因此，声发射也可作为边坡失稳的一种预报参数。

边坡变形破坏过程中，内部应力会不断调整和变化，而应力变化也是边坡变形破坏的本质反映。按理应力也应是一种预报参数，但由于对这方面的研究太少，而且对应力的监测也很困难。因此目前应力还不能作为预报参数。

众所周知，降雨与边坡失稳有着非常密切的关系，它虽然不是边坡变形破坏的本质特征参数，但却是诱发边坡失稳的主要因素。在中长期预报中，如果将某一地区看作为一个广义的大边坡，则降雨量超过某一临界值时就可能导致这一广义边坡进入"加速变形"阶段，甚至破坏失稳。大量的研究实践表明，暴雨地区发生大量边坡失稳总与一定的临界降雨量相对应。因此，从宏观上讲，降雨量也可作为中长期预报的参数。

由上述分析可见，目前边坡失稳预报的预报参数主要是位移、声发射和降雨量。

10.3.2.2　监测点的选取

预报参数监测点的选择，直接影响着参数对整个边坡变形状况的代表性和预报的精度，是一项非常重要的基础工作。实践证明，变形边坡不同部位监测点的变量值的时间序列各不相同，有的甚至相差很大。因此，必须在众多的监测点中，选取能真正代表边坡变形状态的关键点的监测时序资料进入预报。而关键点的选择与确定，则需要开展大量的基础研究，通过对边坡类型、结构、变形破坏现象、环境条件等的深入调查和分析，查明边坡变形破坏的机制，并以此为基础确定控制边坡稳定性的"关键部位"，那么位于这些部位的监测点就可以作为预报参数的监测点。例如，通过对新滩边坡失稳变形破坏机制的分析，认为位于姜家坡一带的"平卧支撑拱"部位是制约此边坡失稳稳定性的关键部位，因此，位移预报参数监测点就选择在位于此处的 A_3 和 B_3 两点。检验性预报结果表明，边坡失稳实际破坏时间与预报时间接近（详见 10.5.3.2）。

目前对边坡变形的监测多以位移监测为主，因此，通常选择位移作为常用的预报参数。对不同变形机制的边坡，位移参数监测点的选择一般按以下原则进行：

（1）对蠕滑-拉裂式和滑移-拉裂式变形边坡：一般选择后缘主拉裂缝的宽度及其附近的位移监测资料进行预报。监测的重点，必须围绕拉裂缝进行。但需要注意的是，蠕滑-拉裂式变形边坡的拉裂缝有时会趋向闭合，趋向闭合的资料不能用于预报，但趋向闭合本身却又是即将失稳的前兆。

（2）对滑移-弯曲式变形边坡：选择前缘弯曲隆起部位监测点的位移资料进行预报。因此，监测重点是隆起部位。顺层边坡滑移-弯曲型失稳破坏模型试验表明（Xu et al.，1992）坡脚前缘的弯曲隆起部位，是制约这类边坡稳定性的关键部位。这部分的溃屈即意味着整个边坡的失稳。用位于此部位的位移监测资料所作出的失稳时间预报，与模型实际破坏时间很接近（详见 10.5.3.1）。

（3）对塑流-拉裂式变形边坡：通常选择坡顶后缘监测点位移和裂缝深度资料进行预报。

（4）对滑移-压致拉裂和弯曲-拉裂式变形边坡：多选择坡顶后缘监测点位移值进行预报。与蠕滑-拉裂型变形边坡一样，滑移-压致拉裂型变形边坡在加速变形阶段后期，由于坡体转动，后缘拉裂缝常常也会由拉伸变形转为闭合变形。因此，预报时闭合变形开始产生后的资料也不能采用。

以上原则只是对一般情况而言，而对具体边坡应作具体分析后再进行选择。

10.3.3　变形突变现象的分析与处理

边坡变形典型的位移历时曲线可分为三个阶段，即初始变形阶段、稳定变形阶段和加速变形阶段（图 10.2）。然而，由于降雨、地震、人工活动，以及其他随机因素的干扰，实际上大多数情况下位移历时曲线并非像图 10.2 那样规则和典型，往往具有不同程度的波动和起伏。通常把观测到的位移历时曲线分为光滑型（图 10.3）、振荡型（图 10.4）和阶跃型（图 10.5）三类。

对于光滑型曲线可直接建模预报。而振荡型和阶跃型曲线，由于位移具有突变现象，一方面给边坡变形阶段的判定带来一定困难，另一方面也使预报模型难以建立，即便建立了数学模型，也会由于精度差而难以达到预期的目的。因此，对这两类曲线的位移突变现象，必须在建立预报模型前进行分析和处理。

10.3.3.1　振荡型曲线突变现象的分析和处理

这种曲线一般是在总体有规律的曲线上，叠加了许多由小的随机事件所造成的上下波动（图 10.4），从而使得观测曲线的总体规律在一定程度上被掩盖。为了去掉随机干扰信息，将具有突变的曲线转变为等效的渐变光滑曲线，可用均匀滤波法和累加生成变换（记为 AGO）进行处理。

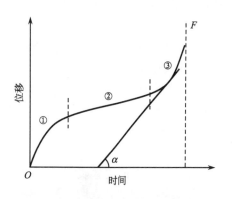

图 10.2　边坡变形典型位移历时曲线
①初始变形阶段；②稳定变形阶段；
③加速变形阶段；α 为切线角；F 为破坏点

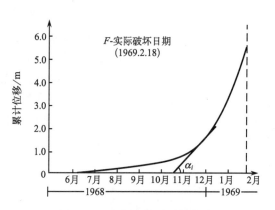

图 10.3　光滑型位移时间曲线
（智利某露采边坡）

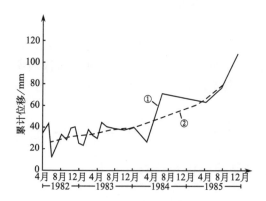

图 10.4　振荡型位移历时曲线
（龙羊峡龙西边坡失稳）
①原始曲线；②均匀滤波曲线

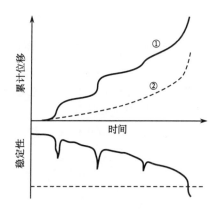

图 10.5　阶跃型位移历时曲线及其
与稳定性（K）的关系
①原始曲线；②非均匀滤波曲线

（1）均匀滤波：均匀滤波就是反复运用离散数据的邻点中值作平滑处理，最后使得原来的波动曲线变为一条光滑曲线。而平滑处理就是在两个相邻的离散数据之间任取一点，作为新的离散数据（包括始点和终点），如图 10.6，（X，Y）表示边坡变形监测时序。若取相邻点间的中点，则称为邻点中值平滑处理。经证明，邻点中值处理的滤波效果最优（陈明东，1987）。

为了对滤波程度进行定量评价，采用离散数据的光滑度和粗糙度进行定量描述。

曲线的光滑度是指曲线光滑的程度。离散数据的光滑度取决于离散数据的点数（n）以及相邻折线的外夹角（α_i）（图 10.6）。离散数据点越多，光滑度越大；当点数 $n \to \infty$ 时，光滑度最大，即为光滑曲线。若相邻折线的外夹角 α_i（$0 \leqslant \alpha_i \leqslant 180°$）愈小，则光滑度愈大。当 $\sum\limits_{i=1}^{n} \alpha_i \to 0$ 时，光滑度为最大。所以，光滑度可以表示为离散数据点数 i 与相邻折线外夹

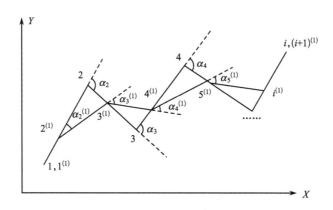

图 10.6　均匀滤波的处理方法图示

角 α_i 的函数，即

$$P = f(i, \alpha_i) \qquad (0 \leqslant P \leqslant 1, i = 1, 2, \cdots, n)。 \tag{10.1}$$

式中，P 为光滑度。

粗糙度也是曲线光滑程度的量度，与光滑度成反比，即粗糙度愈大，则光滑度愈小。它仍是离散数据点数 i 与相邻折线外夹角 α_i 的函数，故粗糙度 G 可定义为

$$G = g(i, \alpha_i) = 1 - f(i, \alpha_i) \tag{10.2}$$

至于光滑度 P 与粗糙度 G 的具体函数形式，经过证明（张有天，1999），可表达为

$$G = \frac{\sum_{i=2}^{n-1} \alpha_i}{180 n^x} \tag{10.3}$$

$$P = 1 - G = 1 - \frac{\sum_{i=2}^{n-1} \alpha_i}{180 n^x} \tag{10.4}$$

$$x = \mathrm{INT} \left[\log \frac{n+1}{n} \left[\frac{\sum_{i=2}^{n-1} \alpha_i + \alpha}{\sum_{i=2}^{n-1} \alpha_i} \right] \right] + 1 \tag{10.5}$$

式中，n 为离散数据的点数；α_i 为相邻两折线的外夹角；α 为所有外夹角中的最大值。

（2）累加生成（AGO）：累加生成是灰色理论中一种数据预处理方法。对原始离散位移监测序列进行累加生成处理，可带来两点明显的好处：第一，可使原始离散序列的随机干扰成分在通过 AGO 后得到减弱或消除；第二，可使原始离散序列中蕴含的确定性信息在通过 AGO 后得到加强。如图 10.7 所示，波动曲线①经过累加生成以后，呈现出一条规律性较强的曲线②。可以证明一个波动起伏的曲线，经过反复的累加以后，最终会变成一条光滑曲线。但在实际的计算中，并不是累加次数愈多愈好。因为模型和数值计算本身具有一定的误差，累加次数多了以后，会出现更大的累计误差。一般对原始离散序列进行 1 次 AGO 处理就能满足要求。

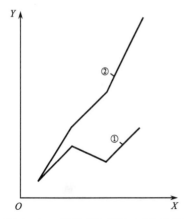

图 10.7   振荡型曲线的 AGO 处理
①原始波动曲线；②累加曲线

一次累加生成的公式可以表达为

$$X^{(1)}(i) = \sum_{i=1}^{n} X^{(0)}(i) \qquad (X^{(0)}(i) > 0)$$

(10.6)

式中，n 为原始数据的数目；$X^{(1)}(i)$ 为一次累加生成数据，右上角括号中的数字表示累加次数；$X^{(0)}(i)$ 为非负的原始数据。

10.3.3.2　阶跃型曲线突变现象的分析和处理

这类曲线在实际中经常遇到。产生阶梯状突跃的主要原因是季节性暴雨的作用。在这种突发性外营力的作用下，坡体稳定性会产生较大幅度的降低，相应地引起位移的突然加剧（图 10.5）。如果这种外营力的作用还未使得边坡的稳定性降低到产生宏观破坏的程度，那么外营力消失后，边坡稳定性会产生可逆性回升（图 10.5）。当然，一般情况下不可能恢复到原来的状态，它对坡体稳定性产生的“损伤”，在位移曲线上表现为突变位移后平缓段应变速率的加大。对这类阶跃型曲线，如果仍然采用均匀滤波方法将外营力引起的暂时变化一起考虑，显然是不合理的。这类曲线可利用非均匀滤波方法进行处理。非均匀滤波法，是利用阶跃函数剔除外营力引起的暂时性位移变化，剔除方法如下：

设原始位移时间序列为

$$\{X\} = \{X(1), X(2), \cdots, X(m)\}$$

在 $k = \tau_i$（$i = 1, 2, \cdots, n$）时刻发生位移阶跃。引入单位阶跃函数：

$$h(k) = \begin{cases} 1, k \geqslant \tau_i \\ 0, k < \tau_i \end{cases}$$

(10.7)

对原始位移序列 $\{X\}$ 构造新序列：

$$\{Y\} = \{Y(1), Y(2), \cdots, Y(m)\}$$

其中，

$$Y(k) = X(k) - \sum_{i=1}^{n} b_i \cdot h(k)$$

(10.8)

式中，$\{X\}$ 原始位移序列；$Y(k)$ 为滤波后的位移值；b_i 是相应 τ_i 时刻的阶跃高度。

非均匀滤波后，如果需要，还可再进一步进行均匀滤波和 AGO 处理。

10.3.4　变形阶段判识

如前所述，边坡变形破坏的阶段不同，预报的类型和目标也就不同，相应的选用的预报方法也就不同。如果边坡变形未进入加速变形阶段，则预报属中长期预报范畴，预报目标为进入加速变形起始点的时间；反之，若变形已进入加速阶段，则属短临预报，目标为坡体整体失稳破坏的时间。由此可见，如何有效地判定边坡变形所处的阶段，也是预报工作的基本问题之一。根据目前的研究，可采用以下两类方法判别：

（1）将变形观测资料与宏观地质分析及边坡变形破坏现象的阶段性结合起来综合判定：这种方法属于地质定性判别，在许多文献中已有论述（张倬元等，1994），本文不作讨论。

（2）利用滤波处理后的累计位移时序资料进行定量判定：观测数据经过滤波处理后，其随机波动性将大大降低，历时曲线变成了一条光滑曲线。当边坡处于初始变形或等速变形阶段时，变形速率逐渐减小或趋于一常值；当边坡进入加速变形阶段时，变形速率将逐渐增大。因此，可以根据滤波数据的切线角来判断边坡所处的变形阶段，即用切线角的线性拟合方程的斜率值 A 进行判断。

若观测数据为等间隔时序：

$$A = \sum_{i=1}^{n} (\alpha_i - \bar{\alpha}) \left(i - \frac{(n+1)}{2} \right) \Big/ \sum_{i=1}^{n} \left(i - \frac{(n+1)}{2} \right)^2 \tag{10.9}$$

若观测数据为非等间隔时序：

$$A = \sum_{i=1}^{n} (t_i - \bar{t})(\alpha_i - \bar{\alpha}) \Big/ \sum_{i=1}^{n} (t_i - \bar{t})^2 \tag{10.10}$$

在式（10.9）和式（10.10）中，i（$i=1, 2, 3, \cdots, n$）为时间序数；t_i 为监测累计时间；$\bar{t}$ 为时间 t_i 的平均值；α_i 为累计位移 $X(i)$ 的切线角；$\bar{\alpha}$ 为切线角 α_i 的平均值。α_i 由下式进行计算：

$$\alpha_i = \arctan \frac{X(i) - X(i-1)}{B(t_i - t_{i-1})} \tag{10.11}$$

式中，B 为比例尺度，即

$$B = \frac{X(n) - X(1)}{t_n - t_1} \tag{10.12}$$

由此，可得出边坡变形阶段判据：

当 $A<0$ 时，边坡处于初始变形阶段；

当 $A=0$ 时，边坡处于稳定变形阶段；

当 $A>0$ 时，边坡处于加速变形阶段。

10.4　边坡变形的分维特征及分维跟踪预报

分形理论是在 20 世纪 70 年代末 80 年代初出现的处理复杂性问题的数学理论。一般把在形态、结构、功能和信息等方面具有自相似性或统计自相似性的研究对象统称为分形。而分形的定量表征就是分维，分形和分维同其他数学概念一样，都是从客观存在的数和形的关系中抽象出来的。虽然数学家们早就提出了其基本的定义，但分形和分维真正成为研究"热门"至今不过才几年时间。这方面的功劳首推法国数学家 B. B. Mandelbrot。这位数学和计算机兼通的科学家，在 1975 年、1977 年和 1982 年先后用法文和英文出版的三本书，特别是《分形——形、机遇和维数》以及《自然界中的分形几何学》，把许多人引进了分形百花园。

已有的研究表明（郝柏林，1990；李后强、程光钺，1990；董连科，1991），在越混乱、越无规则、越复杂的领域，用分形理论处理问题一反常态就越有成效。无论从分形、分维的产生过程，还是分形、分维用于对不同问题的研究，均表明分形与复杂系统或复杂过程（统称为复杂性）紧密地联系在一起。众所周知，边坡不但内部结构、功能复杂，而且它还不断通过水的循环、热的交换、风化、剥蚀卸荷等作用与外界进行物质和能量交换，从而导致坡体的变形破坏过程具有随机性、非确定性和不可逆性。因此，可以将边坡失稳的孕育过程看作为一种具有混沌特征的复杂过程。混沌态具有分形特征，可用分维来描述。

目前，对变形边坡复杂系统量化信息的探测，最常见的是位移的动态监测。因此，可采用位移时间序列来重建边坡变形破坏过程的分维动态特征。

10.4.1　分维的计算方法

一般说来，人们通常认为单变量的位移时间序列，只能提供边坡系统十分有限的信息，甚至有人可能认为，用"一维"的观点处理实际上含有大量相互关联的复杂体系是有局限性的。实际上位移时间序列本身包含着比人们想象的远为丰富的信息，它是边坡变形破坏的综合反映，蕴藏着参与边坡变形动态过程的全部其他变量的痕迹。因此，通过位移时间序列重建的边坡变形破坏过程动态分维，可为边坡失稳预报提供重要信息。

设 $X(t)$ 为监测所获得的位移时间序列，选择一个固定的时间间隔 Δt，将原有序列 $X(t)$ 加以拓展，并从数据集中取 m 个等距节点，得到下列新的不连续变量组：

$$X_1：X(t_1),X(t_2),\cdots,X(t_m)$$

$$X_2：X(t_1+\Delta t),X(t_2+\Delta t),\cdots,X(t_m+\Delta t)$$

$$X_3：X(t_1+2\Delta t),X(t_2+\Delta t),\cdots,X(t_m+2\Delta t) \tag{10.13}$$

$$\cdots$$

$$X_n：X(t_1+(n-1)\Delta t),X(t_2+(n-1)\Delta t),\cdots,X(t_m+(n-1)\Delta t)$$

从原则上讲，$X(t)$ 经过上述拓展后，已经有了足够多的信息，可供越过原来时间序列的一维空间把动态过程展现到多维空间上。引入 n 维相空间矢量 $\overline{X}_i$，其坐标为 $\{X(t_i),X(t_i+\Delta t),\cdots,X(t_i+(n-1)\Delta t)\}$。以 $\overline{X}_i$ 作为参考点，计算它与其余 $m-1$ 个点 $\overline{X}_j$ 间的距离 $|\overline{X}_i-\overline{X}_j|$，对所有的 i 值重复这一过程，就可以计算出相空间中任意两点的距离在给定的 r 以内的数据点的个数，并得到如下的关联函数：

$$C(r)=\frac{1}{m^2}\sum_{i,j=1}^{m}\theta(r-|\overline{X}_i-\overline{X}_j|)\quad(i\neq j) \tag{10.14}$$

式中，θ 是 Heaviside 函数，它的定义为

$$\theta(x)=\begin{cases}1,当 x>0\\0,当 x\leqslant 0\end{cases} \tag{10.15}$$

可以证明，当 r 较小时，$C(r)=r^D$。若在一定的范围内取不同 r 值，则 $\ln C(r)$ 与 $\ln r$ 之间呈线性关系。因此可以用 $\ln r$ 和 $\ln C(r)$ 作坐标图（图 10.8），找出无标度区的斜率 D：

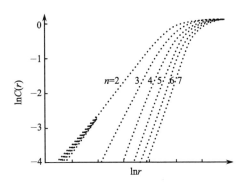

图 10.8　$\ln r$-$\ln C(r)$ 曲线

$$D = \frac{\ln C(r)}{\ln r_0} \qquad (10.16)$$

然后，考察 D 随相空间维数 n 的变化。如果随着 n 的增大，D 趋于稳定，即 $\ln r$-$\ln C(r)$ 曲线图中出现相互平行的直线段（图 10.8），则时间序列描述的边坡系统具有吸引子，且其分维数为 D 的稳定值。

10.4.2　动态分维的确定及原始数据的处理

边坡变形破坏过程中的动态分维是按照上述分维计算方法，对不同时间监测的位移序列进行动态跟踪计算而确定的。分维跟踪计算时，位移时间序列可采用新息法和新陈代谢法确定。新息法就是把新得到的监测数据不断加入到原来的时间序列中，得到新息时间序列，由此计算的动态分维称为新息动态分维。新陈代谢法就是在加入新得到的位移数据的同时，从原来的时间序列中剔除掉等量的最老数据，保持序列数据个数不变。这样获得的动态分维称为新陈代谢动态分维。

通常情况下不同边坡监测所得的位移时间序列是各不相同的，为了使分维计算结果具有可对比性，需要对位移数据作归一化处理。这里采用区间化处理，具体方法是

$$X'(t_i) = \frac{X(t_i) - X_{\min}}{X_{\max} - X_{\min}} \qquad (10.17)$$

式中，$X(t_i)$ 和 $X'(t_i)$ 分别为 t_i 时刻的位移数据和区间化后的数据；$X_{\max}$ 和 $X_{\min}$ 分别为时间序列中位移的最大值和最小值。

如前所述，累加生成变换能消除或削弱监测数据的随机干扰成分，加强其代表研究对象本质特征的确定性信息。因此，动态分维计算前，还需要对位移序列进行一次累加生成处理。实际计算表明，这样处理后的动态分维计算结果比直接用监测数据所得的计算结果规律性要强得多。

此外，如果监测所得到的数据少，还要对位移时间序列进行插值处理。

10.4.3　边坡变形过程中的分维特征

按照上述方法对国内外 6 个失稳边坡变形过程中的动态分维进行了计算。这 6 个失稳边坡分别是洒勒山边坡失稳、智利 Chuquicamata 露采边坡、加拿大 Hogarth 露采边坡、新滩边坡失稳、洒勒山新边坡失稳、龙羊峡龙西边坡失稳。在机制分析的基础上，选择能代表这些边坡总体变形特征的监测点的位移时序资料，如图 10.9～图 10.11 和

表 10.1～表 10.3 所示，分别对这些原始资料进行插值、累加和归一化处理，然后进行动态分维计算。计算结果表明，新息动态分维比新陈代谢动态分维更能反映边坡系统的分形性质。主要表现在同一时刻，$\ln r$-$\ln C(r)$ 图的无标度区新息序列计算结果比新陈代谢序列计算结果明显（图 10.12）。通过分析新息动态分维计算的全部结果，对边坡变形过程中的分维特征有如下初步认识：

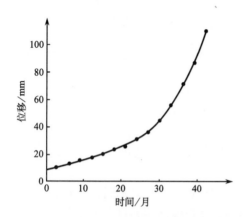

图 10.9　洒勒山边坡失稳位移历时曲线
（时间轴零点对应日期 1979 年 1 月 1 日）

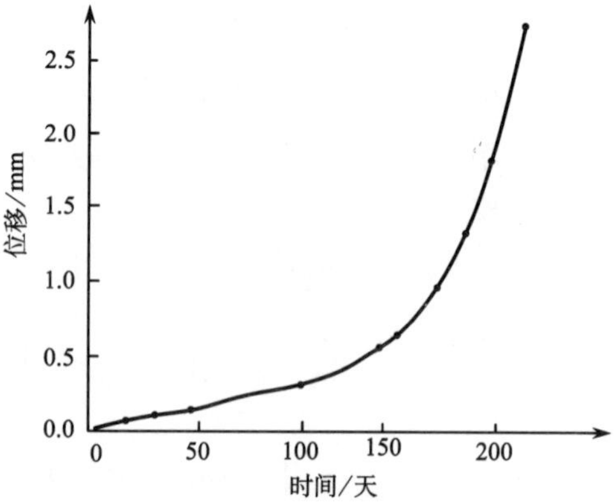

图 10.10　智利 Chuquicamata 露采边坡位移历时曲线
（时间轴零点对应日期 1968 年 6 月 15 日）

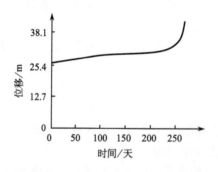

图 10.11　加拿大 Hogarth 露采边坡位移历时曲线
（时间轴零点对应日期 1974 年 8 月 7 日）

表 10.1　新滩边坡失稳 A_3 测点位移观测资料

日期	1979.4.1	1979.7.1	1979.10.1	1980.1.1	1980.4.1	1980.7.1	1980.10.1	1981.1.1
位移/m	0.077	0.092	0.615	0.650	0.690	0.738	0.846	0.962
日期	1981.4.1	1981.7.1	1981.10.1	1982.1.1	1982.4.1	1982.7.1	1982.10.1	1983.1.1
位移/m	1.000	1.030	1.061	1.077	1.100	1.230	2.460	2.754
日期	1983.4.1	1983.7.1	1983.10.1	1984.1.1	1984.4.1	1984.7.1	1984.10.1	1985.1.1
位移/m	2.830	2.920	3.460	4.000	4.230	4.380	4.615	5.770

表 10.2　洒勒山新边坡失稳倾斜仪监测相对值

年	1984											
日/月	1/1	15/1	1/2	15/2	1/3	15/3	1/4	15/4	1/5	15/5	1/6	15/6
角度/(′)	1.00	0.90	0.85	0.55	0.32	0.80	1.32	1.32	1.00	1.30	1.70	2.30
年	1984											
日/月	1/7	15/7	1/8	15/8	1/9	15/9	1/10	15/10	1/11	15/11	1/12	15/12
角度/(′)	3.00	2.90	2.50	2.00	1.40	1.25	1.40	1.70	2.00	2.20	2.40	2.30
年	1985											
日/月	1/1	15/1	1/2	15/2	1/3	15/3	1/4	15/4	1/5	15/5	1/6	15/6
角度/(′)	2.10	1.95	2.10	2.05	2.00	1.80	1.75	1.75	1.95	2.20	2.35	3.00
年	1985											
日/月	1/7	15/7	1/8	15/8	1/9	15/9	1/10	15/10	1/11	15/11	1/12	
角度/(′)	3.70	3.70	3.75	3.85	3.95	4.50	5.70	6.70	7.20	7.60	7.75	

注：表中数据由观测曲线图上量得，并进行了坐标平移，使观测值不为负。

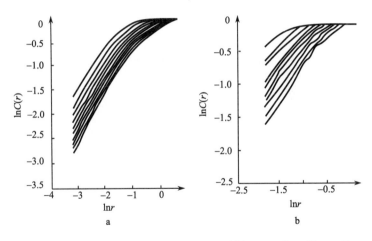

图 10.12　智利 Chuquicamata 边坡同一时刻（1969 年 1 月 15 日）
新息序列 a 和新陈代谢序列 b 的分维计算结果比较

表 10.3　龙羊峡龙西边坡失稳等间隔位移时序资料

年	1982					1983					
月	4	6	8	10	12	2	4	6	8	10	12
位移/mm	32	12	30	36	24	38	28	40	38	36	38
年	1984					1985					
月	2	4	6	8	10	12	2	4	6	8	10	12
位移/mm	40	38	64	66	66	64	62	61	66	72	90	106

（1）变形边坡具有分形特征，而且这种分形性质随着变形的发展越来越明显。具体表现在位移的 $\ln r$-$\ln C(r)$ 关系曲线图的无标度区和 D 值的稳定性在边坡变形前期不太突出，随着变形的不断发展，无标度区愈来愈明显，D 值稳定性也越来越好（图 10.13、图 10.14）。

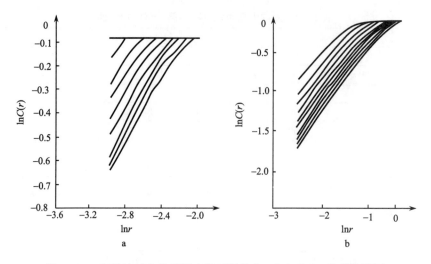

图 10.13　新滩边坡失稳不同变形时期的 $\ln r$ 和 $\ln C(r)$ 关系曲线图

a. 1980 年 8 月 16 日；b. 1982 年 10 月 23 日

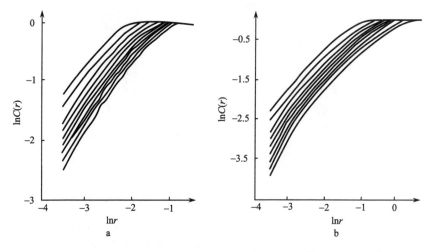

图 10.14　洒勒山边坡失稳不同变形时期的 $\ln r$ 和 $\ln C(r)$ 关系曲线图

a. 1980 年 8 月 16 日；b. 1981 年 11 月 16 日

（2）与边坡变形过程一样，边坡变形的动态分维也具有明显的时效性。随着时间的变化，分维数也相应地发生变化（表 10.4～表 10.6）。变形边坡分维的时间依赖性的深入研究，对边坡失稳预报有重要意义。

（3）国内外 6 个变形边坡动态分维的计算结果表明（图 10.15～图 10.17、表 10.4～表 10.6），边坡在进入加速变形以前是一个升维过程，随着变形的发展，分维值呈现总体增加的趋势，但始终小于 1。当边坡进入加速变形阶段时，分维值趋近于 1。整个加速变形阶段，分维数在 1 附近作微小波动，一般介于 0.95～1.05。临近破坏时，分维值有降低的趋势。

表 10.4　洒勒山边坡失稳动态分维计算结果

日　期	1980.8.16	1981.4.1	1981.11.16	1982.7.1
分　维	0.94	1.01	1.02	1.05

注：边坡失稳开始加速变形的时间为 1981 年 4 月。

表 10.5　龙羊峡龙西边坡失稳动态分维计算结果

日　期	1983.6.1	1983.11.1	1984.9.1	1985.2.1	1985.7.1	1985.12.31
分　维	0.85	0.95	0.995	0.95	0.96	0.96

注：边坡失稳开始加速变形的时间为 1984 年 4 月。

表 10.6　加拿大 Hograth 边坡动态分维计算结果

日　期	1975.1.14	1975.2.3	1975.2.22	1975.3.11	1975.3.29	1976.4.18	1975.5.7
分　维	0.83	0.92	0.95	0.96	0.97	0.99	0.97

注：边坡失稳开始加速变形的时间为 1975 年 3 月。

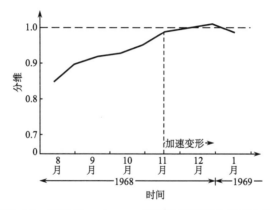

图 10.15　智利 Chuquicamata 露采边坡动态分维变化曲线
（边坡破坏时间：1968 年 2 月 16 日）

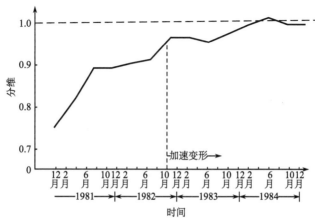

图 10.16　新滩边坡失稳变形过程中动态分维变化曲线
（边坡失稳时间：1985 年 6 月 12 日）

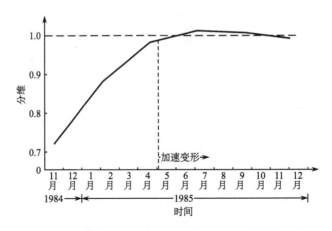

图 10.17　洒勒山新边坡失稳变形过程中动态分维变化曲线
（边坡失稳时间：1986 年 3 月 25 日）

10.4.4　分维跟踪预报判据的初步建立

上述边坡变形的动态分维特征表明，边坡的变形过程是一个分维值不断趋近于 1 的过程。变形进入加速阶段后分维值近似等于 1 这一性质的首次发现，为边坡失稳中长期预报提供了重要途径。虽然这一性质有待进一步的实例验证与理论证明，但是，这一探索本身已经为边坡失稳预报开辟了新的研究领域。如果上述性质进一步被证实，就可以将分维值是否趋近于 1 作为边坡失稳中长期预报的判据。对变形边坡的位移时间序列进行跟踪计算，采用动态分维值建立预报模型（如灰色模型等），可实时跟踪预报边坡的最短安全期。

10.5　短临预报的 Verhulst 反函数模型及其应用

10.5.1　Verhulst 预报模型概述

Verhulst 模型是德国生物学家 Verhulst 1837 年提出的一种生物增长模型。他认为生物繁殖、生长、成熟、消亡的过程，可以用此模型描述和预测。对边坡失稳现象而言，它也有一个变形、发展、成熟和破坏的过程。因此，二者在发展演变过程上具有相似性，可尝试将 Verhulst 模型用于边坡失稳时间预报。1989 年晏同珍根据灰色系统理论中对 Verhulst 模型的建模处理方法，首次将这一模型引进边坡失稳时间预报研究中，并取得了初步成功。Verhulst 预报模型的基本原理是：

设原始等间隔位移监测数据序列 $X^{(0)}(t)$：

$$X^{(0)}(t) = \{X^{(0)}(1), X^{(0)}(2), \cdots, X^{(0)}(n)\}$$

对 $X^{(0)}(t)$ 作一次 AGO 变换，得

$$X^{(1)}(t) = \{X^{(1)}(1), X^{(1)}(2), \cdots, X^{(1)}(n)\}$$

以 $X^{(1)}(t)$ 拟合成 Verhulst 一阶白化非线性微分方程：

$$\frac{\mathrm{d}X^{(1)}(t)}{\mathrm{d}t} = aX^{(1)}(t) - b(X^{(1)}(t))^2 \tag{10.18}$$

式中，a，b 为待定系数，可用最小二乘法求取，计有

$$\hat{a} = [a,b]^{\mathrm{T}} = [\boldsymbol{B}^{\mathrm{T}}\boldsymbol{B}]^{-1}\boldsymbol{B}^{\mathrm{T}}\boldsymbol{Y}_N \tag{10.19}$$

$$\boldsymbol{B} = \begin{bmatrix} \frac{1}{2}(X^{(1)}(1)+X^{(1)}(2)) & -\left[\frac{1}{2}(X^{(1)}(1)+X^{(1)}(2))\right]^2 \\ \frac{1}{2}(X^{(1)}(2)+X^{(1)}(3)) & -\left[\frac{1}{2}(X^{(1)}(2)+X^{(1)}(3))\right]^2 \\ \vdots & \vdots \\ \frac{1}{2}(X^{(1)}(n-1)+X^{(1)}(n)) & -\left[\frac{1}{2}(X^{(1)}(n-1)+X^{(1)}(n))\right]^2 \end{bmatrix} \tag{10.20}$$

$$\boldsymbol{Y}_N = [X^{(0)}(2), X^{(0)}(3), \cdots, X^{(0)}(n)]^{\mathrm{T}} \tag{10.21}$$

将求得的待定系数代入式（10.18），解得非线性微分方程的解：

$$\hat{X}^{(1)}(t) = \frac{a/b}{1+\left(\frac{a}{b} \cdot \frac{1}{X^{(0)}(1)}-1\right)\mathrm{e}^{-a(t-t_0)}} \tag{10.22}$$

式（10.22）即为所建立的边坡失稳时间 Verhulst 非线性微分动态预报模型，其中，$t_0 = 0$ 为初始时刻。

由于边坡从变形到失稳的演变过程极其类似于生物从繁殖——消亡的过程。因此，可以将生物从成熟（快速增长）向消亡（慢速增长）转化的临界值（拐点值）$a/2b$ 作为边坡失稳的临界位移值。这样将 $a/2b$ 替代式（10.22）式中的 $\hat{X}^{(1)}(t)$ 即可解出边坡失稳的时刻 t：

$$t = -\frac{1}{a}\ln\left(\frac{a}{bX^{(0)}(1)}-1\right)+t_0 \tag{10.23}$$

因为初始时刻 t_0 一般为零，则上式变为

$$t = -\frac{1}{a}\ln\left(\frac{a}{bX^{(0)}(1)}-1\right) \tag{10.24}$$

10.5.2　Verhulst 反函数预报模型的建立

10.5.2.1　建模思想

上述 Verhulst 模型预报法，仅仅是建立在边坡变形破坏与生物生长消亡在演化过程上具有相似性基础之上的，其预报判据也仅仅是由"相似性"这一语言模型递推出的。因此，其建模过程缺乏理论和量化依据，加之建模中未对误差进行定量检验，导致有时的预报结果误差较大。实质上，Verhulst 模型描述的量化信息与边坡变形破坏的量化信息是不一致的。Verhulst 模型的量化特征曲线为"S"形（图 10.18），而边坡变形破坏的典型位移量化曲线为反"S"形（图 10.2），二者互为反函数（图

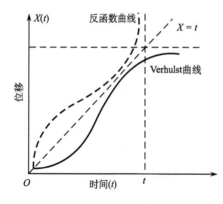

图 10.18　Verhulst 模型及其
反函数特征曲线

10.18）。因此，从量化信息的角度考虑，用
Verhulst 模型的反函数来描述和拟合边坡的变
形特征，比用 Verhulst 模型更具合理性，建模
依据更充分。同时，在建模过程中借鉴灰色系
统理论对数据的生成处理思想，进一步提取位
移时序的有效信息，减小随机波动的影响。

10.5.2.2　预报判据

据式（10.22），Verhulst 预报模型为

$$\hat{X}^{(1)}(t) = \frac{a/b}{1 + \left(\frac{a}{b} \cdot \frac{1}{X^{(0)}(1)} - 1\right)\mathrm{e}^{-a(t-t_0)}}$$

上式当 $t \longrightarrow \infty$ 时，有

$$\hat{X}^{(1)}(t) \longrightarrow \frac{a}{b}$$

也就是说，当时间（t）趋于无穷大时，Verhulst 预报模型的特征曲线的位移值趋于一特
定值 a/b（图 10.18）。由此可知，经变量互换后，它的反函数模型的特征曲线（即
Verhulst 模型关于 $X^{(t)}=t$ 的对称曲线），当位移量 $X^{(1)}(t)$ 趋于无穷大时也趋于一定值
（图 10.18），即时间 t 趋于一定值。从理论上讲，边坡变形量趋于无穷大时即意味着坡
体的失稳破坏。因此，可将时间 t 的这一定值，作为边坡破坏的预报时间。

10.5.2.3　模型建立与预报

Verhulst 模型的白化微分方程为

$$\frac{\mathrm{d}X^{(1)}(t)}{\mathrm{d}t} = aX^{(1)}(t) - b(X^{(1)}(t))^2$$

这一微分方程的解为

$$\hat{X}^{(1)}(t) = \frac{aX^{(0)}(1)}{bX^{(0)}(1) + (a - bX^{(0)}(1))\mathrm{e}^{-a(t-t_0)}}$$

求上式的反函数，并进行变量互换得

$$\hat{X}^{(1)}(t) = \frac{1}{a}\ln\frac{(a-bt_0)t}{at_0 - bt_0 \cdot t} + X^{(0)}(1) \qquad (10.25)$$

这就是所建立的边坡失稳预报 Verhulst 反函数模型。其中，t 为时间序数；a，b
为待定系数。

由式（10.25）可知，当 $X^{(1)}(t) \longrightarrow +\infty$，则

$$\ln\frac{(a-bt_0)t}{at_0 - bt_0 \cdot t} \longrightarrow \infty$$

也即

$$at_0 - bt_0 \cdot t \longrightarrow 0$$

由式（10.25）可见初始时间序数 $t_0 \neq 0$，一般 $t_0 \geqslant 1$（详见后），那么

$$t \longrightarrow a/b$$

由此可见，边坡变形量趋于无穷大时，时间 t 趋于一定值（a/b）。因此，可将 $T = a/b$ 作为边坡失稳的预报时间。根据最小二乘法原理，a、b 由下式求得

$$\left.\begin{aligned}
a &= \frac{\sum\limits_{k=t_0}^{n+t_0-1} d_{(k)} + b \sum\limits_{k=t_0}^{n+t_0-1}}{n} \\
b &= \frac{\sum\limits_{k=t_0}^{n+t_0-1} [d_{(k)} \cdot k] - \frac{1}{n}\Big[\sum\limits_{k=t_0}^{n+t_0-1} d_{(k)} \cdot \sum\limits_{k=t_0}^{n+t_0-1} k\Big]}{\frac{1}{n}\Big(\sum\limits_{k=t_0}^{n+t_0-1} k\Big)^2 - \sum\limits_{k=t_0}^{n+t_0-1} k^2}
\end{aligned}\right\} \tag{10.26}$$

其中

$$d_{(k)} = 1/(X^{(0)}(k-t_0+1) \cdot k). \tag{10.27}$$

式（10.26）和式（10.27）中，k 与式（10.25）中的 t 的意义相同，即为时间序数。初始时间序数 t_0 因为和建模有关，不能取为 0 或 1。它的具体取值用计算机循环检索的办法求出，以使得系统输出的平均相对误差 E 满足一定的精度要求，即

$$E = \frac{1}{n}\sum_{i=1}^{n}\left(\frac{|X^{(0)}(i) - \hat{X}^{(0)}(t_0+i-1)|}{X^{(0)}(i)}\right) \leqslant m \tag{10.28}$$

式中，m 为某一精度要求。

求出 t_0 后，则从建模数据起点至边坡破坏时的预报时间应为

$$T = a/b - t_0 \tag{10.29}$$

式（10.29）中的 T 实际上是一个边坡失稳时间的时序数，真正的边坡破坏时间 T' 应为

$$T' = T\Delta t \tag{10.30}$$

式中，Δt 为监测数据平均间隔时间。

上述预报模型是以等间隔位移监测系列为基础的。在边坡监测的实际工作中，往往所得到的原始数据是非等间隔时间序列。为了能够适应上述预报模型，首先必须采用下列方法，将非等间隔位移序列变换为等间隔位移序列，然后再进行建模和预报。

设非等间隔位移原始序列 $X_0^{(0)}(t_i)$ 各时段的实际间隔为

$$\Delta t_i = t_{i+1} - t_i$$

$$\Delta t_j = t_{j+1} - t_j \quad (i \neq j \quad i,j = 1,2,\cdots,n-1)$$

且有

$$\Delta t_i \neq \Delta t_j$$

则平均时间间隔 Δt 为

$$\Delta t = \frac{1}{n-1}\sum_{i=1}^{n-1}\Delta t_i = \frac{t_n - t_1}{n-1} \tag{10.31}$$

各时段与平均时段的单位时段差系数 $\theta(t_i)$ 由下式求出:

$$\theta(t_i) = \frac{t_i - (i-1)\Delta t}{\Delta t} \qquad (i = 1, 2, \cdots, n) \tag{10.32}$$

由此可进一步求得各时段总的差值 $\Delta X_0^{(0)}(t_i)$:

$$\Delta X_0^{(0)}(t_i) = \theta(t_i)\left[X_0^{(0)}(t_i) - X_0^{(0)}(t_{i-1}) \right] \tag{10.33}$$

于是得到等间隔位移序列为 $X^{(0)}(t)$:

$$X^{(0)}(t) = X_0^{(0)}(t_i) - \Delta X_0^{(0)}(t_i) \qquad (t = 1, 2, \cdots, h) \tag{10.34}$$

10.5.3　应用实例

根据 Verhulst 反函数预报模型的原理和方法,采用国内外已经失稳的边坡实例进行计算分析,验证该模型的适用性和预报精度。

10.5.3.1　顺层高边坡模型试验的失稳预报

为了研究顺层高边坡变形破坏的机制和时效变形特征,再现其变形破坏的全过程,为边坡的失稳预报和防治积累基础资料,Xu 等 (1992) 以三峡库区的顺层高边坡为地质原型,采用重晶石、氧化锌和液体石蜡油组成的混合材料,开展了长达 4 年之久的顺层高边坡变形破坏地质力学模型试验。

试验于 1986 年 6 月 6 日开始,1990 年 3 月 26～28 日模型坡脚附近隆起部位表面第一层剪断破坏(图 10.19),同年 7 月 8 日模型整体失稳破坏。通过观察和分析,可将模型的变形破坏过程概括为以下三个阶段:

(1) 整体滑移、轻微隆起阶段:这一阶段模型在自重作用下,沿一个统一的滑移面整体自然压密,并在坡体中下部出现轻微的弯曲隆起。层内和层间无明显的错位和破坏。

(2) 错位滑移、隆起阶段:模型除沿底板整体滑移外,层间开始出现差异性相对错

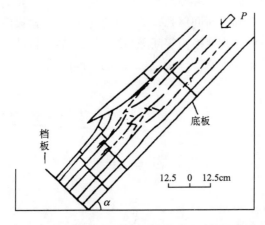

图 10.19　顺层高边坡地质力学模型第一层剪断破坏迹象

位。弯曲隆起逐渐增大并开始出现由坡面向下逐渐发展的层间虚脱（架空），相对位错由隆起部位向坡顶逐渐减弱，层间出现羽列状的剪张裂纹。

（3）滑移剪断破坏阶段：模型滑移隆起达到一定程度后，弯曲隆起部位出现反坡向的缓倾剪裂隙。随后，变形最为强烈的表层部分沿已出现的缓倾剪裂面剪出。变形破裂的进一步发展，最后导致模型产生多层滑移剪断，整体失稳。

以上变形破坏过程清楚地表明，前缘受阻的顺层高边坡的变形模式为滑移-弯曲型。

通过试验和对资料的深入分析，对这类高边坡的变形破坏特征可获得如下重要认识：

（1）顺层高边坡的时效变形特征具有阶段性。这种阶段性并不是简单的减速、等速和加速，而是一种非均匀的相互叠加，但总体还是具有三阶段特征。

（2）顺层高边坡的变形过程具有间歇性和脉动性，是一种非连续的变形过程。模型试验揭示，在一定时间内为缓慢变形，而在另一时期，变形又逐渐稳定，在某一段时段可能变形又突然加剧。

（3）顺层高边坡的变形破坏具有突变性。

（4）具有滑移-弯曲变形模式的顺层高边坡的稳定性，受隆起部位变形特征的控制。试验表明，隆起部位变形加剧，破裂便增多，层间滑移、架空便明显，稳定性也就降低；隆起部位溃屈，则整个模型便失稳破坏。

上述几方面，对这类边坡失稳的时间预报具有重要指导作用。由于隆起部位的变形特征是这类顺层边坡稳定状态的直接反映，因此，根据位于隆起部位的 C_1 测点的观测资料，利用模型破坏前 1989 年 8 月 21 日至 1990 年 3 月 21 日每隔 15 天一次的隆起位移监测数据，采用 Verhulst 反函数预报模型对试验模型整体失稳日期进行检验预报。原始数据曲线和拟合预报曲线见图 10.20。原始数据和预报计算结果如表 10.7所示。

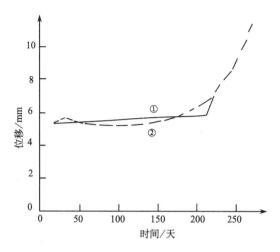

图 10.20　模型试验 C_1 点原始数据曲线与预报曲线

①原始曲线；②预报曲线

预报输出结果表明，预报模型为

$$\hat{X}^{(1)}(t) = 39.22\ln\left(\frac{0.018t}{0.255 - 0.08t}\right) + 5.29$$

模型整体失稳的预报破坏日期为 1990 年 6 月 29 日，比实际破坏时间 1990 年 7 月 8 日提前 10 天。

表 10.7　模型试验检验预报数据及预报计算结果

序号	观测日期	观测数据/mm	滤波数据	预报数据	相对误差	有 关 参 数
1	1989.8.21	5.29	5.290	5.29	0.000	
2	1989.9.6	5.33	5.330	5.870	0.067	
3	1989.9.21	5.37	5.370	5.464	0.018	
4	1989.10.6	5.41	5.410	5.305	0.019	
5	1989.10.21	5.45	5.450	5.199	0.046	
6	1989.11.6	5.49	5.495	5.142	0.064	
7	1989.11.21	5.55	5.540	5.129	0.074	
8	1989.12.6	5.57	5.570	5.161	0.073	$E=4.59\times10^{-2}$
9	1989.12.21	5.59	5.593	5.239	0.063	$t_0=10$
10	1990.1.6	5.62	5.620	5.366	0.045	$a=0.025522$
11	1990.1.21	5.65	5.650	6.551	0.018	$b=0.0008348$
12	1990.2.6	5.68	5.680	6.805	0.022	$T=20.57$
13	1990.2.21	5.71	5.708	6.146	0.077	
14	1990.3.6	5.73	6.150	6.602	0.04	
15	1990.3.21	7.43	7.430	7.217	0.029	
16				8.067		
17				9.287		
18				11.150		

10.5.3.2　长江新滩边坡失稳

1986 年 6 月 12 日，长江西陵峡新滩镇发生了一次大规模边坡失稳，总方量达 3 000×10⁴ m³ 以上。新滩边坡失稳为沿基岩接触面滑动的松散堆积体边坡失稳，滑动面为由志留系页岩组成的深槽。按外形和受力状态可划分为以边坡失稳中部姜家坡为界的上、下两个边坡失稳区（图 10.21）。上边坡失稳区为不断接受边坡失稳后缘及西侧陡壁崩落物质的堆积区，并在其深部的老边坡失稳残体沿老滑面向下蠕滑的载驮作用下向下缓慢运移；下边坡失稳区为变形微弱区。坡体变形特征和物理模拟研究均表明，在边坡失稳中部姜家坡一带因基岩顶面微微转缓，以及西侧基岩陡壁突出和东侧滑体处于转折部位，而存在一个平卧的支撑拱。它是联结上、下滑体的重要部位，像栓塞一样对上部滑体起着支撑作用，使上边坡失稳区物质的蠕滑受阻。全过程地质力学模拟试验证明，一旦支撑拱崩溃，上部滑体便推动下部滑体一起下滑。可见边坡失稳中部姜家坡一带是联结上、下边坡失稳的关键部位，这一部位的变形特征是整个边坡失稳稳定性的直接反映。

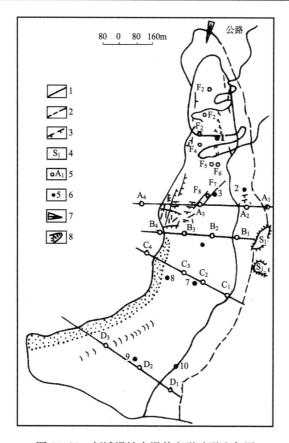

图 10.21　新滩滑坡大滑前变形破裂迹象图
1. 新滑坡界线；2. 老滑坡界线；3. 裂缝；4. 志留系页岩；
5. 钻孔；6. 监测点；7. 崩塌；8. 大滑前 2 天的首次滑动

表 10.8　新滩边坡失稳预报数据及预报结果

序 号	位移观测数据/cm	位移预报数据	相对误差	有 关 参 数
1	400	400.00	0.000	
2	406	420.00	0.037	
3	423	402.08	0.050	
4	423	395.29	0.066	
5	328	399.35	0.088	$t_0 = 6$
6	442	414.94	0.061	$a = 0.0005874$
7	462	444.98	0.037	$b = 0.0000341$
8	490	496.05	0.012	$T = 11.2489$
9	577	582.96	0.010	$E = 4.01 \times 10^{-2}$
10		743.68		
11		1111.12		

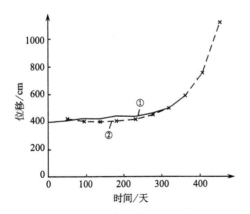

图 10.22　新滩边坡失稳原始位移曲线
与 V 氏反函数模型预报曲线
①原始曲线；②预报曲线

根据上述边坡失稳的机制分析结果，选择姜家坡地带的 A_3 观测点从 1984 年 1 月到 1985 年 1 月的观测资料（表 10.8）进行预报，数据时间间隔为 45 天。预报计算结果如表 10.8 和图 10.22 所示。由此可见，预报模型平均误差较小，可以用于预报。将 $T = 11.2489$ 转换成日期，可得新滩边坡失稳的预报破坏时间为 1985 年 5 月 27 日，与实际边坡失稳时间相差 16 天。

10.5.3.3　加拿大 Hogarth 露采边坡

根据发表的（Browner *et al*.，1979）该露天采矿边坡变形的位移-时间曲线（图 10.11）。获得 Hogarth 边坡自 1975 年 1 月 15 日到 1975 年 4 月 30 日的位移数据共 8 个，数据时间间隔为 15 天。采用 Verhulst 反函数模型进行预报，其结果如图 10.23 和表 10.9 所示。得到的预报破坏日期为 1975 年 6 月 23 日，与此边坡实际破坏时间完全一致。若采用 1975 年 1 月至 1975 年 5 月时间间隔为 75 天的数据进行预报，预报失稳时间为 1975 年 6 月 19 日，比实际失稳时间提前 4 天。由此可见，这一检验预报的精度很高。

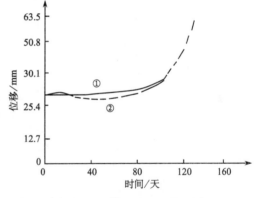

图 10.23　Hogarth 露采边坡位移历时曲线
①原始曲线；②预报曲线

10.5.3.4　黄河龙西边坡失稳

1986 年 1 月 25 日晚，黄河龙羊峡水电站近坝库岸龙西陡边坡下部坡体，突然产生方量约 $150 \times 10^4 \mathrm{m}^3$ 的边坡失稳。

龙西边坡为一突出的陡立边坡。岸坡由 Q_{1-2} 水平层状黏土、砂壤土、砂土组成。已有的研究资料表明（陈明东，1987），边坡失稳的发生与坡脚附近于冬季形成的冻融层的变化密切相关。当冻融层春季解冻后，形成了类似于液化的"软垫层"。在上覆坡体的重力作用下，"软垫层"被压缩向外挤出，上覆坡体也因此产生悬臂梁式的弯曲倾倒，导致坡体沿已有的陡倾卸荷裂隙拉开。经过反复冻融作用，最后坡体剪切贯通而产生滑动。

以上分析说明，边坡失稳发生前坡体的变形属于一种特殊的塑流-拉裂型。地下水面附近土体因冻融作用而形成的"软垫层"，对坡体的变形和演变起着重要的控制作用。

表 10.9　Hogarth 露采边坡 Verhulst 反函数模型预报结果

序号	时　间	位移观测数据 /in*	位移预报数据 /in*	相对误差	有关参数
1	1975.1.15	11.60	11.60	0.000	
2	1975.1.30	11.72	11.99	0.023	
3	1975.2.15	11.65	11.27	0.033	
4	1975.2.30	11.70	10.98	0.062	$t_0=5$
5	1975.3.15	11.90	11.06	0.071	$a=0.023513$
6	1975.3.30	12.10	11.54	0.047	$b=0.001513$
7	1975.4.15	12.60	12.52	0.007	$T=10.541$
8	1975.4.30	13.90	14.28	0.027	$E=3.36\times10^{-2}$
9	1975.5.15		17.52		
10	1975.5.30		24.43		

　* 1 in=2.54cm。

　　原水电四局的长期观测资料表明，1982 年 3 月边坡才开始出现比较缓慢的位移。从变形较大且较连续的 12♯观测点位移历时曲线（图 10.24）可以看出，此边坡失稳的变形为随机振荡型。分析认为，累积位移的波动变化除仪器的观测误差外，还与冻融作用等因素有关。根据机制分析，由冻融作用造成的坡体变形是不可恢复的。因此，对 12♯观测点位移历时波动曲线进行了均匀滤波处理（图 10.24）。

　　由观察资料并通过前述变形阶段判识确定，边坡在 1984 年 4 月以后，变形出现了加速变化。因此，预报中选择 12♯观测点加速变形阶段截至 1985 年 10 月的监测数据，按前述 Verhulst 反函数模型预报法进行建模预报。原始数据曲线和预报曲线如图 10.24 所示。结果表明，预报边坡失稳日期为 1986 年 1 月 17 日，实际滑动时间为 1986 年 1 月 25 日。可见，预报时间比实际边坡失稳时间提前 8 天。

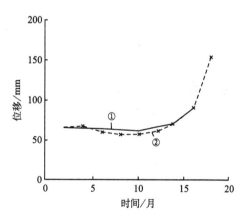

图 10.24　龙西边坡失稳位移历时曲线
①原始曲线；②预报曲线

　　由上述实例分析可以看出，Verhulst 反函数模型预报法由于建模思想正确，预报判据理论依据充分，且在预报模型检验中对误差进行了定量判别，因此，这种方法的预报精度较高，一般误差在 0~15 天。从理论上讲，这种方法可用于边坡变形任意阶段数据的预报。但是，实际检验预报证明，它仍然和其他短临预报方法一样，只有获得加速变形阶段的数据，预报精度才高。

10.6　实时跟踪预报软件系统（SIPS）

边坡失稳实时跟踪预报是根据边坡变形的监测信息，运用预报理论和方法，对边坡失稳时间作出中长期或短临预报，并及时依据最新的监测量化信息进行动态跟踪预报，进一步提高预报精度。为了使已有的预报理论和方法更具实用性和可操作性，作者基于自己的研究成果和前人的成果，研制了实时跟踪预报软件系统——SIPS。这一软件系统将监测数据的管理、数据处理、失稳时间预报、输出打印等有机地结合在一起，成为一套完整的预报系统。软件研制采用窗口、菜单技术，设置了友好的人机对话界面，便于各类工程技术人员使用。此预报系统可实现数据采集、存储、处理、数据转换、时间预报、打印输出的全部操作过程，具有方便、灵活、可操作性强等特点。

10.6.1　SIPS 的结构及功能

SIPS 系统软件采用模块化设计的思想，分别研制了数据管理、数据处理、时间预报、输出打印 4 大功能模块，以及相应的子模块。这些模块在一主控模块的调用下，可实现全部操作过程。SIPS 软件的结构框图如图 10.25 所示。各主模块的功能如下：

（1）数据管理模块：采用数据库技术，对监测数据进行管理。在人机对话界面中，可以非常方便地对边坡监测数据进行录入存储，追加修改，数据浏览操作，并可转换成数据处理或预报所需要的数据格式，使数据的管理非常方便。

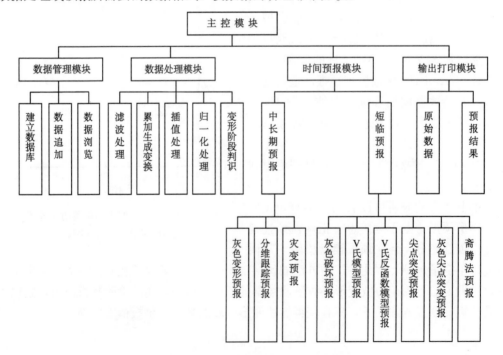

图 10.25　SIPS 软件系统的结构框图

（2）数据处理模块：具有对数据进行插值、滤波、生成和归一化处理等功能。其中，滤波处理包括均匀滤波、非均匀滤波、非均匀与均匀联合滤波等方法，归一化处理包含有均值化和区间化处理方法。需要强调的是，数据处理方法的选择，必须建立在监测量化信息与边坡失稳机制耦合分析的基础之上，并考虑预报方法对数据的要求。

（3）时间预报模块：是 SIPS 系统的核心部分，它由用 Fortran 77 高级语言编制的一系列预报程序组成。其中既包含有短临预报模型，也有中长期预报模型。短临预报模型有灰色破坏模型、Verhulst 模型、Verhulst 反函数模型、尖点突变模型、灰色尖点突变模型和斋腾预报模型。中长期预报模型有灰色变形模型、分维跟踪模型和灾变模型。

预报人员可以根据需要在菜单中选择任意预报子模块，并通过人机对话输入有关控制参数，即可获得边坡失稳时间预报结果。预报时间以时间长度和日期两种方式输出，使用起来非常方便。对获得的新的监测信息，可以通过数据管理模块进行追加录入，并及时地调用时间预报模块进行预报，以达到实时跟踪预报的目的。

（4）输出打印模块：可以根据需要打印原始数据以及预报结果。

10.6.2　SIPS 的软硬件环境

SIPS 软件在 Foxpro 数据库语言和 Fortran 77 高级计算机语言环境中开发和研制，并将两种语言环境有机地结合在一起，使系统软件既具有进行数据管理和数据处理的强大功能，又具有科学计算的能力，使整个预报过程在方便、友好的人机对话环境中进行，为使用者提供了极大的方便。

SIPS 软件的硬件运行环境要求不高，普通的 586 以上微机即可满足要求。因此，可方便现场监测、预报和基层单位使用。

10.6.3　SIPS 软件的初步应用

用本软件对国内外 10 余个失稳边坡进行了预报或检验性预报，结果证明 SIPS 预报系统作出的预报结果精度较高，详细情况参见专著《滑坡实时跟踪预报》（李天斌等，1999）。检验性短临预报表明，预报的边坡破坏时间与实际破坏时间相差不大，一般在 10 天以内，由此说明 SIPS 预报系统具有较强的预报功能。在今后的实践中，此系统还将进一步接受检验，并不断发展和完善。

第11章 主要认识与结论

综上所述，本书以金沙江溪洛渡水电站拱肩槽和厂房进水口工程高边坡稳定性为典型研究素材，在系统科学方法论的指导下，在了解国内外研究现状和收集前人研究资料的基础上，采用现场调研与室内分析相结合、宏观分析与微观分析相结合、层次性分析与系统评价相结合、工程地质与岩石力学相结合、地质分析判断与定量计算相结合、几何分析与力学分析相结合的研究思路，并应用现代数学理论、非线性科学理论、复杂块体理论以及现代监测技术、信息技术、模拟技术等，从工程地质基础、稳定性分析与评价以及稳定性控制三大方面对岩质工程高边坡稳定性问题进行了综合集成研究，不同程度的涉及了岩质工程高边坡稳定性研究的所有方面，建立了一套完善的岩质工程高边坡稳定性研究的技术方法体系，促进了岩质工程高边坡稳定性研究理论与方法的发展。

11.1 基础理论与方法论方面的进展

（1）通过国内外大量典型研究实例的现场调研和对比研究，系统地总结了岩体浅表生改造的一般规律，包括浅表生改造对岸坡应力场、结构场和渗流场的改造及其工程地质意义，提出了"岩体状态场"的概念，阐明了浅表生改造对岸坡应力场的大小、方向和范围的影响、岸坡应力场和结构场的分带规律、浅表生卸荷变形破裂体系及其对岩体稳定性的控制意义等。丰富和发展了岩体浅表生改造的理论。

（2）通过对大量实例的总结，揭示出河谷地区近地表岩体遭受浅表生改造而形成的卸荷变形破裂体系的类型、形成机制及其鉴别特征。其中，卸荷变形破裂体系的类型有：卸荷褶曲、卸荷断层、卸荷松动、卸荷错动带和卸荷裂隙。这一卸荷变形破裂体系的提出深化了对近地表岩体结构的认识。

（3）系统论述了岩体浅表生改造与边坡变形破坏的关系。按照岩体和结构面遭受浅表生改造和重力场条件下边坡时效变形继续改造的方式和程度，将边坡岩体划分为4个等级，即卸荷岩体、卸荷破裂岩体（含卸荷拉裂体或卸荷松弛体）、变形体和崩塌、滑坡。提出了不同等级的边坡岩体的基本特征和工程地质意义。这种边坡变形破坏程度或等级的划分方案，对于从宏观上和地质演化分析的角度评价边坡岩体的稳定性具有非常重要的意义，为科学评价边坡稳定性提供了新的地质依据和理论基础。

（4）将边坡岩体质量分级与边坡的稳定性相结合，应用模糊数学理论，提出了边坡稳定性岩体质量分级的模糊综合评判方法。采用三级综合评判模型，因素集分别考虑了岩石自身强度、岩体完整性、边坡结构面特征、坡高以及地下水和开挖方式对边坡稳定性的影响。

（5）针对边坡岩体质量分级的 CSMR 法存在的不足，结合溪洛渡工程边坡岩体结构的具体特征，对 CSMR 法中结构面条件系数 λ 的取值和边坡中不连续面倾角与边坡倾角间关系调整值 F_3 进行了修正，提出了边坡岩体质量分级修正的 CSMR 法。

（6）确定非规则工程边坡开挖面附近各类结构面的组合特征，以及分析组合块体的稳定性，是一项难度非常大的工作。本项目采用系统工程学科中的层次性分析原理和复杂块体理论，从确定性块体、半确定性块体和随机块体三个层次上对边坡块体的稳定性进行分析、论证和评价，建立了非规则边坡块体稳定性分析评价的研究思路和技术路线。这套研究思路和技术路线有效地解决了溪洛渡拱肩槽和进水口边坡的块体稳定问题，并可以借鉴和应用于其他类似边坡工程的研究中。

（7）为了有效地利用和调用岩体自身的强度和承载能力，提出了"工程边坡稳定性控制"的概念，阐述了工程边坡稳定性控制的基本学术观点和控制体系的构成。将工程边坡稳定性控制定义为：在边坡稳定性分析和评价的基础上，采用有针对性的工程措施、信息化监测和预警预报相结合的综合集成方法，实施对边坡的主动控制，使工程边坡逐渐达到新的动态平衡，在工程有效期内处于稳定状态。

（8）选择和设计工程边坡坡比是边坡稳定性控制中的一个重要技术问题。目前，工程边坡的坡比大多采用类比法确定。本项目遵循工程边坡稳定性控制的原则，提出了工程边坡坡比确定的技术途径和综合集成方法。

（9）提出了边坡失稳时间预报的"变形机制分析-实时跟踪预报"这一学术思想及其相应的技术方法体系。明确指出，边坡失稳预报不是一个纯方法问题，要实现准确预报，必须使量化预报建立在正确的边坡变形破坏机制分析的基础之上，以控制边坡稳定性的"关键部位"的监测时序信息进入预报系统，才能获得较准确的预报结果。而且，要及时依据最新监测信息进行实时跟踪预报，使预报时间逐渐逼近边坡的实际破坏时间。

（10）系统研究了与边坡失稳预报密切相关并影响预报精度的一些基本问题。根据边坡变形破坏的阶段性和当前边坡基础理论的研究水平，将边坡失稳预报分为中长期预报和短临预报两类，建立在这两种类型之上的边坡失稳预报，既与当前边坡研究的基础理论水平相适应，又能使许多预报方法得以实现；指出了预报参数及边坡关键监测部位确定的原则和方法；提出了边坡震荡型变形曲线和阶跃型变形曲线突变现象分析和处理的方法（即均匀滤波法、非均匀滤波法、非均匀与均匀联合滤波法、累加生成变换法）以及边坡变形阶段判别的定量方法。

（11）将处理复杂性问题行之有效的非线性科学理论和灰色系统理论引入边坡失稳时间预报研究中，初步探讨了边坡变形过程中的分维特征，建立了边坡失稳中长期预报的动态分维跟踪预报判据；提出了短临预报的 Verhulst 反函数模型预报法。

（12）基于本项目的研究成果和前人已有的成果，开发和研制了边坡失稳实时跟踪预报软件系统（SIPS）。这一软件系统将监测数据的管理、数据处理、失稳时间预报、输出打印等有机地结合在一起，成为一套较为完整的实时跟踪预报系统。国内外 10 余个失稳边坡检验性预报的结果表明，建立在边坡变形机制分析基础上的 SIPS 预报系统，具有较高的预报精度。检验性反演预报的成功，预示着 SIPS 预报系统正演分析实际应用的广阔前景。

11.2　工程问题的主要结论

对典型研究区溪洛渡水电站拱肩槽和进水口边坡的稳定性及其控制问题获得了如下结论：

（1）通过对坝区岩体地质建造、构造改造和浅表生改造的研究，查明了高边坡岩体的宏观地质背景，建立了边坡岩体浅表生改造的概念模型，从地质过程演化分析的角度为高边坡稳定性研究奠定了重要基础。研究表明，岩体的浅表生改造在宽谷形成期以缓倾断裂面的离面卸荷和滑脱型错动变形为主要方式，在峡谷形成期以缓面的差异性错动和陡面拉裂为主要变形方式。岸坡应力场受浅表生改造的影响，在水平深度 250m 以外地应力明显低于正常地应力区，正常地应力区岩体中最大主应力的方向与区域现今应力场的方向（NWW）一致，与岸坡呈 10°～30°的夹角，量值为 15～20MPa。

（2）岸坡深部（水平深度 100 余米至 250m）发育的小规模张裂缝和松弛带，是在金沙江河谷宽谷期，由于垂向剥蚀卸荷，缓倾角错动带滑脱错动，岩体浅生卸荷改造的结果，无重力变形迹象，与边坡重力变形破坏无关。而且，深部的张裂缝和松弛带卸荷程度弱，分布局限，对岩体完整性影响不大。

（3）坝区玄武岩岸坡岩体的重力变形与破坏相对较弱。拱肩槽和进水口边坡部位无大规模的滑坡、变形体发育，调查发现的边坡重力变形破裂模式有卸荷式倾倒变形、滑移-拉裂、滑移-压致拉裂、冒落式滑塌等，但变形破裂规模较小，陡壁地段波及深度一般为 2～5m。由此可以推断，工程边坡可能的变形和失稳模式也与这些模式类似。

（4）拱肩槽和进水口部位自然边坡坡型完整，工程边坡坡比与自然边坡接近；岩体强度高，质量好，边坡稳定性岩体质量分级结果大部分为Ⅰ、Ⅱ、Ⅲ级岩体，处于稳定及较稳定状态；岩体风化卸荷不强烈，无大规模的滑移控制面存在，未见大规模的变形体和特殊组合的不稳定体；有限元仿真模拟计算结果表明，工程边坡开挖后，坡体中的破坏域较小，分布在错动较强烈的层间错动带的上盘以及开挖边坡坡面的局部地带，坡体的整体位移量也不大。因此，拱肩槽和进水口自然边坡和工程边坡整体处于稳定状态。

（5）平面有限元模拟和三维有限元模拟结果表明，工程边坡开挖后，坡体应力将发生重分布，导致最大主应力和剪应力增加，并在坡脚附近和坡型突变处产生应力集中，而最小主应力的量值却变化不大。在层间错动带上盘和开挖坡体表面一带容易出现拉应力，尤其是层间错动带在坡面的出露部位往往拉应力区较其他坡面位置大，这说明层间错动带在边坡开挖后局部地带会发生回弹错动。一般情况下，边坡开挖后最大主应力和剪应力的最大值是开挖前最大主应力和剪应力的最大值的两倍。计算结果表明，拱肩槽和进水口工程边坡坡体的最大主应力一般小于 20MPa，拱肩槽上游侧坡脚部位最大可达 21～28MPa；坡体的最小主应力均小于 5MPa；右岸拱肩槽边坡的地应力略大于左岸拱肩槽边坡。拱肩槽边坡的卸荷松弛深度介于 2～30m；进水口边坡的卸荷松弛深度为 2～21m。

（6）边坡开挖卸荷后，开挖面附近一定范围内的岩体产生向临空面方向的位移，其中以边坡开挖线附近位移最大，表现为应力释放后的卸荷回弹。层间错动带附近和拱肩槽下游侧边坡顶部的位移量较其他部位大。自重应力场下拱肩槽开挖边坡附近的位移量最大可达 5cm，构造应力场下平面计算的最大位移量可达 26cm，三维计算平行于河流方向的位移最大为 18.2cm，垂直于河流方向的最大位移位为 8.2cm；进水口边坡的最大位移量在自重应力场条件下为 3cm，在构造应力场条件下的最大位移为 23cm。由于坝区岩体中实际存在一定量级的构造应力，因此，估计拱肩槽和进水口边坡开挖后的位移量一般应在 10～20cm。

(7) 三维有限元模拟结果表明，拱肩槽开挖后，其底部会产生隆起变形，并有拉应力分布，尤其以低高程和谷底部位最为明显。隆起变形量为 2.5～10.9cm，最大拉应力近 5MPa。这一成果提醒我们，应注意拱肩槽开挖后在谷底部位岩体中形成的松弛带。必要时应采取措施，尽量防止松弛带的形成。此外，拱肩槽边坡开挖过程中和成坡后，坡型突变处、上下游边坡与正边坡交接部位、工程边坡与自然斜坡交接部位容易出现拉应力，产生应力集中，而且位移量也较大。因此，这些部位的局部稳定性应引起注意。

(8) 工程边坡中陡倾角挤压带发育差，且受限于缓倾角错动带，裂隙也短小，因此，构成块体的长大分割面很少，出现确定性块体的可能性较小。目前，仅在左岸拱肩槽上游边坡中发现一个确定性的不稳定四面体，其体积为 136m³，呈狭条状分布于440～480m 拱圈边坡的 511～534m 高程内。研究表明，边坡中的不稳定块体大部分为半确定性块体，围限这些块体的裂隙短小，连通率较低，因此，半确定性块体的规模较小，影响深度有限，切割边界也不完善。统计分析表明，半确定性块体的体积绝大多数小于 40m³，一般块体的最大垂直高度小于 4m，最大水平宽度小于 6m。

(9) 左岸拱肩槽边坡：低高程拱圈地带强风化夹层较发育，尤其是 400m 拱圈段上游侧边坡坡脚附近，层内错动带较为密集，强风化夹层发育，对边坡的局部稳定性不利，应注意加强处理；在 480m 拱圈段上游侧边坡坡脚一带也有密集成带的层内错动带发育，其局部稳定性也较差，坝顶边坡应注意卸荷裂隙对局部稳定性的影响；上游侧边坡在天然、地震、爆破和水库回水状态下分别有 3 个、6 个、4 个、4 个半确定性块体处于不稳定状态，它们主要分布在 6、8 和 9 层玄武岩中；下游侧边坡在天然状态下有 2 个半确定块体处于不稳定状态，1 个处于临界状态，在爆破、地震、水雾条件下，分别有 4 个、5 个、4 个块体处于不稳定状态，它们主要出现在 485m 高程以下的 8 层、6 层、5 层玄武岩中。

(10) 右岸拱肩槽边坡：410m 高程以下，岩体的表生改造较强烈，平硐中多处发现有滑移-压致拉裂变形迹象的卸荷拉裂岩体，这些部位工程边坡的局部稳定性较差，应注意对 360m 拱圈段边坡的局部加固处理；右岸上游边坡的稳定性比左岸差，在天然、爆破、地震和水库回水状态分别有 2 个、5 个（1 个为临界状态）、15 个和 8 个半确定性块体处于不稳定状态，它们主要分布在 5 层、6 层、9 层、12 层玄武岩中；下游边坡天然状态下没有半确定性不稳定块体，在爆破、地震和水雾条件下，分别有 1 个、4 个、3 个（2 个为临界状态）不稳定块体；坝顶边坡在天然和爆破状态下分别有 1 个和 2 个半确定性不稳定块体。

(11) 左岸进水口边坡：边坡中延伸 5～10m 的裂隙较发育，可与层内错动带构成局部不稳定块体。塔后边坡的半确定性块体在天然状态下有 1 个处于不稳定状态、3 个处于临界状态，主要出现在 620～650m 高程 12 层玄武岩中；爆破状态下，有 5 个不稳定块体，1 个临界状态块体；地震或回水状态下，有 6 个不稳定块体存在。上下游侧边坡均无较危险的层间层内错动带构成滑移控制面，局部稳定性较好。边坡上部 12 层玄武岩中追踪式卸荷裂隙较发育，应注意表部松弛卸荷后的柱状节理对边坡局部稳定性的影响。

（12）右岸进水口边坡：塔后边坡在天然状态下有 2 个半确定性块体处于不稳定状态，出现在 530～545m 高程 8 层玄武岩中；爆破、地震和回水状态下，分别有 3 个、8 个和 9 个不稳定块体。上游侧边坡在天然、爆破、地震和回水工况下，均有 2 个不稳定的半确定性块体，出现在 540m 高程附近的 8 层玄武岩中。下游侧边坡中无危险滑移控制面，局部稳定性较好。

（13）通过地质分析与判断、经验类比以及有限元法模拟计算，综合确定了拱肩槽和进水口边坡的优化坡比。①拱肩槽边坡建议坡比：微新、弱下风化岩体 1：0.25，弱上风化岩体 1：0.35～1：0.50，覆盖层开挖坡比 1：1.25。在微新及弱下风化岩体的开挖边坡中，每 50m 高设一级 3m 宽的马道；在弱上风化岩体的开挖边坡中，每 30m 高设一级 3m 宽的马道。②进水口边坡建议坡比：微新岩体采用直坡，弱下风化岩体 1：0.25，弱上风化岩体 1：0.35～1：0.40，覆盖层坡比 1：1.25。

（14）拱肩槽和进水口工程边坡稳定性的工程控制从坡面控制、锚固控制和爆破控制三方面进行。采用喷射钢纤维混凝土和喷射素混凝土相结合的措施，对边坡进行坡面防护，并设置一定数量的水平排水孔；采用系统锚杆、块体锚杆和局部锚索方案加固边坡，提高其局部稳定性和整体稳定性；边坡的开挖采用控制爆破技术，要求爆破引起的振动在距离爆破点 30m 处的质点峰值速度不超过 100mm/s，在距离爆破点 60m 处的质点峰值速度不超过 50mm/s。

（15）在工程高边坡稳定性研究成果的基础上，初步建立了溪洛渡拱肩槽和进水口边坡的信息化监测系统。在阐明监测系统设计原则的基础上，确定了工程边坡的监测内容与方法，采用 GPS 技术、大地测量技术、钻孔测斜仪、钻孔多点位移计、声波仪、应力计等先进的技术和传感器，对边坡的地表变形、深部变形、松弛范围、地应力、锚固效果、地下水和爆破振动进行全方位的信息化监测，并提出了监测系统的具体布置方案。

主要参考文献

柴贺军. 1999. 溪洛渡水电站岩体结构模型及其工程应用研究. 成都理工学院博士学位论文

陈德基, 马能武. 2000. 三峡工程永久船闸高边坡稳定性研究中的几个主要问题. 工程地质学报, 8 (1)：7~15

陈东亚, 陈祖煜等. 1997. 边坡稳定评价方法 RMR-SMR 体系及其修正. 岩砌学与工程学报, 16 (4)：297~304

陈建平, 肖树芳, 王清. 1996. 随机不连续面三维网络计算机模拟原理. 长春：东北师范大学出版社

陈明东. 1987. 边坡变形破坏灰色预报的原理与方法. 成都地质学院硕士学位论文

陈祖煜, 冯小刚. 1999. 水电建设中的高边坡工程. 水力发电, (10)：53~61

崔政权. 1992. 系统工程地质导论. 北京：水利电力出版社

崔政权, 李宁. 1999. 边坡工程——理论与实践最新发展. 北京：中国水利水电出版社

邓聚龙. 1986. 灰色预测与决策. 武汉：华中理工大学出版社

董连科. 1991. 分形理论及其应用. 沈阳：辽宁科学技术出版社

二滩水电开发有限责任公司. 1999. 岩土工程监测手册. 北京：中国水利水电出版社

范中原. 1998. 岩质高边坡勘测及监测技术方法研究. 水力发电, (1)：56~70

谷德振等. 1979. 岩体工程地质力学基础. 北京：科学出版社

郭映辉. 1996. 岩石边坡设计坡角和锚固方案的确定. 工程地质学报, 4 (2)：1~6

郭志杰, 靳国厚. 1997. 高边坡稳定及分析处理技术研究. 水力发电, (7)：15~18

哈秋林. 1997. 岩石边坡工程与非线性岩石（体）力学. 岩石力学与工程学报, 16 (4)：93~98

郝柏林. 1990. 分形和分维. 科学, 38 (1)：9

黄建平, 衣育红. 1991. 利用观测资料反演非线性动力模型. 中国科学（B）, 21 (3)：331~336

黄润秋. 1988. 高边坡稳定性的系统工程地质研究. 成都地质学院博士学位论文

黄润秋, 许强. 1997a. 工程地质广义系统科学分析原理及应用. 北京：地质出版社

黄润秋, 许强. 1997b. 斜坡失稳时间的协同预测模型. 山地研究, (2)：7~12

黄润秋, 许强等. 2002. 地质过程模拟和过程控制研究. 北京：科学出版社

黄润秋, 王士天, 胡卸文. 1996. 澜沧江小湾水电站高拱坝坝基重大工程地质问题研究. 成都：西南交通大学出版社

加拿大矿物和能源技术中心. 1984. 边坡工程手册. 祝玉学, 邢修祥译. 北京：冶金工业出版社

贾志欣, 汪小刚. 2000. 小湾水电站厂房进水口高边坡稳定性研究. 云南水力发电, 16 (1)：17~21

靳晓光. 2000. 山区公路建设中的岩土工程监测与信息化控制. 成都理工学院博士学位论文

李后强, 程光钺. 1990. 分形与分维. 成都：四川教育出版社

李后强等. 1994. 分形、混沌理论与系统辩证法. 系统辩证学学报, 2：27~32

李天斌. 1988. 岩体浅生时效变形破坏机制的研究. 成都地质学院硕士学位论文

李天斌, 陈明东. 1996. 滑坡时间预报的费尔哈斯反函数模型法. 地质灾害与环境保护, 7 (3)：13~17

李天斌, 陈明东. 1999. 滑坡预报的几个基本问题. 工程地质学报, 7 (3)：8~14

李天斌, 傅荣华. 1994. 凯塞尔效应在攀矿兰山采区岩体地应力研究中的应用. 见：工程地质研究进展. 成都：西南交通大学出版社. 142~150

李天斌, 王兰生. 1993. 卸荷应力状态下玄武岩变形破坏特征的试验研究. 岩石力学与工程学报, 12 (4)：321~327

李天斌, 陈明东, 王兰生. 1999. 滑坡实时跟踪预报. 成都：成都科技大学出版社

刘端伶, 谭国焕. 1999. 岩石边坡稳定性和 Fuzzy 综合评判法. 岩石力学与工程学报, 18 (2)：170~175

刘汉东. 1996. 边坡失稳定时预报理论与方法. 郑州：黄河水利出版社

刘式达, 刘式适. 1989. 非线性动力学与复杂现象. 北京：气象出版社

刘思峰, 郭天榜. 1991. 灰色系统理论及其应用. 郑州：河南大学出版社

陆业海. 1985. 新滩滑坡征兆及其成功的监测预报. 水土保持通报, (5)：1～9

罗文强. 1999. 斜坡稳定性概率理论和方法研究. 岩石力学与工程学报, (2)：240～243

罗文强等. 1999. 边坡系统稳定性的可靠性研究. 地质科技情报, (2)：62～64

骆培云. 1988. 新滩滑坡与临阵预报. 见：中国典型滑坡. 北京：科学出版社

马博恒. 1997. 边坡岩体质量评价及其应用. 工程勘察, (1)：16～18

马忠政, 祁红卫. 2000. 边坡稳定验算中全面搜索的一种新方法. 岩土工程师, 12 (1)：26～29

秦四清, 黄润秋. 1993. 滑坡灾害非线性动力学预报系统 LTFS. 中国工程地质软件介绍. 北京：地质出版社

秦四清, 张倬元, 黄润秋. 1993 . 非线性工程地质学导引. 成都：西南交通大学出版社

石安池. 1999. 三峡工程永久船闸人工高边坡稳定性研究. 工程地质学报, 7 (增刊)：10～23

石根华. 1977. 岩体稳定分析的几何方法. 中国科学, (4)：105～113

水利水电部水利水电规划设计院. 1985. 水利水电工程地质手册. 北京：水利电力出版社

孙东亚, 陈祖煜等. 1997. 边坡稳定评价方法 RMR-SMR 体系及其修正. 岩石力学与工程学报, 16 (4)：297～304

孙广忠. 1988. 岩体结构力学. 北京：科学出版社

孙广忠. 1993. 工程地质与地质工程. 北京：地震出版社

孙广忠. 1996. 地质工程理论与实践. 北京：地震出版社

孙景恒等. 1993. Pearl 模型在滑坡时间预报中的应用. 中国地质灾害与防治学报, 4 (2)：38～43

孙树林, 易小兵. 1999. 块体理论在岩质边坡设计中的应用介绍. 人民珠江, (3)：29～31

孙玉科, 古迅. 1980. 赤平极射投影在岩体工程地质力学中的应用. 北京：科学出版社

孙玉科, 李建国. 1965. 岩质边坡稳定性的工程地质研究. 地质科学, (4)：10～13

孙玉科, 姚宝魁. 1983. 我国岩质边坡变形破坏的主要地质模式. 岩石力学与工程学报, 2 (1)：67～76

孙玉科, 牟会宠, 姚宝魁. 1988. 边坡岩体稳定性分析. 北京：科学出版社

孙玉科, 姚宝魁, 许兵. 1998. 矿山边坡稳定性研究的回顾与展望. 工程地质学报, 6 (4)：305～311

田野, 徐平. 1991. 岩体蠕变位移数据的处理与预测. 岩石力学与工程学报, 10 (4)：327～330

王兰生. 1989. 斜坡稳定问题的工程地质研究. 水文地质工程地质, (4)：27～29

王兰生, 李天斌, 赵其华. 1994. 浅生时效构造与人类工程. 北京：地质出版社

王兰生等. 1982. 1981年暴雨期四川盆地区岩质滑坡的发育特征. 大自然探索, (1)：44～51

王思敬. 1976. 赤平极射投影方法及其在岩体工程中的应用. 岩体工程地质力学问题 (一). 北京：科学出版社

王思敬, 杨志法, 刘竹华. 1986. 地下工程岩体稳定性分析. 北京：科学出版社

王元汉. 1998. 边坡稳定性的 Fuzzy 综合评判法. 华中理工大学学报, 26 (A01)：96～98

王在泉. 2000. 复杂边坡工程系统稳定性研究. 徐州：中国矿业大学出版社

王在泉, 华安增. 1999. 确定边坡潜在滑面的块体理论方法及稳定性分析. 工程地质学报, 7 (1)：40～45

吴雅等. 1988. 灰色预测和时序预测的探讨. 华中科技大学学报, 16 (3)：29～36

吴中如. 1996. 分形几何理论在岩土边坡稳定性分析中的应用. 水利学报, (4)：79～82

夏才初, 潘国荣等. 2001. 土木工程监测技术. 北京：中国建筑工业出版社

夏其发. 1994. 滑坡研究综述. 中国地质灾害与防治学报, 5 (2)：1～7

夏元友, 朱瑞赓. 1996. 基于人工神经网络的边坡稳定性工程地质评价方法. 岩土力学, 13 (3)：27～33

夏元友, 朱端赓. 1999. 岩质边坡稳定性多人多层次模糊综合评价系统研究. 工程地质学报, 7 (1)：46～53

徐明毅, 汪卫明. 2000. 岩石边坡的危险滑动块体组合研究. 岩土力学, 21 (2)：148～151

许强, 黄润秋. 1997. 斜坡失稳时间的协同预测模型. 山地研究, 15 (1)：7～12

晏同珍. 1988. 滑坡动态规律及预测应用. 见：全国第三次工程地质大会论文选集. 成都：成都科技大学出版社

晏同珍. 1989. 滑坡时间的预测预报. 见：滑坡论文选集. 成都：四川科学技术出版社

杨计申, 李琳. 1999. 黄河北干流托龙段岩体卸荷破坏工程地质分析. 工程地质, (4)：15～20

易德生, 郭萍. 1992. 灰色理论与方法. 北京：石油工业出版社

易顺民. 1996. 滑坡定量预测非线性理论方法. 地学前缘, 3 (1～2)：77～85

于济民. 1992. 滑坡预报参数的选择和预报标准的确定方法. 中国地质灾害与防治学报, 3 (2)：41～49

虞利军. 1998. 雅砻江官地水电站地下厂房岩体结构及围岩稳定性研究. 成都理工学院硕士学位论文

袁金荣, 高国强. 2000. 岩质边坡稳定性综合评价方法及其在工程地质中的应用. 岩土工程技术, (2): 52~55

袁志君. 1999. 二滩水电站典型边坡的稳定性评价. 工程地质学报, 7 (增刊): 79~85

岳启伦. 1989. 关于滑坡剧滑时间计算方法的探讨. 滑坡论文选集. 成都: 四川科学技术出版社

张有天等. 1999. 岩石高边坡的变形与稳定. 北京: 中国水利水电出版社

张倬元. 1996. 工程地质探索与开拓. 成都: 成都科技大学出版社

张倬元, 黄润秋. 1988. 岩体失稳前系统的线性和非线性状态及破坏时间预报的"黄金分割数"法. 全国第三次工程地质大会论文选集. 成都: 成都科技大学出版社

张倬元, 王兰生, 王士天. 1994. 工程地质分析原理 (第二版). 北京: 地质出版社

张子新, 孙钧. 1996. 分形块体理论及其在三峡高边坡工程中的应用. 同济大学学报, 24 (5): 552~557

赵长海等. 2001. 预应力锚固技术. 北京: 中国水利水电出版社

赵其华. 1999. 边坡地质工程问题研究. 成都理工学院博士学位论文

周萃英. 1992. 滑坡灾害的复杂性理论研究. 中国地质大学 (武汉) 博士学位论文

周钜乾, 唐川. 1995. 模糊评判模型在边坡稳定性评价中的应用. 自然灾害学报, 4 (3): 73~82

周维垣. 1990. 高等岩石力学. 北京: 水利电力出版社

周维垣等. 2001. 岩石高边坡的稳定与治理. 岩土工程的回顾与前瞻. 北京: 人民交通出版社

朱维申, 李术才, 陈卫忠. 2002. 节理岩体破坏机理和锚固效应及工程应用. 北京: 科学出版社

祝玉学. 1993. 边坡可靠性分析. 北京: 冶金工业出版社

Bieniawski Z T. 1976. Rock mass classification in rock engineering. In: Pro Symp on Exploration for Rock Engineering. Balkema. Rotterdam. 97~106

Bishop A W. 1955. The use of the slip circle in the stability analysis of slope. Geotechnique, 5 (1): 7~17

Brown E T. 1987. Analytical and Computational Methods in Engineering Rock Mechanics. New York: John Willy & Sonltd

Browner C O, Stacey P F. 1979. Hogarth pit slope failure, Ontario, Canada. Rockslides and Avalanches, 2 Engineering Sites, Developments in Geotechnical Engineering, 14B

Fellenius. 1927, 1936. Calculation of the stability of earth dams. Transaction of 2nd Congress on Large Dams. Washington DC. Vol. 4, 445~462

Fukuzono T. 1985. A new method for predicting the failure time of a slope. Proc. 4th Int. Conference and Field Workshop on Landslide, Tokyo

Fukuzono T. 1990. Recent studies on time prediction of slope failure. Landslide News, (6)

Goodman R E. 1976. Methods of Geological Engineering in Discontinuous Rock. West Publishing Company

Goodman R E, Kieffer D S. 2000. Behavior of rock in slopes. Journal of Geotechnical and Geoenvironmental Engineering, 8: 675~684

Goodman R E, Shi G H. 1985. Block theory and its application to engineering. English cliffs, NJ: Pretice-hall

Hoek E. 1977. Rock Slope Engineering. London: IMM

Hoek E, Bray J W. 1983. 岩石边坡工程. 卢世宗译. 北京: 冶金工业出版社

Janbu N. 1954. Application of composite slip surface for stability analysis. European Coference on Stability of Earth Slopes. Stockholm, Sweden

Li T B, Wang L S. 1990. An approach to the determination of geostress using the Kaiser effect. In: Proc. 6th Int. Congress of IAEG. Rotterdam: A Balkema Publisher

Li T B, Xu J, Wang L S. 1992. Ways and methods for the physical simulation of landslides. Proc. of 6th ISL, A. Balkema Publisher. 487~491

Romana M. 1991. SMR classification. In: Proc. 7th ISRM Congress. 955~960

Saito M. 1965. Forecasting the time of occurrence of a slope failure. Proc. 6th Int. Confenrence on Soil Mech and Found Eng.

Shi G H, Goodman R E. 1989. Generalization of two-dimensional discontinuous deformation analysis for forward modeling. Int. J. for Num. and Analy. Methods in Geomech, 13: 359~380

Taylor D W. 1937. Stability of earth slope. Journal of Boston Society of Civil Engineers, 24: 197~246

Taylor D W. 1948. Fundamentals of Soil Mechanic. John Wiley & Sons. New York

Voight B. 1989. Materials science law applies to time forecasts of slope failure. Landslide News, (3): 8~11

Wang L S, Chen M D, Li T B. 1992. On the turning sliding-cracking slope deformation and failure. Proc. of 6th ISL, A. Balkema Publisher

Wang S J et al. 1984. Spatial and time prediction on mass movement of rock slope. Proc. 27th IGC, 667~677

Xu J, Chen M D, Li T B, Wang L S. 1992. Geomechanical simulation of rockmass deformation and failure on a high dip slope. Proc. of 6th ISL, A. Balkema Publisher. 601~606